U0133706

● 入选“十四五”国家重点图书出版规划

丹曾文化

人文 · 智识 · 进化丛书

黄怒波 丛书主编

北大生命课堂

柯杨 王一方 刘端祺 ◎主编

图书在版编目（CIP）数据

北大生命课堂 / 柯杨，王一方，刘端祺主编；黄怒波总主编．—北京：北京大学出版社，2023.4

（人文・智识・进化丛书）

ISBN 978-7-301-33587-1

Ⅰ．①北… Ⅱ．①柯…②王…③刘…④黄… Ⅲ．①生命科学－文集 Ⅳ．①Q1-0

中国版本图书馆 CIP 数据核字（2022）第 213907 号

书　　名	北大生命课堂 BEIDA SHENGMING KETANG
著作责任者	柯　杨　王一方　刘端祺　主编　黄怒波　总主编
责任编辑	张亚如
标准书号	ISBN 978-7-301-33587-1
出版发行	北京大学出版社
地　　址	北京市海淀区成府路 205 号　100871
网　　址	http://www.pup.cn　新浪微博：@ 北京大学出版社
微信公众号	通识书苑（微信号：sartspku）
电子信箱	zyl@pup.pku.edu.cn
电　　话	邮购部 010-62752015　发行部 010-62750672 编辑部 010-62753056
印 刷 者	三河市北燕印装有限公司
经 销 者	新华书店 650 毫米 ×980 毫米　16 开本　22 印张　270 千字 2023 年 4 月第 1 版　2023 年 4 月第 1 次印刷
定　　价	72.00 元

“人文·智识·进化丛书”

学术委员会

“人文·智识·进化丛书”

总　序

在我国国民经济和社会发展“十四五”规划开始的时候，人文学者面临从知识的阐释者向生产者、促进者和管理者转变的机遇。由“丹曾文化”策划的“人文·智识·进化丛书”，就是一次实践行动。这套丛书涵盖了文、史、哲等多个学科领域，由近百位人文学科领域优秀的学者著述。通过学科交叉及知识融合探索人类文明的起源、人类与自然的和谐共生、人类的生命教育和心理机制，让更多受众了解中国传统文化与文学，形成独具中华文明特色的审美品格。

这些学科并没有超越出传统的知识系统，但从撰写的角度来说，已经具有了独特的创新色彩。首先，学者们普遍展现出对人类文明知识底层架构的认识深度和再建构能力，从传统人文知识的阐释者转向了生产者、促进者和管理者。这是一种与读者和大众的和解倾向。因为，信息社会的到来和教育现代化的需求，让学者和大众之间的关系终于有了教学互长的机遇和可能。在这个意义上，我们不能再教“谁是李白”了，而是共同探讨“为什么是李白”。

所以，这套丛书的作者们，从刻板的学术气息中脱颖而出，以流畅而优美的文本风格从各自的角度揭示了新的人文知识层次，展现了新时代人文学者的精神气质。

这套丛书的人文视阈并没有刻意局限，每一位学者都是从自身的学术积淀生发出独特的个性气息。最显著的特点是他们笔下的传统人文世界展现了新的内容和角度，这就能够促成当下的社会和大众以新的眼光来认识和理解我们所处的传统社会。

最重要的是，这套丛书的出版是为了适应互联网社会的到来。它的知识内容将进入数字生产。比如说，我们再遇到李白时，不再简单地通过文字的描写而认识他。我们将会采取还原他所处时代的虚拟场景来体验和认识他的“蜀道”，制造一位“数字孪生”的他来展现他的千古绝唱《蜀道难》的审美绝技。在这个意义上，这套丛书会具有以往人文知识从未有过的生成能力和永生的意境。同时，也因此而具备了混合现实审美的魅力。

当我们开始具备人文知识数字化的意识和能力时，培育和增强社会的数字素养就成了新时代的课题。这套丛书的每一个人文学科，都将因此而具有新的知识生产和内容生发的可能性。更重要的是，在我们的国家消除了绝对贫困之后，我们的社会应当义不容辞地着手解决教育机会的公平问题。因此，这套丛书的数字化，就是对促进教育公平的一个解决方案。

有观点认为，当下推动教育变革的六大技术分别是：移动学习、学习分析、混合现实、人工智能、区块链和虚拟助手（数字孪生）。这些技术的最大意义，应该在于推动在线教育的到来。它将改变我们传统的学习范式，带来新的商业模式，从而引发高等教育的根本性变化。

这套丛书就是因此而生成的。它在当前的人文学科领域具有了崭新的“可识别性”和“可数字性”。下一步，我们将推进这套丛书的数字资产的转变，为新时代的人文素质教育和终身教育的需求提供一种新途径、新范式。而我们的学者，也有获得知识价值的奖励和回报的可能。

感谢所有学者的参与和努力。今后，你们应该作为各自学术领域 C2C 平台的建设者、管理者而光芒四射。

“人文·智识·进化丛书”主编

黄怒波

2021 年 3 月

目录

导言：生如夏花，死若秋叶……柯 杨 1

上 篇

第一讲 走近死亡故事……王一方 赵忻怡 2

第二讲 死亡哲思……焦不急 21

第三讲 低温冷冻人体保存技术可以存续生命吗
——兼谈“复生”“永生”及“易生”……安友仲 43

第四讲 向死而生
——死亡是流动的生命之礼……程 瑜 吴杏兰 55

第五讲 社会学视角下的死亡、临终与丧亲……陆杰华 刘 芹 73

第六讲 电影艺术家对死亡的呈现与解读……陆晓娅 95

第七讲 技术化永生：人工智能与虚拟永生……和鸿鹏 114

第八讲 葬礼：仪轨与意义……王一方 赵忻怡 134

下 篇

第九讲 什么是生前预嘱和尊严死 .... 罗点点 152

第十讲 生命应当如何谢幕

—— 死亡与安宁疗护 .... 秦 苑 170

第十一讲 安乐死面面观 .... 刘端祺 189

第十二讲 生命末期的苦难认知与干预 .... 陈 钒 215

第十三讲 精神抚慰

—— 终末期患者的心灵加油站 .... 谌永毅 刘翔宇 238

第十四讲 心灵的歌唱陪伴你安详地走向远方

—— 音乐治疗在安宁疗护中的应用 .... 刘明明 254

第十五讲 中医如何透视生死 .... 李萍萍 许轶琛 272

第十六讲 儿童死亡面面观 .... 周 翾 288

第十七讲 哀伤褪去，唯爱永存 .... 唐丽丽 304

第十八讲 何时逝者皆能“没有遗憾，只有不舍” ..... 王 岳 314

导言：生如夏花，死若秋叶

柯　杨

“生如夏花之绚烂，死若秋叶之静美”（Let life be beautiful like summer flowers and death like autumn leaves）是泰戈尔《飞鸟集》中最为国人耳熟能详的诗句，应该也是迄今对生死最美好的比喻与想象。古往今来，生与死，是人类永恒思考的话题。老子说，死生为昼夜；李白说，生者为过客，死者为归人；古罗马塞涅卡说，从我们诞生的那一刻起，死亡就已经开始；日本村上春树说，死并非生的对立面，而是作为生的一部分永存；法国蒙田说，生之本质在于死，只有乐于生的人才能真正不感到死之苦恼；英国塞缪尔说，疾病通常是一个等式的开始，完成这个等式的则是死亡……

然而，普罗大众如我们每个人，面对死亡却难有哲人诗人们的坦然与通达。因为惧怕，从古人的炼丹修仙，到现代科学的基因改造，人类从未放弃延年益寿、长生不老之努力。曾经，宁波灵峰寺有一座葛仙殿，传说是享年 81 岁、人称“小仙翁”的东晋人葛洪隐居炼丹之地。他在《抱朴子·内篇》的《金丹》和《黄白》篇中，总结了前人的炼丹成就，介绍了一些炼丹方法，描述了古代炼丹的历史脉络。古代有成千上万想通过此道实现长生不老的人，这个案例只是一个缩影。炼丹者的失败结局自不必提，而现代基因改造还真貌似给人类带来了“希望和光明”。事实却是，那些改造了基因、生存期明显延长的低等实验动物的生存状态往往是低代谢、低活力，浑浑噩噩、萎靡不振。换言之，生命之延长是以降低生存质量为代价的。它违背了有性繁殖中生命进化的既定“法则”——靠新生命提供新选择，结局是物种的优化（适应）和保存繁衍。这个自然大法恐怕难以破解。

从生物进化的角度来说，人类通过有性繁殖策略繁衍，意味着可以更高效地产出不完全一样（多样性）的后代，为一直变化的复杂生存环境提供可被优选的“样本”，使人类在适应中更好地生存，更好地繁衍。代价则是完成了生殖任务的个体自然衰老、淘汰。死亡成为有性繁殖的物种基因里“加刻”的密码，这无疑是对有着强烈自我意识和追求“自由意志”、靠聪明大脑而非肌肉雄踞食物链顶端的人类的嘲弄。面对必然的死亡，我们似乎只能感到恐惧与无奈。

我对生死问题的关注粗分为两个时段，第一时段是少年时，心底突然有一种无法理解和接受的对死亡的恐惧，这种恐惧随年龄增长有所消减。第二时段是学医毕业后的很长时间，尤其是深度参与医学院校的管理工作之后。我虽然没从事临床工作，但在医院环境中目睹了各类病患的死亡过程。多年来我们的临床现实是：各种终末期的病人往往忍受着疾病和治疗带来的双重痛苦，去面对濒死感受的绝望、恐惧与无助。多数人由于对终末期毫无了解和预先准备，只是被动地接受必要和不必要并往往带来附加痛苦的各种治疗，甚至没有被陪伴和平静告别的机会，更谈不上尊严。而家属也束手无策地承受着巨大的焦虑和悲痛。多数情况下，医务人员由于理念和已形成的医疗模式等问题，除了针对疾病的治疗（如果不是过度治疗），对患者生命的终结，或不知自己有帮助患者“善终”的义务，或不知该如何施以援手。

对临终患者的这种态度是医学“失温”的集中、极端体现。医学从最原始的人与人之间出于苦难的同情与帮助，在漫长的历史进程中汇集了人类智慧，发展了技术、变成了学问、转变成职业，最终有了今天我们看到的专门机构和社会建制。在这个过程中，最深刻改变医学样貌的是科学技术的发展与使用。与人类科学技术发展几乎同步的医学技术在过去的百年间特别是几十年间高速发展。它极大地提高着诊疗的能力。在令人眼花缭乱的新技术、新药、新材料面前，在人们对健康和医疗需求不断增加的趋势中，在医疗取得很大成就的今天，人们自然地遗忘了那并未改变，也不可能动摇的医疗本质：有时治愈，常常帮助，总是安慰。与此同时，可及性带来的过度诊疗、分科过细带来的局限、成本提高带来的高期望值和成本分担的压力…… 所有这些共同导致了全球性“医学的焦虑”，促进了对医学温度的呼唤。我们不可能也没必要完全回到过去，但我们应该始终保持清醒：技术再进步也无法取代人对情感的需求，无法取代对病患的人文关爱。这是人性最底层、最根本的需求。当人承受疾病痛苦时，这种需求是最强烈的。更何况医疗技术并不能覆盖所有疾病，也无法对每种疾病、每个特殊的个体都能“手到病除”。在技术仍然也必将永远有局限的医疗领域，人文关爱才是永恒的。

因此，我们在拥抱科技进步的同时，要为医学回归人文关爱做出努力。加强临终关怀的人文教育和建立安宁疗护学科，就成为北大医学部教学改革的内容之一。让人欣慰的是，北医系统内及兄弟院校有不少专家学者为此做出了很大的努力，借鉴国外较先进的理念和经验，结合中国国情发展出一支学术力量，形成了一整套临终阶段的医疗技术方法，并反映在医学教育的实践中，以及在职人员培训中。安宁疗护是完整医疗行为重要的一环，它是经过严格、科学、专业评估后，由患者及家属充分认同，放弃不必要的“侵入性”治疗，对终末期患者实施的一系列治疗，包括支持疗法、症状管理和心理救治。它不再追求以天计的生存时间，而专注于患者每一天的生活质量，它促进患者与亲朋的互动，给患者以安然告别的机会。实施教学改革的过程也让我们认识到，安宁疗护的推广普及，不仅仅是建立学科、建立实体机构的问题，还需要体制上的保证，需要模式上的构建，需要医患观念上的改变，需要全社会的努力。

就个人来说，对医疗中安宁疗护的关注开启了我对生死问题的更广阔的思考，也给我带来了更多的困惑——为什么“造物主”赋予人类思考和探知世界的各种能力，却又让我们不知来处和归途，让我们的生与死都很被动，让我们不能真正了解自己的大脑，让我们看不到宇宙的全貌……作为芸芸众生的大多数，死亡之问留给我们的仍然是太多的困惑。人们或有惧怕死的贪生，或有不知死的“折腾”，更有茫然而导致的回避、苟且……每个人包括我自己，大概都不同程度地在这几个层面徘徊。不过，这些年的阅历，包括读书、与同道的交流探讨和思考，让我在通往坦然的路上有了两个认知上的小进步：首先要追求活得更加豁达，努力做有益的事，注重健康、有爱，争取不被功利驱使。其次是死亡不可能避免，但善终可以追求。医学实践已证明，除了急性致命性伤害，人在慢性疾病的终末期，生的期限是可以通过专业评估，靠明确指标而预知的。很多对濒死者的研究也让我们可以想象和宁愿相信，当生命无法继续维持时，当生命放弃挣扎时，当生命接纳死亡的来临时，人类感受到的可能并不是痛苦，反而是欣快，不是黑暗，反而是光明。可是，这样的过程很容易被无知干扰和破坏。我理解的善终，是安心坦然、无痛感地离开。这需要我们在健康时就有理解，在疾病时早有准备，只有这样，在关键时刻才能配合医者帮到自己，帮到亲人。虽然我不能保证自己努力的结果，但至少有了方向，也更愿意继续探究和学习提高。

长期以来，国人是不愿和不能谈论死亡的。今天，随着社会的进步、生活条件的改善，相信越来越多的人愿意直面这个问题，投入思考、分享见解、获取信念和信心。人类从没有停止过对这个问题的思考、观察、分析、论说。世界范围内有很多可供参考的文献与活动、做法。近年来国内越来越多专家学者开始关注这一重要问题。我们幸运地汇集了一批专家学者，其中既有医学人文教育专家，又有经验丰富的临床医生，还有各行各业的有识之士。他们的共同特点是，具有强烈的人文情怀和爱心，对生命高度尊重与敬畏，认真投入、砥志研思。当北大优秀校友黄怒波先生谈到拟在丹曾文化“人文·智识·进化丛书”中设立生命教育、死亡教育内容时，我们一拍即合。即使不能对生死问题给出解答，我们也可以跳出医疗视野，在更广的范围内讨论且深入讨论生死问题，把有可能想明白甚至有可能改善的部分尽力挖掘出来，使之广泛传播并召唤更多的人付诸思考与行动。

孔子弟子问：敢问死？孔子答：未知生，焉知死？虽然我们的来与去并非自主，但生的过程仍极大依赖个人的选择。其实，“不知死”同样也不能更好地“知晓生”。我们谈论死亡，不光是为了追求善终，为了多一些坦然、少一些恐惧，也是为了更好地理解生、悟出该怎样更好地活。

希望通过努力，人们可以生而美好，逝而从容。

2022年1月

上篇

/ 第一讲 /

走近死亡故事

王一方　赵忻怡

在一般人眼里，死亡是一个个不应该发生的“事故”；其实，它也是一个个悲欣交集的故事。死亡无疑是一个残酷的故事，但也可能是一个温情的故事；它是一个悲伤的故事，但也可能是一个悲壮的故事；它也许是一个充满人生迷茫的故事，但也可能是一个饱含生命豁达的故事；它是一场世俗变故，实际上也是一次神圣体验。

这里跟大家分享一个“严酷而温情”的故事。那是 2019 年 9 月 13 日，正值农历八月十五，中秋节，许多人沉浸在“举杯邀明月”的浪漫快意之中，而医院的急诊室里却是另一番景象。午夜时分，归家的途中，显然是酒精的魔力，造成一场重大车祸，不曾跟家人一起赏月团圆的医护人员正全心全力投入抢救，几乎用尽了全部的技术手段，还是有一位伤者不治，坠入死亡的深渊。此刻，墙上的表针指在 11 点 50 分，主治大夫准备拉出一份平直的心电图，然后签发死亡证明，却被主任劝住了。主任深情地说：“明年的今天就是这位逝者的祭日，咱们再坚持一下。设想一下，未来很长的日子里，他的亲人们都要在团圆之夜去追思、祭奠亡灵，承受哀恸……”于是，整个抢救团队默默地在已经复活无望的躯体上紧张地“施救”，还邀请逝者家人观摩抢救过程，感受医疗团队的最后努力。20 分钟过去了，主任医师率领抢救团队向逝者深深地鞠躬道别，送他去另一个世界远行。死亡时间本来应该是 9 月 13 日（农历八月十五）11 点 50 分，后修正为9月14日（农历八月十六）0点10分。

在音乐家那里，死亡就不是一个休止符，或者演奏中的弦断曲殇，而是生命行歌的悠扬终曲，余音绕梁，回荡久远。在古今中外的英雄叙事里，死亡是长眠，英魂长存于青山绿水之间，肉身别离，无碍精神永驻。很显然，死亡叙事不同于死亡记录，它不是简单的事件记录，而是温情的生命书写，既包含着死亡历程的叙述，也寄寓着死亡想象，投射了叙述者的死亡信念；叙事主体不是冰冷的、客观的在场者，而是同情、共情驱动下的陪伴者、见证者、抚慰者、安顿者，可能是医护工作者，也可能是家人或志愿者。

人们常说“生命神圣”，深究起来，生命的神圣来自生命历程的不可预料性，命运的起落无常，痛苦、疾病、死亡降临的偶然性，其中既包括青春期的活力乖张，壮年期的阅历曲折，也包含衰老、死亡归途的无奈。

一、中国古代的死亡叙事

在汉字的造字谱系里，“忘”不仅从“亡”得声，而且包含“亡”义，亡心为忘。据说“孟婆汤”就是让人遗忘，忘掉人世间的恩怨、烦恼，大胆地迈上黄泉路。而有一些人则反对遗忘，认为真正的死亡是世界上再没有人记得你。在他们看来，一个人可以不被原谅，但不应该被遗忘。因此，死亡不是生命的终点，遗忘才是。死亡不是真的逝去，遗忘才是永恒的消亡；死亡并不可怕，遗忘才是最终的告别，所以请记住你爱着和爱过的人。

死亡在中国人的哲学里也被称为“灭”，火之熄，谓之灭。灰飞烟灭，人死如吹灯，汉代开始就有神灭与否的辩论。其实，“灭”

从字形看，就是“火”被“一”（形如盖板）隔绝空气而熄灭。但是，如何灭却有不同版本的故事。有消灭：瞬间消散，心不愿；破灭：瞬间破碎，心不甘；熄灭：瞬间熄火，心不宁；泯灭：瞬间失德失身，心不忍；冥灭：瞬间失神，心不祥；幻灭：幻觉中升腾、升华，如同踏入桃花源，按照佛家的认知，幻灭中往生，恰是诗意的新生，再生（轮回—涅槃—恩宠），此刻，心安顿，就可以接纳死亡。

古典的死亡叙事要从轴心时代说起。先秦儒家主张天人相应，认为天地有好生之德，创生万物，长养万物，人有生生不息之精神，应该珍惜生命，注重人事，修养心性，以配天德。孔子既有“未知生，焉知死”的敬畏，也有“朝闻道，夕死可矣”的豪迈。孔子之死表现出一种大丈夫的旷达。据《礼记·檀弓上》记载，有一天，孔子梦见自己坐奠于两楹之间，自感死期将至，早起，逍遥出门，歌曰：“泰山其颓乎？梁木其坏乎？哲人其萎乎？”子贡闻声，知孔师将辞世，于是急奔孔门。孔老夫子从容地交代身后之事，翕然归天，未见丝毫畏怯，相反，只有从容与顺应。作为思想家，孔子开启了中国文化安命乐生、重生轻死、惜生讳死的文化传统。

与儒家相比，道家倡导全生避害，讲求顺生、清静无为，奢谈死亡（超然的豁达）。道家热衷于炼丹，透出一种对长生、永生的希冀。道家经典中不乏劝善、积德遇仙，修道、炼丹成仙的传说。与华阳国彭祖的长寿蛰伏不同，陶弘景在江苏茅山、葛洪在广东罗浮山的隐居生活给了人们无限的遐想，生命是什么，生命的极限在哪里，似乎都有拓展的空间。老、庄对于死亡都十分豁达。庄子曾说：“人生天地之间，若白驹过隙，忽然而已”“已化而生，又化而死，生物哀之，人类悲之。解其天弢，堕其天帙，纷乎宛乎，魂魄将往，乃身从之，乃大归乎！”“人之生也柔弱，其死也坚强”。而老子之死至今是一个谜，他骑一头青牛西出函谷关，留下五千言的《道德经》，出关之后究竟是遇仙、成仙，还是为黄沙所掩，不得而知。

庄子的豁达是先秦诸子中最彻底的，在他看来，“生之来不能却，其去不能止，死生，命也，其有夜旦之常，天也”。庄子关于死亡的论述很多，都体现了他视死亡为至善之道、至乐之道的观念。其一，妻死鼓盆而歌，惠子问难，庄子自辩：“察其始而本无生，非徒无生也而本无形，非徒无形也而本无气。杂乎芒芴之间，变而有气，气变而有形，形变而有生，今又变而之死，是相与为春秋冬夏四时行也。人且偃然寝于巨室，而我噭噭然随而哭之，自以为不通乎命，故止也。”其二，死后对话骷髅。骷髅相告，死亡是大解脱，人生在世，有种种负累，死后则一了百了，上无君主，下无臣民，无四季寒热，超然自得，与天地共长久，即使是帝王的快乐，也无法比拟。其三，庄周梦蝶。《庄子·齐物论》有言：“昔者庄周梦为蝴蝶，栩栩然蝴蝶也，自喻适志与！不知周也。”这一寓言开启了“化蝶遇仙”的文学意象。

都说“向死而生”意识始于西方，其实，这种观念在中国古代的黄老学派中早有流行，《淮南子·精神训》中就有“生，寄也；死，归也”的记载。相传上古时期，大禹治水有功而成为华夏领袖。一次，他去南方巡视，与随从坐船到江心，突然一条黄龙把船托到半空，船上的人顿时五色无主。大禹则大笑道：“我受命于天，竭力而劳万民。生，寄也；死，归也。”黄龙见吓不到大禹，于是仓皇而逃。这个传说有些神奇，但“生寄死归”意识的萌生却十分可信，危难中、忧患中、奋进中的人生必然有思考，进而能豁达生死。

应该说，先秦诸子的死亡意识还算旷达、从容，但很快有一种“好死不如赖活”的意识流行开来，主要缘由有三。一是农耕经济具有脆弱性，吏治腐败不断积累，天灾（旱、涝、蝗）人祸（横征暴敛）引发饥荒连连，使得农民生计困苦，每每被逼上聚众造反的绝境。这增加了生存的“破一沉”意识。二是社会的周期性动荡（征战、动乱、瘟疫），加剧了生存的危机感。三是官场、商场及各类人际斗争中的冷酷残忍、刀光剑影、腥风血雨强化了无常、无奈、苟且的人生哲学。中国历史上战争、屠杀绵延不断。《史记》记载，秦赵长平之战，秦将白起制造了中国古代战争史上著名的杀俘事件；其后，项羽杀秦降卒，后又有曹操杀官渡之战中袁绍军战俘。一代天骄成吉思汗征服天下的一个办法就是屠城。清军入关，在富庶的江南之地制造了惨绝人寰的大屠杀，史称“嘉定三屠”“扬州十日”。全民抗战初期，日军蓄意制造南京大屠杀，也是意欲征服中国人的意志。正是死亡恐惧造就“怕死意识”，因为害怕，所以许多人不愿直面死亡。其实，中国的先民常常把死亡话题游戏化，譬如红白皆喜事（豁达），巅峰体验的感受是高兴“死”了，快活“死”了，幸福“死”了。此外，中国历史上也不乏壮士崇拜。荆轲刺秦，风萧萧，易水寒，壮士一去不复还；文天祥忠于宋室，留下“人生自古谁无死，留取丹心照汗青”的千古绝唱。

中国古代有着严酷的政治环境与险恶的官场，官员们人人自危。历朝历代，都出现过最高统治者用各种方式任意杀人的情形。汉武帝执政时，几乎杀光了所有对他的权威有不敬的人。武则天当政期间，怕人谋反，杀人无数，李世民的子孙几乎被她杀光。朱元璋有“迫害欲”，当了皇帝后总想找茬杀人，先后制造了胡惟庸案、空印案、蓝玉案，当年跟他打天下的功臣几乎全部被杀光。“空印案”中，各级官员大部被杀、被关，衙门找不到官员坐堂，只好从牢里将被关的官员临时提出来坐堂问案。

中国古代的酷刑造就了人们对“不得好死”的极度恐惧。史书上记载最早的酷刑大概是纣王发明的“炮烙”之刑，即将人犯绑在一个烧红的铁柱上烙死。春秋战国时期有车裂刑，即五马分尸，将受刑人的头跟四肢套上绳子，由五匹快马拉着向五个方向急奔，把人撕成几块。秦国著名改革家商鞅就遭受了五马分尸之刑。汉之后，各种酷刑被发明出来，不断扩充，其中最甚者，有“十大酷刑”之称，一项比一项残忍。凌迟为酷刑之首，千刀万剐以后才让受刑人死去，每次凌迟至少割千刀，后来民间对不得好死的咒语便是“挨千刀”。还有烹煮术。唐代酷吏来俊臣崇尚严刑峻法，对不肯招供的犯人施以酷刑，其中有“烹煮”刑，方法是备一口大瓮，把人塞进去，然后在瓮下面加热。随着温度越来越高，受刑人也越来越受不了，如果不肯招供就会被烧死在瓮里……历朝历代都有残忍的腰斩术，把犯人从腰部铡开。由于心、肺等主要器官在上半身，犯人不会即刻死去，斩后还神志清醒，得过一段时间才会断气。此外，还有罪恶的活人殉葬制度。人殉制度商周时盛行，秦汉有所收敛，到元明死灰复燃。

暴民与流寇祸害也强化了百姓的悲惨死亡经验。例如，明崇祯十七年（1644），张献忠入川，“坑成都民于中园”，杀各卫籍军数十万。鸦片战争之后，中国卷入多灾多难的时代漩涡，晚清、民国时期，内外战祸、饥荒、瘟疫、动乱夺命上亿，血和泪铸就了新生的共和国，中华民族由此走上民族复兴之途。

二、现代死亡叙事

随着人类在改造自然、改良社会、文明教化方面的长足进步，现代死亡正在逐渐走向文明，战争、饥荒、瘟疫、动乱造成的死亡，比例渐次下降，而肿瘤、心脑血管疾病等造成的死亡不断增加。现代社会造就了许多新的死亡困境，譬如车祸、空难，自杀人数也迅速飙升，这也带来死亡叙事的转变，继而带来死亡观念的漂移与迷失。医疗技术的进步，使得死亡越来越多地从居家场景变成医院场景，从家庭的守灵守孝、村头的哀恸变为急救室里永不言弃的技术对抗，以及殡仪馆的短暂道别；从自然死亡、偶然死亡变成技术化死亡，一切皆为非正常死亡，都有复苏与复活的救治空间；从一碗孟婆汤、一座奈何桥、一条黄泉路的生命归途，以及夜幕降临、回到祖先怀抱这样一个可接纳的宿命叹喟，变成不可接纳的对救治失败失误的惋惜，甚至演变成医患之间互不信任的斗嘴、斗力、斗法。

不仅如此，死亡叙事还遭遇“资格悖论”。首先，死亡是一条单行道，如同卒子过河，不能折返，凡是没有死过（无死亡体验）的人都没有资格诉说死亡，但是已经死去（有死亡体验）的人又没有能力诉说死亡，因此，死亡叙事变得无法观照。其次，死亡叙事也遇到人称的诘难。谁最可靠？是第三人称的他（她）——医护者、救助者、志愿者、小说家，还是第二人称的你——亲属？很少有第一人称的我。鉴于自我生与死的排他性，自我之死极难记录。这里存在一个悖论：我死了，就不能记录；我在记录，就没有死。这就引出死亡叙事的文本类型：第三人称多为虚构（想象死亡），因为他（她）不是死亡的主体；第二人称的你如果不在病榻旁守候，并且陷于共情之中，也只能是虚构。第一人称的死亡叙事得益于现代医学的神奇魔力，它将越来越多的濒死者从鬼门关拉拽回来，使得他们有机会回忆起死回生、迷途折返的经验和细节。说来有趣，许多濒死复活的患者有强烈的叙事意愿和丰富的叙事素材，他们将自己的碎片体验逐渐拼成一个死亡境遇的拼图，刻画出一条真实的灵异之旅。

濒死体验的生命书写出现在许多临床文献和纪实文学之中。亚历山大·埃本是美国一位资深的神经外科大夫，他由一场感冒坠入濒死之境，事后他追忆了濒死的真切感受，描述十分细腻。感受一：被抛感，肉身如同坠入黑暗的隧道，有一种深沉璀璨的黑暗。此时，无法看，只能听（反现实）。他听到两种声音，一种是杂乱、烦扰、尖叫的声音，另一种是深沉、有力、悠远的声音。萌生两种感觉，束缚与逃脱，渴望解放。遭遇一个旋转的世界，在这里，时间、空间丢失，身份被遗忘，记忆重新拼接，但体验与感受却很细腻、很强烈。在某些瞬间有步入天堂的感受，如同坐飞机、火箭，也有飞翔感，如同跳伞，尽力寻找着“生命的锚地”，踏上复活（而非复苏）之途。感受二：获得恩宠，甚至能感觉到被爱包围，这源自亲人与医护人员的陪伴；也能感知亲人为自己搓手的动作。感受三：获得勇气，感受到一种解放感，从最初的恐惧到不再恐惧，这源自亲人与牧师的祈祷。感受四：免责，除罪。此情此境，一切都不是我的错，而是一种宿命（自我、他者的辩护）。感受五：非实境访问（幻灭体验）。譬如逝去的父亲接自己回家，回到先辈行列，感觉离别不孤单，遭遇到的白衣天使是未曾谋面的早逝的妹妹。七天后，奇迹出现：瞬间苏醒，犹如电脑死机之后的重启，一切都回到从前，就像经历了一次神奇的旅行。由此，我联想到陶渊明的《桃花源记》，樵夫钻进“秦人洞”，体验到一种隧道感。有一种说法是，樵夫是在穿越阴阳界，去到一个未曾去过的世界，那里的人不知有秦汉，无需缴税，这岂不是时间丢失、身份丢失的古典叙事？而庄子《逍遥游》中的鹏展翅九万里，背负青天，扶摇直上，形容的就是驾鹤西去时的那份飞翔感。应该说，濒死体验中有许多我们普通人无法体验与诉说的快乐和潇洒，并非只有别离之苦。

死亡叙事的视角是多元的，既有现代医学视角，也有心理学、社会学、哲学、伦理学视角。医生出身的作家毕淑敏，她的小说《血玲珑》呈现出一种复调叙事，冷酷又温暖，在生死面前，那一颗不安的心将如何颤抖，那一片压抑的人性将如何开阖？故事的缘起是这样的：卜绣文是一家公司的总经理，年届不惑，女儿夏早早突患罕见疾病——渐进性贫血症，骨髓停止造血，如不恢复造血功能，女儿死期可估。丈夫夏践石懦弱无主见，卜绣文却表现出非凡的理性和意志力。为了拯救女儿的生命，卜绣文倾尽所有，包括她的金钱、时间和生命。年轻医生魏晓日对卜绣文的遭遇十分同情，并被她超凡脱俗的气质吸引。魏大夫求助于自己的导师、医界泰斗钟百行以期挽救那个如花的生命。钟先生制定了医疗方案“血玲珑”——让卜绣文再生一个与早早基因几乎相同的孩子，抽取其骨髓以救早早。卜绣文再次怀孕。然而，基因化验却发现，夏早早与卜绣文腹中的胎儿不属于同一个父亲，也就是说，夏践石不是早早的生父。卜绣文回忆起13年前的可怕记忆，当年她曾被一个青年人强暴。为救早早，卜绣文决心找到当年的强奸犯。夏践石也毅然决定让卜绣文流掉腹中的孩子。历尽艰辛，卜绣文终于找到了那位“肇事者”，居然是让自己公司破产的合作伙伴匡宗元。通过努力，卜绣文人工授精成功，生下了一个可爱的女孩夏晚晚，但在抽取晚晚骨髓时，早早自杀了，手术暂缓，故事到此戛然而止。作为早早的母亲，卜绣文是伟大的，但同样作为母亲，她把晚晚当成了早早的药，她的做法又是十分残忍的。毕淑敏曾说："我的小说，它的核心问题是探讨高科技对人的生命的干预，对死亡的抵抗。"科技的发展，医疗的进步，能帮助人们战胜更多的疾病，但死亡可以"阻断"吗？即使暂时"阻断"了，对生命而言是更好的选择吗？

三、死亡的类型叙事

现代人是幸运的，在我们的死亡谱系里，历史上许多司空见惯且十分残酷的死亡类型已经大大减少，如：疫病流行的死亡，一种大面积、大数目的集体死亡，人们只能无奈地感叹自然的残忍，萌生"罪与罚""辜与伐"的追问；战争中的死亡，包括残忍的大屠杀，一种大数目的集体死亡；还有酷刑下的死亡，一种残忍、令人震怖的死亡，通过加大死亡过程的痛苦，强化了受刑者的死亡恐惧。但我们依然无法逃避衰老死——油尽灯枯，寿终正寝，可预期，有准备，需要"四道"（道别、道情、道谢、道歉）"三安"（安宁、安详、安顿）；残障死——艰困度日，挣扎之后，寻求解脱；癌死/结核死、艾滋病死亡——过程痛苦，万般折磨，可预期，有准备，需要尊严；猝死——分为内源性猝死和外源性猝死，这类死亡猝不及防，回天无力，也没有过程痛苦，没有抢救的犹豫。还有儿童死亡，这是生命历程中的意外，大人送孩童，白发人送黑发人。还有一类可称为“颓废之死”，它是虚无主义、放纵主义、嬉皮士运动的“代价”，其三部曲为颓废虚无，放纵欲望，失落自残、自杀而死。

随着技术的发展，我们还可能享受濒死复活的“福利”，遭遇“死去活来”、生命折返的意外救赎。但是，我们还是逃脱不了死亡的阴影，也走不出死亡的各种两难选择或境地，如慢死与快死，心理上可接纳的死与不可接纳的死，有尊严的死与无尊严的死，有仪式的死与无仪式的死。下面，我们分而论之。

其一，慢死与快死。前者如癌死、残障死、衰老死，是一种意料之中的、有准备的死亡；后者如猝死、疫病急死、失足溺亡、交通意外死，是一种意料之外的、无准备的死亡。死亡类型人们无法选择，只能凭运气，但面对死亡类型，人们往往各有主张。

先说慢死。莫里先生是一位社会学教授，他身患肌萎缩侧索硬化症（渐冻症），先是下肢肌肉无力，麻痹失能，然后蔓延到胸部，上肢肌肉麻痹失能，最后呼吸肌麻痹。该病症的患者从发现患病到死亡，要经历一年或数年，而且大部分时间蜗缩在轮椅上。然而，面对生命的倒计时，莫里教授没有沉沦，而是召回他最得意的门生，与其“相约星期二”，在轮椅旁、病榻旁开讲，谈论世界、自怜、遗憾、死亡、家庭、感情、对衰老的恐惧、金钱、爱的永恒、婚姻、我们时代的文化、原谅、完美的一天……最后一刻是师生道别。莫里教授告诉我们，一旦你学会了怎样去死，你也就学会了怎样去活。面对死亡，我们需要尊严、勇气、幽默和平静，人之将死，其言也善，死亡的过程就是与生命握手言和的过程。

癌症患者也是顶着“达摩克利斯之剑”生活一段较长的时间，

通常带瘤生存半年或数年、数十年，因为头上有一把悬剑，心中不免戚戚然。癌症的发展、转移不仅以死相逼，还以生活质量低下相辱。这分明是在揭示悬崖上的生命的本质：即使没有肿瘤，生命也必然由健康走向衰弱，继而衰竭、衰亡，由平衡走向失衡，由青春活力走向失控、失能、失智，最后抵达死亡的港湾。

再说快死。人类死亡通常是一个充满不舍、恐惧的过程，美国心理学家库伯勒-罗斯在《论死亡和濒临死亡》一书中将这个过程细分为五个阶段：否认—愤怒—挣扎—抑郁—接受，其“基线”是死亡恐惧。为什么人们会产生恐惧呢？恐惧源自对生的眷恋、死亡过程的痛苦，以及来世的神秘不可知。猝死则将这个过程大大地简化了，猝死者以风驰电掣的速度跨过生死门槛，几乎来不及否认、愤怒、挣扎、抑郁，就瞬间接受了，恐惧之云还未笼罩，眷恋之情、过程咀嚼、未来想象都不曾展开，就飞身遁入他境，干脆利落。

猝死的第二大“优点”是可以逃脱繁复的“技术纠缠”。对终末期患者，以及坦然、豁达接纳死亡的人来说，人工器官的发明无异于把渴求快乐、善终的人绑上“过度医疗”的技术战车（变成“慢死”“不得好死”）。长时间全身插满管子的艰困求生，依赖人工器官、肠外营养维持的存活，实在不值得留恋，延长没有品质、缺乏尊严的生命无异于延长痛苦。而植物人状态（不死不活）等技术化“偷生”造就了新的亲情危机：久病床前无孝子，后辈有限的生活资源被无端奉献给无谓、无底的苟延残喘，人为地延宕了别离之愁与哀伤之苦。

其二，心理上可接纳的死与心理上不可接纳的死。是寿终正寝还是非正常死亡，是白发老人之死还是懵懂儿童之死，不同类型的死亡，病人及其家人的心理感受完全不同。中国传统意识中，有三种死亡最为悲切，一是少年丧父，二是中年丧偶，三是老年丧子。在医疗死亡谱系中，癌症患者经历了在长期折磨、恐惧、悲伤境遇中的治疗，衰竭、死亡皆在意料中，死亡结局相对可以接纳；而猝死则令人毫无心理准备，尤其是感冒导致心肌炎死亡，或者是院外猝死获救（幸运）而院内猝死失救（倒霉），家属的心理期许与现实落差巨大，这些都是高技术、高代价之后的高风险。心理落差，对过度诊疗的想象，及对事故责任的猜忌一股脑涌上死者家属心头，许多人都无法接纳，缘由不是他们不懂医学知识，而是他们不懂医学的真谛。医学的真谛是什么？是不确定与不完美。现代临床医学泰斗奥斯勒认为“医学是不确定科学与可能性的艺术”，生命是一个谜，是一个灰箱，真相无法大白，甚至都无法“中白”，只能“小白”，很多情况下，病因、病理不明确，病情的进展不可控，疗效不确定，预后是向愈，还是恶化，残障、死亡，完全不可测。在临床上，诊疗“节目”是必需的，花费是必需的，而且越来越大，医院、医生的技术、精力投入是必然的，医疗探索与职业进取是积极的，但依然不能改变“不确定性”的现实困境。于是，现实中出现巨大的心理失衡，对于某一个患者及其家庭来说，以确定的、高昂的经济支出与难以忍受的苦难体验换来完全不确定的疗效和生死预后，出现人财两空的结局。

临床意外为何无法彻底“驾驭”？现代医学是这样解读的。一是扳机效应。平时就具备各种危险因素，如同枪，子弹上膛后，不碰扳机没有危险，一旦触动扳机，就会击发，发生危险。二是管涌效应。被洪峰冲击的大堤，因为一个小小的管涌，就可能毁于一旦。三是雪崩效应，或泥石流效应。意味着瞬间出现巨大危机，属于不可抗力。四是沼泽地效应。遇到多器官衰竭的患者，治疗上绝不能盲动，如同陷在沼泽地里，不可倾力挣扎，越挣扎将陷得越深，只能沉着冷静，寻找脱困的机遇。五是多米诺骨牌效应。当人的心功能、肺功能、肝功能等均处在低下状态，就可能触碰一处便引发多器官衰竭，难以施救。现代医学要丢掉高技术崇拜、金钱崇拜，反思高技术、高消费的救治或然性，把握好过度与不及的张力，重视高代价给患者及其家庭带来的心理重压，防止搬走一块石头，又压上另一块石头，要知道，生命无常，技术有短板、有盲点，高新技术也无法阻止死亡的脚步。临床上没有“生机无限”的神话，只会“危机重重”，或者“命悬一线”，医者的努力可以保护扳机，阻止击发，可以发现管涌隐患，及时堵住管涌口，或者让多米诺骨牌斜而不倒，但是无法阻断雪崩和泥石流的顷刻危害，从这个意义上看，生与死是宿命，而非规律。因此，不应该认定一切死亡都是非正常死亡，都要通过与医生、医院纠缠去讨说法，证明那是医疗事故，死缠烂打，状告医院，获取医疗赔偿，长此下去，将无人敢从事急救与重症医学事业。

其三，有尊严与无尊严的死、有仪式与无仪式的死。传统的死亡尊严来自盛大隆重的祭祀场面，持续时间之长、参拜人数之多、节目流程之烦琐与物料铺排之浩大，都在传达极尽哀荣的感受。百姓人家也会上演传统的村头故事或祠堂 / 教堂故事，在村头、祠堂或教堂操办白喜事，表达哀荣，释放哀伤，延续民俗，其中有昭告，有追忆，有感恩，有尽孝，通过一个祭祀活动实现多种哀伤心理的见证、抚慰功能。移风易俗意识的兴起，将尊严由家族荣光、家人风光转移到逝者的感受上。有尊严的死意味着让即将离世的人身无痛苦，心无牵挂，不再受到无谓的救治，而是平静离去。同时，辅以神圣庄严的追思仪式，回望逝者的生命轨迹，肯定他的人生奋斗，以勉励后辈。在这个观念转身过程中，名人示范十分重要。

2010年12月30日傍晚，作家史铁生静静地平躺在北京朝阳医院急诊区的手推板床上，呼吸微弱，命悬一线。下午，他做完例行透析，回家后突发脑溢血，旋即被送至离家不远的朝阳医院。晚上九点多，铁生的老友、宣武医院凌锋大夫闻讯赶来，轻轻翻开史铁生的眼皮，发现瞳孔在渐渐放大。环顾四周，一片纷乱，于是，凌锋大夫迅速联络，将史铁生转到宣武医院的重症监护室，那里有全北京最先进的急救设备。作为有丰富颅脑外科急救经验的临床教授，他将预后告知了史铁生夫人。没有太多的踌躇，史夫人便决定放弃一切介入性的急救举措，平静地签署了停止治疗的知情同意书。这不是她即兴的决定，而是史铁生生前郑重的预嘱。他们夫妇在一起的日子里，不止一次讨论过死亡，安排如何应对死亡，如何处置遗体与器官，铁生有言："如果不能写作，我绝不活在这个世间。"

随后，史夫人又郑重地签署了捐献肝脏和角膜的文件："铁生讲过，把能用的器官都捐了。"她还告诉凌大夫：轮椅生涯几十年，铁生很想知道他的脊椎究竟发生了怎样的病变。在此期间，史铁生的呼吸越来越微弱，然而，他硬是坚持到红十字会取器官的大夫赶到，才舒缓地呼出最后一口气，以便让每一个捐献的脏器都处在血液正常灌注状态。凌大夫不由得感慨，史铁生真坚强，真配合。在庄严肃穆的气氛中，在安魂曲的音乐中，所有在场的医护人员向史铁生鞠躬，致以最崇高的敬意，然后虔诚地取出他捐献的器官，认真、细密地缝合好躯壳，整理好遗容。器官被火速送往接受器官捐献的医院，九个小时后，史铁生的肝脏、角膜在另外两个身体中尽职地工作，他的生命依然在欢快地延续着。

四、死亡的场景叙事

院外死亡，可能发生在家中、旅途中、岗位上，但人们最害怕殁于荒郊野外，没有陪伴、见证、抚慰，遁入孤独；人们更期望被送进医院，那里是安全岛，可以得到现代急救技术的支持和救护，起搏器、呼吸机、叶克膜，人工肝、人工肾、肠外营养，应有尽有。但即便如此，谁又能保证院内就不发生意外呢？这就把人们推到院内死亡的情感漩涡之中：在高技术、高消费的手术室、急诊室、ICU 里的死亡，究竟是医疗事故，还是费尽心力而回天无力？没有人能即时精准判断。有一种可能，人被救过来了，但陷入长期的昏睡之中，就是俗称的植物人状态，他们对周遭没有感觉，与亲人没有交流，完全丧失生活品质和生命尊严，这样活着又有什么意义呢？

在医院急救室的门前，大多有一纸告示，上书："抢救重地，闲人免入"。谁是闲人？这里跟大家讲一个真实的故事。一对情深意笃的老人住在癌症病房里，男人命悬一线，喘着粗气，顽强地苦撑着，白发妻子侍候在侧，她那双浑浊的眼睛不时地给老伴递去深情，一只手伸进被子，紧紧握着男人的手，给他活下来的勇气与力量。终于到了启动 CPR（心肺复苏术）的时节，老人需要转移到急救室。到了急救室门口，老太太的眼睛可以隔空张望，那只和丈夫紧扣在一起的手却无法松开。这时，一个无情的声音传来："松开手，说你呢！”紧接着，一只手伸过来，硬生生地掰开他们握在一起的手，沉重的大门“砰”的一声关上了。30分钟之后，医生推出老人盖着白布单的尸体，老人的眼睛不曾闭合，手也一直保持着半小时前握手的姿势。事后，医生饱含歉意地反思：当时，不应该把老太太赶出去，而应该让她陪伴着至亲的人，一直握着老人的手，用她那苍老却坚毅的眼神去见证亲人的撒手别离，或许这样，老人会走得坦然、安详一些。

听完这个故事，我们可以重新审视“谁是闲人”这个问题。正统的临床医学信念是，医生护士之外的人都是闲人，医疗节目之外的事都是闲事。其实不然，在死亡来临前的最后时刻，再先进的救助手段也无法挽回生命，而亲人的陪伴、见证、抚慰、安顿是最最贴心的，也是临终者最最需要得到的生命滋养和温暖。不过，要违拗科学主义的救助观实在有些难为，此时，家属常常会抱有幻想，坚信亲人不会死，只要急救技术介入就会出现奇迹，于是一再催促医护团队加码救治投入的科目，将十分珍贵而短暂的亲人之间道别、道谢、道歉、道情、道爱的时间窗口悉数交给急救团队。患者家属的心理“转圜点”在于丢掉亲人不死的幻想，正视生命的终点，接纳亲人死亡的降临。将临终时的“节目单”重新排定，优先安排展示逝者尊严与亲情依恋、诗化死亡的活动。更合理的观念是，医疗节目仅仅作为辅助手段，可适当用一些止痛、止吐、平喘的药物，保持患者生命指征的相对平稳与无痛苦状态，直至生命停摆。

要翻转急救过程中的主次、忙闲关系，最核心的角色莫过于急救室里的医生与护士。此事关涉医者的尊严与价值，也牵系着他们的情感和精神境界——医者是否有足够的反思精神和无畏的职业勇气？没有医生与护士会否定临床行为的价值、承认自己是“闲人”，但深陷技术主义泥沼的人有一千条理由为自己辩护，诸如：“救死扶伤是医者的天职”“有百分之一的希望，就要尽百分之百的努力”“医者应永不言弃”，等等。在这种观念下，积极抢救原则指导下的心肺复苏术是本分，尊重患者意愿的情况下不选择积极抢救才是大逆不道。他们认定一切死亡都是病魔作乱的非正常死亡，都有抢救的空间，都应该借助技术的力量予以抵抗和阻断。再没有寿终正寝，唯有高技术抗争。救过来，皆大欢喜；救治失败，无限遗憾。患者家属无法接纳人财两空的局面，于是便归罪于医生误治、医院失职、医学无能。这种观念和举措还可能造就技术支持下生存的“植物人”，他们欲生不能，欲死不甘，家庭与社会投入巨大，生命质量与尊严低下。因此，医疗目的与境遇必须重新思考与排序，人们更应该关注无痛苦、无牵挂、无遗憾的死亡，关注有尊严的治疗与别离。

总之，死亡叙事映射出国民死亡观的嬗变，反映出不同时代死亡态度的变迁。今天，乐生恶死、活在当下、不求来世的中国人不再相信“死生有命，富贵在天”，而是坠入“求医不甘，死不瞑目”的深渊。接近1000万的年度死亡人数，是生死的必然交替，还是医生无能、医学无奈？面对至亲的亡故，我们会一时茫然、不舍、恐惧、忧伤、哀恸，也必将归于坦然、幽默、欣快、坚定，毕竟在我们之前，这个地球上已经有约1100亿人完成了生与死的历程，多少英雄豪杰踏歌前行，多少悲欣交集的离别大戏曾经上演，我们不过是重复昨天的故事，想想，有什么理由忧怨不已呢？

《陪伴生命》一书的作者陪伴过280余位逝者离别，她以亲身经历告诉人们，死亡至美，是一个肉身与自我感崩解消融、逐渐展现出别样的“生命品质”来的过程，这种“生命品质”包括空灵的圆满，无边的浩瀚感，不受拘束的自在感，内在的光芒、安详、慈爱，以及一种可以与他人分享的神性，可归纳为放松感、退出感、内在性、静默、神圣、超越、知悟、融合、体验圆满。这种体验对于未经历这个过程的生命个体难以言说，它是一份满溢的恩宠，是一次惬意的灵然独照。细细品味，彼时的感受，有中国传统文化里“月映万川”的境界，也有《红楼梦》中“落了片白茫茫大地真干净”的超脱。明白了这些，我们才会活出大豁达，活得真坦然。

作者简介

王一方，国内知名医学人文学者，北京大学医学人文学院教授，《医学与哲学》编委会副主任。主要研究临床医学人文，生死哲学、技术哲学、医学思想史，著有《医学人文十五讲》《医学是什么》《中国人的病与药》《临床医学人文纲要》等书。

赵忻怡，北京大学医学人文学院讲师。研究领域为：生产性老龄化、长期照顾、医务社会工作、医疗保险。任《中国医疗保险》《社会建设》、*International Journal of Social Welfare* 等期刊同行评审，香港大学秀圃老年研究中心荣誉研究员，北京市海淀区妇幼保健院伦理委员会成员。参编教材《社会保障概论（第六版）》等。

/ 第二讲 /

死亡哲思

焦不急

开卷之前，请诸君思考两个问题：

1. 如果你可以设计自己的死亡，那么，你认为最完美的死亡（perfect death）是什么样的？

2. 如果明天你就要死了，在死之前，你最想做的事是什么？

一、死亡：我们终将面临的极限情境

生命中，我们必然会经历一种极限情境（limit situation），超越我们所有的想象、所有的经验、所有的感知，把我们从习以为常的日常生活中猛然拔离，深入骨髓的焦虑、恐惧、无助，让我们骤然感到窒息、绝望，感觉无路可走、痛苦万分，仿佛生命被掏空。

这种极限情境，与我们短暂卑微的生命如影随形、一体两面。起初看起来都是别人的遭遇，但也许忽然有一天，我们自己就会面临。比如失业，一家老小眼巴巴地望着你，你却死活找不到工作，一分钱收入都没有。比如分手，爱得死去活来、如胶似漆的亲密爱人，你视同自己生命的一部分，与你形同陌路。比如癌症，你突然发现自己躺在陌生医院冰冷的病床上，开始了人生的倒计时。比如丧亲，你无比熟悉、无比依恋的父亲或母亲，你的生命共同体，在

火化炉中化为灰烬，只留下追忆无数。

人生没有治愈可言，因为人人皆有“不治之症”。死亡，就是我们每个人终将面临的极限情境。这个终将到来的情境——死亡，给每个人的人生都提出了一个最重大的问题：你如何度过这一生？你如何面对这一死？

据研究，我们这颗星球上曾经存活过1080多亿人，每一个人都经历过这样的极限情境。从黄河岸边的中国哲人、恒河岸边的印度哲人到地中海边的希腊哲人，每一个伟大文明的伟大头脑，都用他们的一生，以不同的模式，深度思考过这个重大问题、自我超越过这种极限情境，哪怕是在他们的临终时刻，这种思考与超越仍未停息。

现在，就让我们来到这些伟大智者的临终现场，让他们穿越时空的死亡哲思，他们临终时刻的最后一课，带给我们启迪，照亮我们每一个平凡人生在通往死亡之路上的黑暗、恐惧和焦虑，让我们明白，即使是在死亡这种极限情境下，原来也有可能超越、安宁、回归、解脱，也有机会向死而生、向死而归、向死而灭、向死而在。尽管，在科技加速引领人类大步迈向星辰大海的今天，生命的定义、死亡的定义正随着人类寿命的持续延长和人工智能技术的突飞猛进变得意味深长，但在人类奋力成为星际物种的星途上，只要死亡这一极限情境还如影随形，只要人类还是一种终将一死的智慧生物，那么此时此刻，透过科技文明的舷窗，深刻回望轴心文明时代那些古典生命伦理的彼时彼刻，就不是没有意义的。

二、死之前，活一次：孔丘的临终课

公元前 479 年 4 月 11 日，一个叫孔丘的鲁国老师，后世尊称的孔子，走到了自己生命的尽头。[①]

关于死亡的来临，孔丘老师自己不是没有预感。《礼记·檀弓上》有一段记载，大意是说，在孔子辞世之前七天，弟子子贡来看望生病的老师，孔子背着手，拄着拐杖，对子贡说，怎么这么晚才来看我呀，然后潸然泪下，说天下无道久矣，我昨天做了个梦，梦见自己的棺材放在两根柱子之间，看来泰山就要倒了，梁柱就要断了，哲人就要死了[②]。七天之后，这个伟大的中国思想家、教育家、哲人的生命之花，就枯萎凋谢了，但是他的生死哲思，却在中国人的思想文化中、中国人的言行举止中流传下来。

关于人生，他曾经站在大河边，面对滔滔河水，发出过千古一叹："逝者如斯夫，不舍昼夜。"[③]从而开启了中国人对于时间有限、对于人生意义、对于生命价值的思考之旅。时间如此毫不留情地消逝，生命又是如此短暂，面对时间的有限性和生命的倒计时，我们该怎样度过自己的这一生，怎样才算是活得有意义、活得有价值呢？

---

①《史记·孔子世家》："孔子年七十三，以鲁哀公十六年四月己丑卒。"

②《礼记·檀弓上》："孔子蚤作，负手曳杖，消摇于门，歌曰：'泰山其颓乎？梁木其坏乎？哲人其萎乎？'既歌而入，当户而坐。子贡闻之曰：'泰山其颓，则吾将安仰？梁木其坏，哲人其萎，则吾将安放？夫子殆将病也。'遂趋而入。夫子曰：'赐！尔来何迟也？夏后氏殡于东阶之上，则犹在阼也；殷人殡于两楹之间，则与宾主夹之也；周人殡于西阶之上，则犹宾之也。而丘也，殷人也。予畴昔之夜，梦坐奠于两楹之间。夫明王不兴，而天下其孰能宗予？予殆将死也。'盖寝疾七日而没。"

③《论语·子罕》："子在川上曰：逝者如斯夫，不舍昼夜。"

关于死亡，他的学生子路，曾经向老师发出千古一问，老师也曾作出千古一答。这一问一答，一直传到今天，对我们每一个中国人的生死观，都产生了极其深远的影响。

学生的千古一问是："敢问死。"

老师的千古一答是："未知生，焉知死？"[①]

2000多年后的今天，有一种很流行的观点，认为当代中国人生命教育观缺失、特别贪生、特别怕死、特别忌讳和回避一切跟死亡有关的话题和场景，原因就是2000多年前这位至圣先师的这句话，认为这一切都怪他以及他所开创的儒家对于死亡的态度：忌讳回避。

真是这样吗？面对"死亡是什么"这一宏大话题，伟大的至圣先师、哲人孔丘这句回答的含义真的就那么肤浅吗？当然不是。让我们深入体味一下"未知生，焉知死"这六个字背后的死亡哲思。

其一，他指出了一种方法，而不是急于告诉学生一个明确的答案。他没有正面回答死亡"是什么"，而是像一切循循善诱的伟大老师一样，给提问者指出了一条通往答案的"死亡哲思之路"：知生从而知死，通过探索活着的意义，来了解死亡的含义。重要的不是"是什么"（What），而是"怎么去做"（How）。

其二，这个回答的隐义，是依自不依他，鼓励提问者自己去寻找答案，哪怕这个"他"是天地君亲师，是圣人，是佛祖，是上帝，也不要盲目依靠。死亡的秘密，死亡恐惧的化解，只有依靠你自己走过每一步人生道路（知行合一的人生）才能获得。这种可贵的"依自不依他"的精神，在与其同时代的印度哲人乔达摩·悉达

① 《论语·先进》："季路问事鬼神。子曰：'未能事人，焉能事鬼？'曰：'敢问死。'曰：'未知生，焉知死？'"

多开创的佛教思想及中国禅宗传承中遥相呼应，不可谓不是我们东方死亡哲思中最宝贵的精神财富之一。

其三，要培养知生死的能力。“好学近乎知，力行近乎仁，知耻近乎勇。”[①] 人生在世，不能只是活着，浑浑噩噩过一辈子，你还应该有智慧，能思考生死的意义、探索生死的意义、讨论生死的意义。2000 多年前的孔丘老师身教言传，还能够坦然跟学生讨论生死的话题，而 2000 多年后的今天，我们很多人却连一个“死”字都不肯面对，终其一生，不肯花一分钟时间来思考怎么生、如何死，什么才是“有知有味有意思有意义”的人生，这是古人的责任，还是我们自己的推诿呢?

其四，我们不会活着体验死亡。子非鱼焉知鱼之乐，子未死焉知何谓死。一个人如果还活着，哪怕还有一口气，就不可能对死亡真正了解，而一旦他死了，又如何表达他对死亡的感受? 所以，真正的死亡是不可知的，所有的焦虑、恐惧，都是人还活着的时候的想象带来的。对一个活人（因为提问者还没有死）来说，孔子认为“知生”比“知死”更重要，因为后者只是知识层面的发问、尚未发生的可能、认知层面的不可能，而前者却是一种“向死而生”的人生态度，是真真切切正在发生、需要每个人采取人生行动的人生现实。与其去思考一个你不可能真正了解的事物，不如采取实用主义的态度，不如采取行动学习的方法，把生命的历程本身（知生）当成有效探索“知死”的路径，这是一个极高明而道中庸的办法。

其五，怎么才能知道一个人在死之前是不是真正“知生”了

① 《礼记·中庸》:“子曰：好学近乎知，力行近乎仁，知耻近乎勇。知斯三者，则知所以修身；知所以修身，则知所以治人；知所以治人，则知所以治天下国家矣。”

呢？孔子自己的评估标准是："朝闻道，夕死可矣。"人这辈子，就怕不闻道、不知道，一个人如果真正得了道，早晨得了，哪怕晚上就死了都值得。这就是孔子自己的人生观、生命观、死亡观。孔子一生"志于道、据于德、依于仁、游于艺"，什么是道，仁者见仁，智者见智，可以理解为形而上的天道地道、宇宙真理；也可以理解为形而下的伟大事业，比如备受儒家推崇的"人生三不朽"："太上有立德，其次有立功，其次有立言"；甚至可以理解为我们普通人追求的功成名就。也就是说，在死亡面前，化解死亡焦虑、消除死亡恐惧、实现人生"大不朽"的最好办法，就是追求此生闻"道"，臣服于比自己个体生命更重要的事物、更伟大的事业、更宏大的事功。

与其他文明世界许诺人死后还有灵魂、还有永生、还有天堂、还有乐园的哲人相比，孔子这个中国哲人没有给学生提供任何永生世界的承诺，他就像我们家里一位慈祥的长辈，引导我们思考，叮嘱我们不要只是停留在抽象的问题或情绪层面裹足不前，他只是要你我去活、去知、去做、去闻道、去探索，在有限的游戏中玩无限的游戏，在有限的人生中探索无限的事业，找到生的意义，才能发现死的含义。面对死亡，他不是承诺你"不死"，也不是让你仅仅"活着"。一个人所能实现的"大不朽"，不是肉身凡胎不朽，而是道通天地。所以，"未知生，焉知死"这句死亡哲理，其当代含义也许也可以理解为："既知生，何惧死；死之前，活一次。"正如王小波所言："别怕美好的一切消失，咱们先来让它存在。"

这，也许就是孔子这位中华民族伟大的至圣先师，临终前给我们每个人上的最后一课。

三、涅槃：释迦牟尼的临终课

公元前486年农历二月十五日[①]，即孔子逝世前7年，一位名叫乔达摩·悉达多（后世尊称为释迦牟尼）的印度老师，在他生命的最后一晚，也给弟子们上了最后一课，这同样是人类历史上最伟大的临终遗嘱、死亡哲思之一。

对于死亡问题，与孔子的迂回式思考不同，这位人类最早的生命关怀者之一，给出的是直截了当的答案。根据《杂阿含经》记载，他曾经在一个年轻的弟子临终前前去探望，让他“息卧勿起”，并问他：“苦患宁可忍否？”病危的弟子问了老师一个关于死亡的问题：“命终之时，（未）知生何处？”自知不久于人世的弟子因为年轻，对死亡感到害怕，所以问老师：一个人在生命结束以后，将去往哪里呢？于是老师就给他临终说法，说诸法无我、诸行无常，让他放下执着。之后不久，这个弟子就放心亡故了，而且“临命终时，诸根喜悦，颜貌清净，肤色鲜白”，有点孔子说的“朝闻夕死”的意思。其他弟子问老师怎么回事，老师说：“闻我说法，分明解了，于法无畏，得般涅槃。”[②]

也就是说，老师给出的答案，叫涅槃。

什么叫涅槃呢？让我们看看这位伟大的智者在自己的临终之夜给弟子们的现场说法、身教言传。

根据《佛遗教经》的记载，临终之夜，“释迦牟尼佛……于婆

① 关于释迦牟尼的逝世时间，学界有多种说法，在此不作赘述。

② 《杂阿含经》卷37经1025，载《大正藏》册2，第267页下，转引自释圣严：《佛教在二十一世纪的社会功能及其修行观念》，《法音》2003年第6期。

罗双树间，将入涅槃。是时中夜，寂然无声，为诸弟子，略说法要”。一个脱离了七情六欲的老师，在他生命的最后一晚，午夜时分，万籁俱寂，做的最后一件事，是给弟子们上了最后一堂死亡哲思课。根据不同典籍的记载，这堂课有这样几个要点。

第一，人是要死亡（灭度）的。“汝等比丘：勿怀悲恼。若我住世一劫，会亦当灭。会而不离，终不可得。…… 汝等且止。勿得复语。时将欲过，我欲灭度。是我最后之所教诲。”大意是：各位弟子，我走以后，你们不要悲伤忧恼。即使我再活一劫之久，我还是会灭度的呀。你们期望我们永不分离，这是不可能的事情。……不要再说什么了，现在就要到时间了，我该进入涅槃了。以上是我留给你们的最后的教诲。释迦牟尼甚至在临终前三个月就对大弟子阿难说：

阿难，我不是曾经对你说过吗，所有我们的至亲和喜爱的事物都会变化，都会消逝，都会和我们分离；要这些事物不变化，不消逝，不和我们分离是没有可能的。阿难，任何生、有、众缘和合的事物都是败坏法，要它不败坏是没有可能的。阿难，如来已经终止、放下、去掉、除却、舍弃了寿行，如来已经说出：“如来将在不久之后入灭。三个月之后，如来便会入灭。”没可能要如来为活命而食言。[①]

第二，死亡不是一件坏事，并不可怕。人这辈子，生、老、病、死，只有一个字：苦。死亡就是苦灭，相当于逃离了一个生死火坑，这难道不是一件值得庆幸的好事吗？这个世界本来就是无常的，一

---

①《长部 · 大般涅槃经》，萧式球译，http://www.chilin.edu.hk/edu/report_section_detail.asp?section_id=59&id=359&page_id=0:63，访问日期：2018 年 6 月 3 日。

切事物都是因缘所生、缘起性空、刹那生灭、梦幻泡影，并不存在一个永恒不变的东西叫“我”，所以也就没有什么生、死。“世皆无常，会必有离，勿怀忧烦，世相如是。当勤精进，早求解脱；以智慧明，灭诸痴暗。世实危脆，无坚牢者。我今得灭，如除恶病；此是应舍之身，罪恶之物。假名为身，没在老病生死大海。何有智者，得除灭之，如杀怨贼，而不欢喜！”大意是：这个世界上，有相聚，就有别离。不必为此忧心烦扰，这个世界上的因缘就是这样无常变化的，你们要早求解脱之道，用智慧的光明，去消灭所有的愚痴黑暗。这个世界到处都是危机与脆弱，没有什么东西是坚固不坏的。我今天涅槃灭度了，只是像除去疾病一样，身体只是因缘和合之物，它漂泊在生死轮回的大海中，我们暂时给它命名为身体而已。今天我舍弃这个身体而入涅槃，就像杀死了一个怨贼敌人一样，这是一件多么高兴的事啊！

第三，死亡的最高境界，就是涅槃。哲人释迦牟尼说的涅槃，是什么意思呢？首先，不是说去了一个具体的地方，比如后世讲的西方极乐世界。其次，也不是说来世和重生，好像有一个永恒不灭的灵魂生生不息。释迦牟尼说的涅槃，是一种既不生也不灭、“安立于苦及苦之灭”[①]的状态。这种状态再也没有生命中的种种烦恼、痛苦、苦行和轮回，但也不是什么都没有、什么都不存在，而是同时安立于“苦灭”与“苦”之中的状态。涅槃的本质，就是不生不灭，就是解脱，一种脱离了生死循环和因果报应、免于痛苦和重生的自由。

第四，实现生命的自由和解脱，不靠神仙皇帝，要靠每个人自

① 《阿含经·相应部》，庄春江译，http://agama.buddhason.org/SN/SN0604.htm，访问日期：2018 年 6 月 3 日。

己。首先，释迦牟尼在临终课中强调，老师离开以后，你们要以自为洲，依自不依他。其次，一定要离开眼前这个不净之土，往生到净土世界，才能不生不灭、自由自在、脱离生死吗？不是。在眼前这个不干不净的不净土中，我们通过正见、正思维、正语、正业、正命、正精进、正念、正定这八种方法，也能够获得涅槃，了脱生死。这个过程中，你不必借助任何神的力量、神秘的力量，依靠自己的力量和修为，也能成为一个“觉悟者”（Buddha）。

这场人类历史上罕见的由临终者进行的生死教育，是如此的成功，以至于这位老师讲完后连问了三遍：对于我讲的人生之苦、苦的原因、灭苦之法和涅槃之道，你们还有什么问题吗？他说：我就要走了、涅槃了，有问题赶紧问、赶快问，我给你们解答。结果没有任何一个弟子提问，为什么呢？因为他们都已经深深懂得老师的教诲，成为跟老师一样的生命觉醒者了。[1]

释迦牟尼之后，世界上有了一门专门研究如何脱离生老病死之苦的学问，叫“佛法”。

四、视死如归：老子和庄子的临终课

认为死亡不见得是一件坏事的，还有孔子的老师老子和老子的精神弟子庄子，这对中国历史上活得最诗意、死得最洒脱的道家“师徒”，也在他们的葬礼之上、临终之时，给我们留下了东方死亡

① 《佛遗教经》，鸠摩罗什译：“汝等若于苦等四谛有所疑者，可疾问之，毋得怀疑、不求决也。尔时世尊，如是三唱，人无问者，所以者何？众无疑故。”

哲思的第三堂课。

老子大概比孔子大20岁，当过周王室的图书馆馆长。孔子曾问礼于老子，对孔子而言，可以说一日为师，终生为师。这位中国历史上最厉害的老师之一是什么时候、在什么情况下去世的，历史上并没有留下可信的记载，只说他骑着一头青牛，西出函谷关，准备潇潇洒洒去云游四方的时候，应守关的官员恳请，写下一部五千字的《道德经》，然后就不知所终了。①

老子认为，天地万物本来就会经历从无到有、从有到无的过程，人法地、地法天、天法道、道法自然，人从无中来，再到无中去，源于自然、归于自然，这难道不是再自然不过的事吗？“天地尚不能久，而况于人乎？”②况且，“吾所以有大患者，为吾有身，及吾无身，吾有何患？”③大意是：你我之所以有大忧患大痛苦，就是因为我们有这个身体啊，等死了以后没了这个身体，就一了百了、没有苦难了，这不是一件大好事吗，你我有什么好担心的呢？

老子过世以后，在他的葬礼上，发生了一个很有名的故事。他的老朋友秦失来凭吊他，只哭了三声就走了。弟子说你这也太不够朋友了吧，哪儿有你这样的，你得说清楚才能走。秦失说好吧，这可是你们让我说的，然后慷慨激昂地说了一大段话，大意是说：

你们这些人啊，太让我失望了！我原来以为，你们跟着老师学道多年，起码也是超脱物外的人吧，现在看来并不是这样的。刚才我去灵堂吊唁的时候，看见老的哭、小的嚎，就像自己的孩子、父母死了一样。

① 胡适：《中国哲学史大纲》，上海古籍出版社，1997，第34—40页。

② 《道德经》第二十三章：“故飘风不终朝，骤雨不终日。孰为此者？天地。天地尚不能久，而况于人乎？”

③ 语出《道德经》第十三章。

如此喜生恶死，完完全全忘掉了人是秉承于自然、受命于天的道理。人是偶然来到这个世界上的，你们的老师可以说是应时而生；人又是偶然离开人世的，你们的老师可以说是顺时而死。安然面对生命中每个时刻的来临，顺应每个处境，就不会有过度的悲伤或者狂喜搅扰你的内心，这是一个人所能拥有的最大的自由和解脱啊。人的肉体犹如薪柴，终有燃烧殆尽的一天。但无形的精神，却可以像火苗一样，永远传递下去，不知道有灭绝的一天。你们这样哭哭啼啼，完全违背了你们老师生前的教诲啊！①

这个葬礼上的精彩故事，记载在老子的精神弟子、道家传人庄子的伟大著作《庄子》里，而庄子本人的死亡故事和死亡哲思，也是千古流传，堪称传奇。

故事之一，是庄子的老婆过世，他非但没有哭天喊地，还鼓盆而歌，当即遭到了前来吊唁的朋友惠施的猛烈指责。惠施说，你老婆死了，你不哭也就算了，你老婆给你生儿育女，劳碌一生，没有功劳也有苦劳啊，你还敲锣打鼓，也太不近人情了。庄子也回了一段，大意是：

你错了。我也是人啊，怎么可能不悲伤？但我不能光是发泄情绪，也得冷静地想想吧。我想起从前，她还没出生的时候，不成其为生命。再早一点儿，别说生命，连形体也没有。更早些呢，别说形体，连魂

① 《庄子·养生主》："老聃死，秦失吊之，三号而出。弟子曰：'非夫子之友邪？'曰：'然。''然则吊焉若此，可乎？'曰：'然。始也吾以为其人也，而今非也。向吾入而吊焉，有老者哭之，如哭其子；少者哭之，如哭其母。彼其所以会之，必有不蕲言而言，不蕲哭而哭者。是遁天倍情，忘其所受，古者谓之遁天之刑。适来，夫子时也；适去，夫子顺也。安时而处顺，哀乐不能入也，古者谓是帝之悬解。'指穷于为薪，火传也，不知其尽也。"

气也没有。后来恍惚之间，阴阳二气交合，变成一缕魂气，气变而成形，形变而成生命，现在又变而为死。回顾她的一生，跟大自然春夏秋冬的演变多么相似啊，就好像天地是一间大屋子，她安息在天地这间大屋中，我不去鼓盆欢送，反而去嗷嗷哭送，那也太不懂得生命的大道理了。这样一想，我当然就要节哀顺变，敲起盆子唱起歌来了。[①]

故事之二，是庄子临终之际，学生想给他厚葬。庄子说："我以天地为棺椁，以日月为连璧，以星辰为珍珠，万物都是我的陪葬，难道还不够多吗？哪里还用着加上这些东西！"学生说："我恐怕乌鸦老鹰把您的遗体吃了。"庄子说："我在地面上是给乌鸦老鹰吃，在地底下也是给蚂蚁吃，你们这样做，相当于鸟口夺食，再交给蚂蚁，这也太偏心了。"[②]

老庄的死亡观代表了我们中华死亡哲思最核心的观点之一，就是视死如归。人从无中来，再到无中去，聚则为生，散则为死。生死是同样一件事物的不同阶段，方生方死，方死方生[③]，生命是由死亡化生而来，死亡又是生命的开端[④]。所以生不足喜，死不足悲，

① 《庄子·至乐》："庄子妻死，惠子吊之，庄子则方箕踞鼓盆而歌。惠子曰：'与人居，长子、老、身死，不哭亦足矣，又鼓盆而歌，不亦甚乎！'庄子曰：'不然。是其始死也，我独何能无概！然察其始而本无生，非徒无生也而本无形，非徒无形也而本无气。杂乎芒芴之间，变而有气，气变而有形，形变而有生，今又变而之死。是相与为春秋冬夏四时行也。人且偃然寝于巨室，而我嗷嗷然随而哭之，自以为不通乎命，故止也。'"

② 《庄子·列御寇》："庄子将死，弟子欲厚葬之。庄子曰：'吾以天地为棺椁，以日月为连璧，星辰为珠玑，万物为赍送。吾葬具岂不备邪？何以加此！'弟子曰：'吾恐乌鸢之食夫子也。'子曰：'在上为乌鸢食，在下为蝼蚁食，夺彼与此，何其偏也。'"

③ 《庄子·齐物论》："方生方死，方死方生。方可方不可，方不可方可。因是因非，因非因是。"

④ 《庄子·知北游》："生也死之徒，死也生之始。"

生有何欢，死有何哀，活着固然是件好事，死了也未见得是件坏事[①]。人生，本来就是一条形有所载、生有所劳、老有所佚、死有所息[②]的河流，人生在世，就是要潇潇洒洒、痛痛快快、悠悠哉哉地顺流而下，在这个旅途当中，如果能消弭是非好坏成见的对立，放下那相对的分别心，了解不同的价值观就像大自然中四季的变化，而能与之和谐相处，秉持这种态度，顺应，包容，体谅万事万物，就这么悠游地走过一生，如此，我们就能忘掉、不再执着于年岁寿夭。放下对是非好坏的执着，停止对外物的追逐，专注于一般人看不见的地方——投注于修养内在的心灵，将全部的生命寄托于此[③]，站在天地日月的角度、用日月之胸怀扩大自己的格局，驾驭人生的百态，这样就能够善待此生、视生命为乐事，即使面对人生最艰难的时刻，也能身心安适、善终善死。因为死亡，就是回家，就是解放，就是安息，就是源于大地、安眠于大地。死亡，真是伟大啊。

五、渴望死亡：苏格拉底的临终课

第四堂临终课，来自遥远的古希腊。

公元前 469 年，即印度老师释迦牟尼涅槃 17 年、中国老师孔丘过世 10 年之后，一名古希腊老师诞生在距离孔子家乡曲阜大约

① 《庄子・大宗师》："古之真人，不知说生，不知恶死。"

② 《庄子・大宗师》："夫大块载我以形，劳我以生，佚我以老，息我以死。故善吾生者，乃所以善吾死也。"

③ 《庄子・齐物论》："若其不相待，和之以天倪，因之以曼衍，所以穷年也。……忘年、忘义，振于无竟，故寓诸无竟。"参见蔡璧名：《正是时候读〈庄子〉：庄子的姿势、意识与感情》，天下杂志，2015，第 324-325 页。

8800千米的希腊雅典。与孔丘之死、乔达摩·悉达多之死、庄周之死在东方世界具有深远影响一样，这位名叫苏格拉底的希腊老师的临终一课，也在西方世界掀起了轩然大波。他一生最有名的格言之一，就是“真正的追求哲学，无非是学习死，学习处于死的状态”，“真正的哲学家一直在练习死”。[①] 他一生最大的乐趣之一，就是在大庭广众之下跟年轻人辩论哲学。他一生最惊世骇俗的传奇之一，就是他的临终之夜。

一般人会以为，一个人活在这个世界上的最后一天、最后一晚，不说贪生怕死、哭哭啼啼，至少也会唉声叹气、情绪低落，何况这个人还被关在牢里，因为不敬神和“腐化年轻人”的罪名被判了死刑。可是，根据苏格拉底最有名的学生柏拉图在《斐多篇》(*Phaedo*)这部死前实录里的记载，这位哲学家老师不仅放弃了从监狱死里逃生的机会，还从容不迫地端着一杯毒芹汁，与弟子们反复讨论有关死亡的哲学，然后一饮而尽、主动赴死，从头到尾，都神情愉悦、非常开心，仿佛在参加一场盛大的死亡之宴，真真正正在自己的临终之夜，言传身教，给弟子们上了一堂死亡练习课，从而把古典时代哲学家们的死亡哲思，推到了一个无以复加的实践高度。

为什么苏格拉底对于自己即将失去宝贵生命这件事毫不痛苦、毫无恐惧，与常人完全不同呢？至少有两个方面的原因。

其一，苏格拉底深信，人是有灵魂的，灵魂是永恒不灭的。死亡就是肉体与灵魂的分离，人死之后，灵魂还会继续存活下去。实际上，他在自己生命的最后一晚，所有的时间，基本上都是在向弟子们证明，为什么说灵魂是不朽的。根据柏拉图的记录，苏格拉底

① 柏拉图：《斐多：柏拉图对话录之一》，杨绛译，辽宁人民出版社，2000，第12-13、19页。

的论证逻辑大概是：（1）有一种抽象的非物质的东西，比如“完美的圆”“绝对的正义”“2+3=5”，是永恒的、不可见的、不可摧毁的。比如两只牛可能会死，但2这个数是永恒不灭、无法摧毁的。（2）我们的心智能够理解这种永恒的非物质概念。（3）只有永恒且非物质的东西才能够领会永恒且非物质的东西。两只凳子永远不会懂得2是什么东西（很明显，苏格拉底还不知道AI和万物互联）。（4）我们的心智必然是永恒、非物质的东西，也就是说，必然是灵魂。（5）所以灵魂必然永生不灭。

其二，苏格拉底还深信，灵魂是赋予肉体生命之物，而肉体则为束缚灵魂之物，是灵魂的监狱。一个真正热爱智慧的哲学家，必定视肉体为仇敌，必定要帮助灵魂摆脱肉体的束缚而独立自守，这样才能心无旁骛地追求真理、智慧与至善，才能在死亡之后，灵魂前往另一个世界，一个天堂般的国度，一个至真、至善、至美、纯洁、永恒、不朽的境界，得到一种最大的幸福：智慧。所以死亡相当于不完美的生的良药，非但不用忧心，简直值得追求。所以死亡是一件令人兴奋与期待的事情，我们应该平静而高贵地迎接死亡，我们一起讨论哲学，本质上就是在练习死亡。①

正如西塞罗所说“探讨哲学就是学习如何去死”②，作为一名哲学的圣徒和殉道者，苏格拉底对待死亡的态度，在西方文化中产生了巨大而深远的影响。贝克尔在《死亡否认》中评价说：“对于特殊的个体，存在着古老的哲学智慧之路。（苏格拉底）教我们练习

① 雪莱·卡根：《令人着迷的生与死：耶鲁大学最受欢迎的哲学课》，陈信宏译，先觉出版社，2015，第89-99页。

② 西蒙·克里切利：《哲学家死亡录》，王志超、黄超译，商务印书馆，2015，“序言”。

死亡，培养对死亡的觉悟，解除幻想，丢掉人格盔甲，有意识地选择对恐惧的承受。不躲在人格的幻象之中，而是直面自己的无能和脆弱。这是一种普遍英雄主义，抛弃了不假思索和自我欺骗的依赖性，发现了选择和行动的新的可能性，发现了勇气和耐性的新形式；正因为如此，在普遍英雄主义境界中有着真正的欢乐。”[①] 真正的哲学家终身都渴望死亡，因为预先思考死亡相当于提前谋划自由。死亡，是一个“爱智者”（philosopher）最后的好奇、最终的解放。

六、科技：21世纪的永生幻觉

古中国、古印度、古希腊这些老师的临终之时、临终之事和临终之思，代表了后世称之为“轴心时代”（公元前 600 年 — 公元前 300 年左右）的人类的普遍觉醒。大部分人终其一生都忌讳和回避的死亡问题，恰恰引起了人类历史上最聪明、最睿智群体的思考。希腊老师进入了永恒性的时间，开启的是一种永生的灵魂不死模式；印度老师通向了神秘性的“空”间，开启的是一种不生不死模式；中国老师留在了世俗化的人间，开启的是一种此生的不朽模式。他们临终时刻的自制、平静、坦然、欢喜和勇气，不仅为我们的死亡哲思之路提供了千古传颂的人性范例，更开辟了具有实证、实修意义的智慧道路。无论是儒家的意义、道家的转化，还是古印度的涅槃、古希腊的灵魂不朽，轴心时代死亡哲思的共同特点，都是强烈主张顺服于一个比自我更强大、更宏大、更伟大的力量，并且借助这种力量，实现一种直接（比如去往天堂、极乐世界）或间接的永

① 厄内斯特·贝克尔：《死亡否认》，林和生译，人民出版社，2015，“前言”。

生（比如成就伟大的事业，比如子孙满堂），从而确确实实消除了死之恐惧、获得了生之意义，让我们得以死得安宁、传续生命、超越自我、获得不朽、实现自由。

与古典时期从容、自制、平静的哲学式死亡形成鲜明对照的是，不愿意接受真相、逃避死亡、否认死亡成为现代人的重要特征和生命困境。科技让人类获得了前所未有的力量，能够看见肉眼不可见的事物、知道过去不可能知道的事情，工业革命、信息革命、生物技术革命的突飞猛进，让人类的寿命更长、疾病更少，死亡日益成为一个仿佛很遥远的事情，这导致一种新的科技主义幻觉开始出现，仿佛只要能够实现脑机接口、意识上传、器官打印，只要能够活到 100 岁、200 岁，人类就再也不会衰老，再也不会面对死亡。轴心时代的古典信仰、古典生命安顿方式在我们的日常生活中消失，死亡的流程化、工业化、ICU 化变成家常便饭，提前准备好棺材的老人反而变成了被唾弃的对象。科技开始蔑视信仰和哲学，在生死话题上取得更大的解释力，可以延长寿命的科技成为新时代的崇拜对象，渴望永生、害怕消失、否定死亡日益成为这个时代最醒目的特征。在当今中国，因为传统生命哲学的缺失，对很多人而言，乐生安死变成了贪生怕死，“死而不亡者寿”变成了“好死不如赖活”。冰川纪早已过去，前人曾经扬帆远行的死亡哲思之海上，又重新布满了冰凌。

面对依然无法逃避的死亡，现代人已经无法像自己的祖先一样，通过归属于更广大、更神圣的事物来获得意义感、永生感、解脱感，因此，在死亡的绝对真相面前失去了信仰的缓冲之垫，孤立无援、绝望困顿；普罗大众普遍因生存之虚无而移情于生命意义的替代品：明星、偶像、酒精、烟草、游戏、短视频、性，并不断滋生出一系列精神病征：孤独、冷漠、抑郁、焦虑、变态……而以硅谷人为首的科技人文主义精英们，则开始信奉一种崭新的永生幻觉。无论是追逐“生物性永生”的人体冷冻运动、相信自己能够“杀死”死亡的 Google X 生命科学实验室，还是坚信“意识性永生”的硅谷虚拟人类公司 HereAfter、科技信徒马斯克的脑机接口公司 Neuralink，抑或《黑镜》里大脑永生的数字生活空间圣朱尼佩洛城（San Junipero）、号称全球首个在云端生存的“数字人类”AndyBot，古老的永生幻觉正在以前所未见的全新方式涌现。越来越多的人幻想通过器官再造、基因编辑、意识上传、人机合一获得永生，却不愿意面对随之而来的问题：一旦获得永生，这是人类永远的幸福，还是最恶毒最永久的诅咒？①

七、善终：中国人的死亡理想

与神圣的希腊模式和神秘的印度模式相比，我们中国人的死亡观，具有一种普遍的世俗主义倾向。你我皆凡人，来到人世间，终日奔波苦，一刻不得闲，生都来不及，又何必苦苦追问死亡的消息？对中国人来说，鬼神这种东西，祭祀的时候是要相信的，但不祭祀的时候也就不想了②。另一个世界（死）似乎并不比眼前这个世界（生）更重要、更真实，按照李泽厚先生的说法，另一个世界倒似乎是这个世界的“延伸和模仿”。家人辞世了以后，一定要烧

① 雪莱·卡根：《令人着迷的生与死：耶鲁大学最受欢迎的哲学课》，陈信宏译，先觉出版社，2015，第 281–296 页。

②《论语·八佾》：“祭如在，祭神如神在。”

纸钱、衣服、家具，让他继续享受生前的生活。另一个世界的神明，关公、妈祖、菩萨，也具有浓厚的人味，是跟升官发财、家人平安这种世俗生活诉求密切联系在一起、为这个世界的现实生活服务的。在中国人眼里，事死如事生，另一个世界跟这个世界并没有本质的区别。生和死不是两个世界，根本就是一个世界。[①] 中国人并不缺乏神圣性，只是这种神圣性并不在另一个世界、另一个信仰、另一个神灵身上，而是就在此生，就在人间，就在你我每个人的家族宗亲、世俗生活之中，宏观是我们无法改变的（天命），但微观是我们可以努力的（人事）。

中国人的死亡救赎之道，并非不死，而是不朽："不死是指人之生活继续，不朽是指人之曾经存在，不能磨灭者"[②]。不是面对未知，而是活好已知。不是永生来生，而是过好此生。不是"小不朽"，而是"大不朽"。是要流芳百世，而不是遗臭万年。是要活得有意义（儒家）、有意思（道家）、有意味（禅宗），而不是无情、无义、无趣、无所作为。无论身处地球纪元还是星际时代，无论耕读传家还是征服太空，最美好的人生，都应该是既有大目标，又有"小确幸"，既有无远弗届的内心觉悟，又有立德立功立言的外在成就。这样就能在天地的怀抱中、君亲师的秩序中、内在的美好体验中，在或子孙满堂、或著作等身、或富贵逼人、或建功立业的类永生中，获得真正的意义感、满足感、成就感、解脱感，得到最大的安慰、获取最后的安宁、实现最终的人生理想——善终。

---

① 李泽厚：《寻求中国现代性之路》，东方出版社，2019，第 138 页。

② 冯友兰：《一种人生观：冯友兰的人生哲学》，中国人民大学出版社，2005，第 24 页。

尾　语

生命之所以有意义，就在于生命终将结束。人终有一死，是为了让你我有机会去领悟此生的意义、此行的意义、此刻的意义、此在的意义，这正是死亡这一伟大“发明”的终极价值。愿你在对死亡的哲思中真正获益：获得平静、获得智慧、获得自由。

最后，送读者诸君一首小诗——

我曾读到某人在一位友人丧礼上的谈话
他提到她的墓碑记录着她生与死的日期
他先说到她的生日，含着泪再说到她死亡的日子
但是他说，最重要的，是生与死日期中间
那小小的一横
因为这一横代表着她在世上的所有时间
只有爱她的人知道那小小的一横有多么珍贵
我们拥有多少车子、房子、现金……并不重要
重要的是我们如何活，如何爱
如何度过那小小的一横
所以，好好地，深深地想一想……
你有什么想改变的吗?
因为你不知道还剩下多少时间
（你可能已经走到小小的一横的中央）
如果我们可以放慢脚步，想想什么才是真实与重要的
并且试着去了解他人的感受
少些埋怨，多些感谢

爱我们周围的人，好似我们从不曾爱过

如果我们彼此尊重，常常微笑

记住那特殊的一横，可能就只停留那么一小会儿……

那么，当别人念着你的祭文，提及你的一生

他们说到的你，会令你觉得骄傲吗？

你如何度过你那小小的一横？

——琳达·埃利斯（Linda Ellis）《破折号》

作者简介

焦不急，著名生命教育专家，华东师范大学哲学硕士，中国殡葬协会专家委员会副主任委员，全国安宁疗护医学人文及心灵关怀师资培训班、上海觉群文教基金会生命教育学院等特聘讲师。个人公众号“学会告别”。

/ 第三讲 /

低温冷冻人体保存技术可以存续生命吗

——兼谈“复生”“永生”及“易生”

安友仲

长生不老、永生不死是人类一直以来的希望。历史文化环境各异，人们对于死亡的认识也不同；但自有文字记载的几千年来，各国历代追求永生不老的故事数不胜数。既有传说中秦始皇派遣徐福海上寻仙山，小说中孙悟空偷食王母娘娘的蟠桃；也有现代国外某著名女演员为了不得癌症而做预防性乳房切除，以及近年某生物技术公司掌门人为自己注射携带端粒酶基因的病毒以求返老还童……

“向死而生”是自然规律，死亡是一切生物的必然归宿，也可能是生命不同形式转换的一个节点。姑且不说人类400多万年的历史，即使上溯地球45亿年以上的历史，也没有任何一种生物的个体能够长生不死。但总有一些人仍然执着地追寻着长生不老的各种方法，其中之一，便是低温冷冻人体保存技术。

利用低温冷冻技术保存人体最初见于科幻小说，其后便有人设想自己一旦罹患当时医疗技术尚不能治愈的疾病，就将自己的身体通过低温冷冻，保存至未来该疾病可以被治愈的年代，再化冻后复生并接受治疗。

一、低温冷冻人体保存技术：从科幻进入现实

人类的科技发展，往往是先有“奇思”。

人体冷冻复活的想法最早出现于科幻小说中。1931年，美国《奇异》杂志刊登了一篇科幻故事：主人公去世后，其遗体被发射到太空，那里的寒冷和真空使其遗体被无限期地保存下来。几百万年后，某一外星机械民族发现了这具冷冻尸体，他们复活了其头颅，并将其移植到一个机械人的身上，主人公终于复活而长生不死了。

早在20世纪五六十年代，美国就开始进行人体冷冻技术的研究。当时一位富豪身患晚期癌症，虽然有钱，却无法治疗自己的癌症。正当他感到绝望，不甘心早早了却此生的时候，阿尔科生命延续基金会，也就是世界上第一家人体冷冻机构找到了他，告诉他可以通过人体冷冻，让自己的生命延续下去，以期在未来，当人类科技发展到足以攻克癌症的时候，再将他解冻，把他“复活”。

1967年，这位富豪去世，按照其生前预嘱，他的身体被冷冻了起来，当时预计冻存50年。可是如今50余年过去了，人类仍然没有攻克癌症，他也仍然没有“复活”，没能在新时代开始自己全新的生活。

自1967年人类历史上第一个冷冻人被保存，50多年来，阿尔科生命延续基金会已经为超过160人进行了人体保存，而全球以美国、俄国（俄罗斯）为主的数家人体冷冻机构，共有超过300人接受了人体冷冻保存。当然，这些冷冻的人体均是通过商业付费，本人生前知情、家属同意的。亦即：低温冷冻人体保存目前只是停留在商业运作层面，尚无冷冻的机体被复活的实例，因此还不能证实其科

学研究的价值。

出于伦理问题等诸多原因，接受低温冷冻保存者均为去世者，没有生前接受低温冷冻保存的人。在300多例人体冻存者中，一部分保存了完整遗体，另一部分则仅保存头颅，以期如科幻小说所描述的那样，未来将头颅移植到一个机械身体上，实现所谓再生。

二、低温冷冻人体保存技术：我国的实践

2017年，山东一位病人的死亡引起了国内多家媒体的关注。逝者是一位49岁的女性，因患肺癌并出现脑转移继发出血，最终不治身故。与众不同的是，该女士在生前已与其丈夫商定要接受“人体冷冻”以保存其遗体。因此，这位女士，也成为中国第一位接受人体冷冻以保存身体之人。

当主治医生宣布该女士呼吸和心跳停止之时，意味着她已处于生物学死亡的状态；在法律意义上，已经离世。于是，病房外已经待命超过40小时的“人体冷冻”团队，开始对该女士实施另一场手术。

在临床死亡4到6分钟内，人体大脑的神经细胞还没有因缺血缺氧而大量死亡，在第一时间通过建立人工循环维持基本的血液循环和供氧以保护新陈代谢等机体生理功能，这是后续手术的基础。

“人体冷冻”团队对该女士实施了气管插管，并以心肺复苏器按压其心脏，立即借助体外膜肺氧合（ECMO）来保证供氧，同时迅速向其血管内注射抗凝、抗氧化和中枢神经营养药物等，并通过

循环系统快速输入冰盐水进行物理降温，在保证全身循环的同时，降低体温，尽量保证细胞和组织不因缺氧而造成损伤。

该女士遗体旋即从医院转运至低温医学研究中心——此次人体冷冻至关重要的血液灌流置换手术在这里进行：即通过经动脉插管，用体外循环机带动血液流动，从而用冷冻保护剂灌流，逐渐将人体内的血液置换出来，以避免血液中的大量细胞在冷冻时被破坏溶解。灌流持续了近 6 个小时，之后，该女士被转移到大型序贯降温装置上，继续深度降温，整个人体从常温降到 −190℃左右。

据称，这台序贯降温装置使用液氮蒸气进行降温，降温过程共用了约 3000 升液氮。降温装置配有二十多个温度传感器，实时监测和反馈每个部位的温度变化，通过电脑控制以实现精准的连续降温。

整个低温冷冻过程持续了 55 个小时。最后，该女士的身体以头朝下的姿态被保存着，以尽量保证其颅脑组织稳定处于低温冷冻状态。液氮可以使其保持在 −196℃的极低温中。

其实，该女士只是我国第一例逝世后以“完整遗体”形式接受人体冷冻保存之人。而在她之前的 2015 年，一位重庆女作家去世时，选择了将其头颅冷冻保存，预定时间是 50 年，这也让她成为中国首例“冷冻人”。

这位重庆女作家的头颅和那位山东女士的遗体如今在美国阿尔科生命延续基金会所在地保存，她们分别为之支付了数万和数十万美元的费用，试图为自己“买”一个未来复活的机会。

三、“复生”尚未实现，“永生”仍属幻想

无论是古代还是现代，很多人都希望自己可以永生。古埃及人制作木乃伊，就是相信人死之后可以复生，而复活的灵魂需要原先的身体；在西方神话传说当中，吸血鬼就被描述成了一个永生的物种，需要不断吸食其他生物的鲜血来维持生命……

但是“永生”是违背大自然规律的。在地球上，没有任何生物是可以真正永垂不朽的，否则将没有物种的进化与繁衍，地球以及整个宇宙难以承负只增不减的物种及数量。即使是地球本身也不会“永生”。

前述低温冷冻人体保存其实也无法实现永生，因为它并不能延长人体的绝对生存时间；目前甚至也不能称之为“复生”，因为迄今尚无任何个体在复温后“复活”的报道。姑且不说碍于伦理与法律，所有接受低温冷冻人体保存者均是生物学和法律意义上已经死亡之人；即使将来有生物在其生前被冻存，能否复温后重生，仍然是谜。

确实，在地球漫长的进化发展过程中，大量生物体为了适应不同时段不同地域的恶劣自然环境，发展出“冬眠”或“夏眠”的休眠方式，通过减缓其代谢活动来适应极端恶劣的环境，俟机“复生”。

例如，根据观察，北极熊在严冬到来之前，会积极捕食并储存体脂与瘦体组织；一旦进入冬眠状态，其心率最慢可以降至每分钟10次以下，呼吸频率也显著降低，机体的代谢速度下降到一种近乎停滞的极低水平……随着来年春季的到来，环境温度的上升，它

们才逐渐从休眠中苏醒，恢复正常的生命体征，捕食进食，生长繁殖。而一些梨树在 −20 ～ −30℃、苹果树在 −40℃的极端低温下休眠一冬之后，待到春暖仍能开花结果。在某些温带海域，冬季的夜晚温度偶尔可以下降到 −20℃，海滩上的一些软体动物如贻贝、牡蛎等径直化为冰雕，但当潮水回涨，它们仿佛睡美人般可再次苏醒。

但更多的动物和植物则对低温十分敏感，它们的生命在寒风中凋零飘逝，再也没有醒来的机会。

上述部分生物那种所谓“一岁一枯荣”“春风吹又生”的“复生”，实际上只是生物体在其生命存续期间某种程度的生机变换。生物体实际一直处于“生”的状态，只是代谢状态不同，不影响其绝对寿命。

受到自然界生物休眠现象的启发，人们也设想可否以冷冻的方法使人体进入休眠状态，以达到长期保存人体甚至在未来恢复人体生命的目的。

现代科技手段已经能够使某些细胞或组织通过冷冻保存后复温而复生甚至增殖传代。例如人脐带血干细胞库、精子库、卵子库等的建设，都是组织细胞冷冻保存并复活的成功实践。但是，目前这种“复生”仅限于部分细胞或组织，而由多种细胞构成的具有循环、交换功能的器官乃至整个机体的冷冻保存与复温复活，仍然没有成功的报道。

目前的冷冻保存技术，只能在人体临床死亡后通过机器灌流置换出循环血液而保存机体，并不能通过显著降低代谢而使机体处于仍然“存活”的休眠状态，所以被保存的机体能否“复活”仍然未知。再进一步，即使被“复活”成功，其当年所罹患的致死的疾病是否可以被治愈？复活的机体能够拥有多长时间的寿命以及生命质量如何，亦无从知晓。

即使这种休眠能够被成功“复苏”，也只是暂时减慢或停滞了生命机体的代谢活动，并不能延长一个人的绝对生命时间，更不能让人“永生”。

而且，人体冷冻保存还面临着诸多道德与心理的问题：一个经冷冻保存的人能适应数十年乃至更长时间之后的全新生活吗？作为多年以前的“古董”穿越到一个全新的时代，这个“复活”的人是否会对新生活感到绝望甚至发疯——他是谁？还是以前那个人吗？他在社会中的定位是什么？会不会变成未来世界的弃儿？或因为不适应而报复甚至毁灭社会？

你可以设身处地地预想一下，如果你在未来的某一天突然苏醒了，你面对的那个世界，必定是一个陌生的世界；以你现有的知识框架，很可能无法理解未来社会，那么，你是否属于那个未来世界？你生前的那些资产与社会关系还是否存在？

最重要的是，你苏醒了过来，可是你的亲戚朋友，你的爱人都已经不在这个世界上了，你把最美好的那份感情都留在了冰冻之前，在未来世界，该怎么重新去面对？

复生虽然是人类追求的美好愿景，但是，复生的背后需要付出的代价，远没有想象的那么简单。

四、人体低温冷冻保存的科学难题

人体冷冻是一门新兴的学科，主要研究体温对寿命的影响。降低体温的体外实验已经取得了良好效果。在一些心跳呼吸骤停病人的复苏抢救过程中，迅速将病人的体温降至34℃左右的亚低温状态，有助于提升抢救成功率，并使得病人的脑功能得到保护。

曾有理论推测，如果将人的体温降低2℃，那么一个人便可以多活120年到150年。但是，理论的臆测尚缺乏实验的检测结果。

数十年来，许多生物学家致力于探索低温对生命造成威胁的根本缘由，目前对于低温冷冻人体保存的研究主要侧重于两大领域：低温导致的化学损伤以及冰晶伤害。

化学损伤的原因很多，但最主要的是氧气及其衍生物的强大破坏能力，其次是生命体新陈代谢的一系列酶促反应。

曾经的地球生物是惧怕氧气的：构建生命体的大多数物质曾经都会因氧化反应而损伤或丧失功能。当地球上诞生了第一种能利用阳光、水和二氧化碳制造葡萄糖的生命形式后，氧作为此过程的副产物被释放到大气中。伴随着氧气浓度的逐渐升高，当时的大多数生命体被无情的氧化作用淘汰出局，有研究认为，这就是古生物学家所谓第一次生物大灭绝的原因。

而今天，氧气不仅不再是毒气，反而成为生命之要素。这是因为在三十多亿年前，某种微生物“学会”了利用氧：利用它强大的氧化能力，分解有机分子以获得能量。因为我们还不太清楚的原因，这种微生物最终放弃了独立的生活方式，演化成原始真核细胞中的线粒体，作为细胞内最重要的能量代谢细胞器，通过电子链传递的氧化还原反应，快速大量地生产能量，使得多细胞的生命形式成为可能，而人类也是原始真核细胞的后代子孙。

但是，无论氧气多么重要，也不能掩盖它氧化分解损伤生命分子的本质。尤其在细胞主动利用氧的情况下，氧分子会生成大量活泼的自由基。在正常情况下，细胞利用一系列的酶，直接或间接地对抗氧及其自由基所带来的损伤。但随着温度下降，虽然破坏的速度也随之下降，但那些保护酶的活性也剧烈下降，本来平衡的化学反应最终倒向了破坏的一方，导致细胞损伤，器官功能障碍。

至于冰晶伤害，则和水的性质有关。水具备一种少见的物理特性——其结晶固化后体积不减反增，密度也变小，这也是冰块可以漂浮在水面上的原因。

人体重量的约 60% 是水，其中约三分之二位于细胞内，称为细胞内液；三分之一位于细胞外，称为细胞外液。由于细胞膜半透膜的性质，细胞内外液具有不同的电解质成分，且依靠渗透压调节水分在细胞内外的交换移动。

在低温冷冻的过程中，人体细胞内外的水会形成冰晶。通过观察冰冻爆裂的水管，你可以直观地想象出细胞冻结爆裂的场景。除此之外，冰晶会将其他物质排斥在外，这就会驱使大量溶质进入尚未冻结的液体中，这些残留液体中过高的盐浓度以及有害物质可直接损伤细胞。

细胞的冻结，通常是从 −5℃开始，这是因为细胞内外的液体都是盐溶液，其冰点约为 −5℃。当细胞内外的液体进入低温状态后，细胞外液率先结冰，这些冰基本上由不含盐分的水构成。如果降温过快，这些冰就可能突破细胞膜进入细胞，或者细胞内液也迅速开始结冰，这些快速生成的冰晶会导致细胞膜发生严重损伤，复苏的希望就此终结。那么抗寒生物保护细胞免受冰晶破坏的能力从何而来？研究发现是细胞内甘油类抗冻物质的合成。

由于甘油溶液的冰点很低，细胞外液开始结冰后，细胞内液的温度还在冰点之上。而伴随着结冰的过程，外液的盐浓度开始上升，在细胞外液高渗透压的影响下，细胞开始脱水，速度因细胞膜等因素的不同而有所差异。此时细胞体积收缩，一方面可以躲避胞外冰晶的伤害，另一方面还可进一步降低胞内的冰点。所以，这些抗冻生物的细胞在自然环境的低温下，大多并没有被真正冰冻，从而有效防止了冰晶的损伤。这些抗冻物质的存在，还可防止细胞过度脱水收缩所带来的渗透压损伤，同时使得有害物质的浓度不至于上升得太高，从而减少了可能的化学伤害。

研究显示，不同的细胞，安全冻结的降温以及复苏的过程差异很大。一个器官由太多不同类型的细胞构成，而人体又是多个器官通过血液、淋巴循环以及神经内分泌系统调节串联的整体。因此，从技术上说，低温冷冻是非常困难或者说是完全不可能的。按照目前低温生物医学的水平，大部分细胞以及部分组织能低温保存，但是包括心脏在内的器官尚不能低温保存。由于每种器官中都有不同种类的细胞，冷冻一个器官都很难成功。要长时间地安全冻存整个人体并将其复活，今天的科技尚无法做到。

至于单独冻存头颅，更是存在着组织修复移植、神经功能恢复以及社会、个体认同等诸多困难与挑战。

大脑是一个独特而又精细的器官。在失去血液供氧的几分钟之后，神经细胞就无法得到修复了。一颗刚刚从身体里取出来的心脏，包裹着放在冰里，可以在空运过后回到胸腔中继续工作；而大脑即使已经被冷冻起来，若它被从自己的躯体上取下并精心移植到一个新的身体上，它还能正常运作吗？迄今为止，医生还没有成功地将完全分离的脊髓重新连接起来。脊髓本身具有数以百万计的神经连接，若要使一个被完全切断的脊髓恢复机能，则需要将这些神经重新连接，这是非常困难的。在个别报告的动物自体头颅移植实验中，尽管接受手术吻合血管重建血流通路后，动物得以存活，但由于脊髓神经未能修复，它们只能处于截瘫的状态。

因此，头颅冻存后的“复活”甚至不能被称为“复生”“再生”，只能勉强算作“易生”（易体而生）。

五、向死而生，接受死亡：个体死亡是生命群体轮回的一站

地球上环境的变化以及空间与资源的限制，使得任何一个物种为了自己的繁衍生存都必须主动地适应环境并放弃个体的永生。

从海洋到陆地，从植物到动物，从微生物到灵长类，所有的生物都是“向死而生”的。正是这种“向死而生”，保证了众多生物种群得以利用地球上的资源而繁衍进化，生生不息。永生不符合自然规律，也是不可能实现的。

而且，物质不灭定律决定了一个生物体在消亡后，其组成元素又会被许多别的生命体摄取、吸收、转化和结构，丰富和发展地球上多姿多彩的生命。在这个意义上，死亡不代表消失，而意味着重组后的再生。

通过降低代谢速率而适应环境、保护器官功能储备是可行的，有可能有限度地延长生命，但不可能达到永生不死。而借助人工低温技术冻存身体并不等于冻存生命。被冻存的人体细胞能否恢复生机仍然未知，由众多细胞组成的器官能否恢复功能而最终使得人体复活就更是未知了，起码以现在的科技水平尚不可能。

自 1967 年世界上首例低温冷冻人体保存实施以来，半个多世纪里已有 300 多人接受了全身或头颅低温冷冻保存，但并无一例复活的报告。因此，迄今为止，低温冷冻人体保存还只能算是遗体保

存，尚未能证明其可以保存生机与复活生命。即使有朝一日能够成功复活冻存的人体，也未必能够真正延长其生命或治愈其生前的疾病。所以“复生”尚且未能成功，遑论延长生命？而“永生”则更是遥不可及。

在生命能够由低温冻存复活成功之前，所谓的复生仍然是空谈。至于将低温冻存的头颅移植到另一个机械的或有生机的躯体之上“易体而生”，姑且不论现代的科技水平是否能够做到，单是社会伦理的诸多困惑与矛盾，便已令人望而却步。

总之，低温冷冻人体保存尚有诸多的问题待解决。它尚不能使人“易生”，更无法使人复生、重生，在理论上，也必定不能使人永生。

作者简介

安友仲，北京大学人民医院重症医学科主任，北京大学医学部重症医学学系主任。毕业于北京医学院，就职于北京大学人民医院外科，历任外科住院医师、总住院医师、主治医师、副主任医师。1993年底转入重症医学领域，1997年后担任外科ICU代主任、主任。2009年初组建医院重症医学科并担任主任，同年创办北京大学医学部重症医学学系。

/ 第四讲 /

向死而生

——死亡是流动的生命之礼

程　瑜　吴杏兰

莎士比亚曾说："生存还是死亡？这是个问题。"时隔400多年后，这句名言仍指引着人们去思考生与死的问题。"未知生，焉知死"，生存与死亡，这不是一个选择，而是一门人生的必修课。这篇文章的主题就是谈论生与死，谈论我们的死亡教育，谈论为何应将死亡视为流动的生命之礼，明白如何付诸实践才能让生命更有意义。我们将从三个方面进行讲述，一是对被过分关注的死亡的生物性进行论述，二是探讨回归死亡的社会文化性意义，三是通过历史上湘西"赶尸"习俗的例子来分析死亡的生物性与社会文化性意义。

一、生命不能承受之重——被过分关注的肉体腐朽

人对死亡的恐惧是与生俱来的，对生存的留恋亦是出于本能。无论古人给今人留下了多少超越死亡的智慧，仍然有很多人不愿接受肉体终将腐朽的事实。死亡，成为生命不能承受之重。

（一）对死亡的恐惧是人的本能

死亡被视为一种危险、一种损失、一种失序。这种危险、损失与失序威胁着人类的生存，破坏着人们对美好事物的幻想，让人本

能地抗拒它。面对尸体和灵魂，人们既惧怕又关心[1]，因为死者与生者之间长久以来积累的情感令人难以割舍，同时死亡的突发性与不可控制性又让生者摆脱不了死亡的恐怖阴影。

中国是个重死重丧但又避讳言死的国度，在日常生活中谈论死亡从来都不受欢迎，对死以及与死亡相关的事物也委婉地避讳，如在中国古代，人死不称其死，天子死曰崩，诸侯死曰薨，大夫死曰卒，只有庶人去世可以称之为死。[2]实际上，对死亡的恐惧贯穿整个人类社会的历史。在现代城市中，人们对死亡的恐惧突出地表现在对死亡空间的排斥上。如果有人死在家中，房子就不值钱了。在现代社会，死亡地点带有明显的社会发展烙印。只要病人出现问题，往往第一时间被送往医院；如果有意外，则在医院临终。2006年全国县及县以上医疗机构死亡病例监测数据显示，全国死亡人群中在医院去世的高达61.81%。[3]这也从侧面说明了人们对死亡的恐惧。实际上，对死亡感到恐惧，不局限于中国人，这是人类的本能，其他国家和地区的族群也同样可能出现这样的情况，区别在于每一种文化如何面对这样的恐惧。

（二）对寿命的追求是人的本性

每个人的寿命都有极限，但这极限并没有标准。随着医疗技术的进步，人类的平均寿命也得到了提高。对寿命的追求，从古到今不乏极端的例子。中国历史上著名的秦始皇，为了长生不老，兴师

---

① 罗伯特·赫尔兹：《死亡与右手》，吴凤玲译，上海人民出版社，2011，第22–25页。

② 郭于华：《死的困扰与生的执著：中国民间丧葬礼仪与传统生死观》，中国人民大学出版社，1992，第17页。

③ 周脉耕、杨功焕：《中国人群死亡地点影响因素研究》，《疾病监测》2009年第5期。

动众寻长生不老之药、求身躯不死之丹，最终落下个客死他乡的结局，实在令人唏嘘。尽管长生不老是一种不可实现的幻想，但是延长寿命是当下医学技术所努力的方向之一。在现代，人类试图通过精确的诊断技术、熟练的外科手术、严密的疼痛控制等现代医学手段来刻意规避宿命性的死亡。[①]然而医学技术并非无所不能，如在日本，临终者从宗教的仪式空间中抽离出来，没有得到该有的人文关怀，依然要寻求医学以外的力量，因此日本佛教转型，承担着举办葬礼的职能。[②]所以，在日本有这样的说法："出生时是神道（Shinto），结婚时是基督教，死亡时是佛教。"[③]

作为科学的现代医学，仅仅将身体视为研究和治疗的客体，消除了身体的多元性。医学对身体的过度干预，使得原本属于社会的问题转变为医学的问题，从而剥离了社会个体行为及体验的社会意涵。[④]事实上，死亡并不只是生物学意义上的肉体腐朽，还融入了围绕死亡所产生的由知识、信仰、情感、规范、技术、仪式等组成的一个庞大的综合体。[⑤]很多医院设立了重症监护室（简称ICU），调用一切软硬件设施对临终病人进行抢救和积极治疗，虽然能够挽回很多生命，但也经常造成这样一种情境：ICU隔绝了亲人的陪护和照料，使得临终病人进入的是病房间，出来就去太平间，还未道别就到了阴间。不去直面死亡，善待死亡，我们注定是一

① 富晓星、张有春：《人类学视野中的临终关怀》，《社会科学》2007年第9期。
② 李晋：《佛教、医学与临终关怀实践——基于人类学的研究》，《社会科学》2007年第9期。
③ 铃木范久：《宗教与日本社会》，牛建科译，中华书局，2005，第1页。
④ 张庆宁、蒋睿：《临终关怀：身体的医学化及其超越》，《思想战线》2014年第5期。
⑤ 富晓星、张有春：《人类学视野中的临终关怀》，《社会科学》2007年第9期。

群亡命之徒，游走在生命无常中，失去了人之所以为人的社会文化意涵。

二、人之所以为人——回归社会文化性的死亡

有人调侃说，眼睛一闭一睁，一天过去了；眼睛一闭不睁，一辈子过去了。死亡，不过是生命在世间走了一回。面对死亡，有人悲观，有人乐观，有人无所谓。只有回归死亡的社会文化性，积极地面对死亡，智慧地看待死亡，一个人才能得到真正的解脱。

（一）哲学与信仰上的生死解脱

1. 哲学上的生死超然

哲学上的生死超然，往往能达到我们意想不到的境界。

儒家讲死生有命。“死生有命，富贵在天”这话为子夏所说，并得到了孔子的认可。以孔子为代表的儒家对生死的看法是：知命而不认命，知天而修身立命。[①] 面对优秀弟子颜回的英年早逝，孔子呼号：“天丧予！天丧予！”面对生死无常，孔子在悲痛的同时，也顺其天命，理性看待生死，安身立命，认为“志士仁人，无求生以害仁，有杀身以成仁”。[②] 可见其对死亡价值的积极探寻。

庄周鼓盆庆死。庄子的妻子死了，惠子赶去吊丧，却看到庄子“鼓盆而歌”。惠子上去就是一顿骂：“非人哉！你老婆跟你过了这么久的苦日子，给你生儿育女，现在去世了，你不哭就罢了，还敲

---

① 冯沪祥：《中西生死哲学》，北京大学出版社，2002，第 148 页。

② 谢冰莹、李鍌、刘正浩等编译：《新译四书读本》，三民书局，2000，第 197、184、245 页。

盆唱歌，真是太过分了！”庄子解释说：“我没你想的那么不近人情。她刚走的时候，我怎么会不难受呢？只是我想到，她来到这个世上之前没有生命，没有形体，没有气息。后来就有了气，气有了形，形就变成生命，在世间过了几十载，现在又死去，这样生死变化就好像四季运转一样。她只不过是自然地安息于天地之间，而我却像个傻子一样哭哭啼啼，岂不是很不识趣吗？”[1]从中可见庄子将生死视为一个自然的变化过程，以一种超然的态度看待死亡，与道合一，顺其自然，愉快接受死亡。

苏格拉底视死如归。古希腊先哲苏格拉底因为被指控“诋毁神明”“蛊惑青年”而被判了死刑，他没有畏惧，拒绝潜逃，从容就死。他认为像他那把年纪（70岁）的人，已经历过丰富的人生，宁可有尊严地死，也不愿苟且地活，更何况自己是为捍卫正义而死，自然是死得其所。[2]像苏格拉底这样为了捍卫正义、死得其所的志士仁人，古今中外不乏其例。在中国历史上，古有“人生自古谁无死，留取丹心照汗青”的民族英雄文天祥，近有“我自横刀向天笑，去留肝胆两昆仑”的铮铮铁骨谭嗣同，今有“请缨征战雷场，洒热血守边境”的时代楷模杜富国。可见，在这躯体之外，还有更多有价值的东西值得去追寻。不管是杀身成仁，还是舍生取义，他们都在超越死亡，都在践行着生死哲学，彰显着死亡的意义。

海德格尔向死而生。海德格尔哲学认为人是“被抛掷的存在”，是“迈向死亡的存有”，存在就是要面对死亡，完成责任，死亡可

---

① 此为笔者意译。参见《庄子·至乐》。

② 冯沪祥：《中西生死哲学》，北京大学出版社，2002，第113页。

以凸显人之所以为人的意义与价值。[①] 因此，海德格尔的死亡哲学更加强调死亡的积极意义，强调一种为了更好地“死”而尽责的生存，将死亡作为流动的生命礼物，时刻提醒此生应有意义地过。

2. 信仰上的生死解脱

宗教信仰上的生死解脱，往往比哲学上的死亡多了一层虚幻的美。

基督教讲奉献得永生。根据《旧约·创世记》记载，上帝问亚当为何要吃禁果，亚当推称是夏娃怂恿的，夏娃推说是上帝创造的蛇怂恿的，蛇把责任推给了上帝。[②] 这就是基督教中所认为的人的原罪，原罪带来死亡，为了克服死亡，人需要依靠自己的力量改过自新，跟着救世主耶稣，方能洗清原罪，获得永生。死亡是与耶稣基督同甘共苦，可以享受着“天国的永恒”。所以，“基督教给予信徒最基本的礼物就是人性”[③]，基督教的临终关怀实践，包括祷告、葬礼、抹油等仪式，都旨在使死者平静地度过肉体生命的最后阶段，这也是对生者的宽慰，为生者提供继续活下去的理由，使其以“正确”或积极的态度面对死亡。[④] 因而，基督教对死亡的态度彰显了人性这一生命的流动之礼。

佛教讲涅槃重生。佛教所建构的时间世界，是一个不断流转的“无始之轮”，所有生命体在天道、阿修罗道、人道、畜生道、恶鬼道、地狱道这“六道”中轮回转世，因而在佛教徒看来，今生的

---

① 海德格尔：《存在与时间》，转引自冯沪祥：《中西生死哲学》，北京大学出版社，2002，第135页。

② 冯沪祥：《中西生死哲学》，北京大学出版社，2002，第83页。

③ 罗德尼·斯塔克：《基督教的兴起：一个社会学家对历史的再思》，黄剑波、高民贵译，上海古籍出版社，2005，第257页。

④ 黄剑波、孙晓舒：《基督教与现代临终关怀的理念与实践》，《社会科学》2007年第9期。

死亡不过是下世的开始，死亡是一个到达更高境界的契机。[①] 因此面对死亡，大师们早已看破了红尘。星云大师用六种比喻来说明死亡："死如出狱""死如再生""死如毕业""死如搬家""死如换衣""死如新陈代谢"。[②] 而此生的积极修行才是最重要的，佛教的死亡观，是一种向死而生的艺术。

此外，还有生生不息的民间信仰。中国民间传统的丧葬文化是一种二元的文化结构，即生—死、人—鬼、阴—阳，强调的是两极的相通互易，即太极图式。"生生之谓易"，以"易"为中枢的传统生死观所强调的不是死，而是生；不是死亡与虚无的恒常固定，而是生命在嬗变流转中的长存永续。[③] 在彝族人的习俗中最核心的是祖先崇拜，"父母终了要安葬，灵牌设在神位上"，要请毕摩主持追悼献祭仪式，为亡魂指路，引导其回到"老家"与祖宗团圆。[④] 由于存在祖先死者所居的另一界域，死亡可以理解为一种回归，即生命进程向起点的一种回归。这一过程亦是出发的过程，向着另一个世界的出发。因而，死亡是一种流动的生命礼物，是生命重新出发的重要方式。

（二）跨文化比较的死亡告别

通过比较不同文化背景下的死亡告别，我们可知，人除了具有生物性意义外，更为重要的是，人也因死亡而被赋予了更为完整而

① 李晋：《佛教、医学与临终关怀实践——基于人类学的研究》，《社会科学》2007 年第 9 期。

② 冯沪祥：《中西生死哲学》，北京大学出版社，2002，第 92—93 页。

③ 郭于华：《死的困扰与生的执著：中国民间丧葬礼仪与传统生死观》，中国人民大学出版社，1992，第 78 页。

④ 余舒：《象征人类学视野下彝族丧礼文化研究：以威宁沙石村红彝支系为例》，知识产权出版社，2017，第 82 页。

充实的社会文化内涵。

1. 死亡告别的习俗

不同于现代医学上以呼吸停止、心脏停止跳动等生命迹象的测量为标准去判定死亡，某些地区的习俗对某些特定社会成员的死亡判定，是基于其社会和文化意义进行的，这种判定也将加快个体的生物性死亡。①

古代白尼罗河的西卢克族的国王，当他病了或者老了，就要被处死了，因为当地的原始民族相信人神（指国王）的安全就是他们的安全，必须将精力衰退的国王杀死并将其灵魂转交给精力充沛的继承者以消除灾难。②《大唐西域记》里记载了印度的一些丧葬习俗，其中提到印度老人要野葬，于恒河“中流自溺，谓得生天”。③在湖北过去曾有寄死窖（自死窖），老人满 60 岁后，按照老规矩，家人都要将其送到这里，还要送三天饭，等老人死后再将遗体取出另行安葬。④与此相类似的还有我国胶东半岛的模子坟以及日本的弃老山等，也是老人到了一定的年纪就要主动去到那里寿终正寝，这并不是“食物匮乏”条件下的残忍的不孝行为和道德败坏，而是基于原始巫术思维而形成的民俗信仰价值体系与行为规范，对部族具有重大的社会经济意义。⑤

① 富晓星、张有春:《人类学视野中的临终关怀》,《社会科学》2007 年第 9 期。

② 詹·乔·弗雷泽:《金枝（上）》，徐育新、汪培基、张泽石译，中国民间文艺出版社，1987，第 392-395 页。

③ 玄奘、辩机:《大唐西域记校注》，季羡林等校注，中华书局，1985，第 463 页。

④ 刘守华:《走进“寄死窑”》,《民俗研究》2003 年第 2 期。

⑤ 徐永安:《人类学视域下“老人自死习俗”的民俗信仰本质与文化价值——与基于“食物匮乏”基础上的“野蛮、不孝”说商榷》,《中南民族大学学报（人文社会科学版）》2015 年第 2 期。

我国大小凉山的彝族人，病危者往往还未接受医疗上的临终关怀科学程序，就被家属悄悄运回家中，因为对于他们来说，请宗教师毕摩做仪式，死在家中，更能得到祖先的认同。[①]反观现在有些人，不惜重金将老人送去重症监护室，过分注重寿命的延长，不愿面对自然的死亡，不想让病危者在家中逝世，这多少显得有点本末倒置了。

2. 死亡告别的仪式

孔子曰："生，事之以礼；死，葬之以礼，祭之以礼。"葬礼是人生礼仪的一种，葬礼不仅表明人生命的终结，也代表其社会身份与社会责任的终结。几乎所有民族文化都有丧葬礼仪的习俗，并有不同类型的殡葬方式，如土葬、火葬、水葬、天葬、洞葬、树葬、悬棺葬、二次葬等，不同形式的葬礼有着不同的寓意。

回族追求幸福的丧葬文化。无论死者生前是达官贵人，还是平民百姓，男人入葬时都毫无例外地用三块白布裹身，妇女五块，埋在同样大小、同样深浅的墓地里。有研究指出，回族的生死观体现了"既注重今生，又注重来世"的"两世兼顾"思想[②]，以伊斯兰教"六大信仰"为出发点，以践行"五大功修"为途径，帮助亡人获取善功并求真主恕饶，祈盼亡人复生后能够进天堂，获得后世的幸福，同时也兼顾生者追求"两世幸福"的需求。[③]

彝族的丧葬仪式复杂而隆重，整个过程需要毕摩主持，有除死魂、招魂、毕摩解冤、转厂与椎牲、指路、寻灵入筒、回煞等仪式

① 富晓星、张有春：《人类学视野中的临终关怀》，《社会科学》2007 年第 9 期。
② 李学忠：《回族的丧葬习俗与穆斯林的生死观》，《宁夏社会科学》1998 年第 1 期。
③ 马永红：《曲硐回族丧葬文化研究》，博士学位论文，云南大学，2014，第 4 页。

过程，还有三年一“小祭”，三十年一“中祭”，六十年一“大祭”的仪式。[①]

藏族的葬礼多样。树葬是针对7岁以下婴幼儿的葬式，将夭折的婴儿送到野外的大树根处，任其腐化。对于那些子孙满堂、寿终正寝的长者，人们更愿意主动将他们的遗体葬在家中。还有水葬、火葬等方式。

马达加斯加有笑葬传统。在马达加斯加文化中，一个老人死后，家庭会举行隆重的仪式，亲朋好友、左邻右舍围着灵柩载歌载舞，众人高呼亡者之名，这种葬礼被称为“笑葬”，表达对死者的眷恋之情。[②]

（三）死亡的社会意涵

除了诊疗和药物手段之外，还有很多应对死亡、赶走悲伤的方法，最普遍的就是丧葬仪式了。丧葬仪式无论是对于个体而言还是对于社会而言，都具有重要的意义。

1. 葬礼对于个体的意义

死亡既给临终者带来心理上的恐惧，又让丧亲者承受悲痛。美国精神病学会认为，丧亲之痛持续的时间应为两个月，超时则需治疗，将丧亲之痛的正常情绪医学化，以医疗实践解决疾痛。[③]实际上，各地对于丧亲之痛的仪式治疗，远比医学上的方法丰富有效。给亡者举行葬礼，既是对亡者的尊重，也是对生者的抚慰。

葬礼可以慰藉丧亲者。我国曲硐回族丧葬仪式可以被分解为三

---

① 余舒：《象征人类学视野下彝族丧礼文化研究：以威宁沙石村红彝支系为例》，知识产权出版社，2017，第82−103页。

② 王侃：《马达加斯加人的“笑葬”》，《世界知识》1993年第20期。

③ 程瑜、林晓岚：《丧亲之痛的社会意涵：对医学化的人类学反思》，《医学与哲学》2017年第10A期。

个阶段：关怀临终者，安葬亡人，搭救亡人。葬礼通过这三个阶段将一个人由生者身份转换为亡人身份，正式确立生者与这位亡人之间的关系，并在“搭救亡人”的习俗中起到对丧亲者的心理慰藉的作用。[①]美国西部平原上“酒神型”文化的印第安部落，面对亲人的去世，他们毫不节制丧亲之痛，在丧葬中极尽表达悲痛之情。[②]马达加斯加人每隔数年还将先人遗体从坟墓中取出，置于村屋中数日，夜以继日地同死者谈话，改用新的寿衣包裹遗体甚至驾车载着尸体绕村一周以示对死者的尊崇，再将其埋入坟墓。[③]马达加斯加人通过这种阶段性的仪式，来抚平生者的丧亲之痛。

各地也有以亡灵节日抚慰丧亲之痛的传统。日本的盂兰盆节（お盆），以黄瓜为马，以茄子为牛，作为供祖先的灵魂往来的交通工具，马是为了让亲人来时快一些，牛则是为了让他们离开时慢一些。日本人通过这个节日，表达了对祖先的尊敬与思念，也通过“盆舞”来实现人与灵魂的同愉同乐。[④]墨西哥有亡灵节传统，祭奠亡灵时，墨西哥人拒绝悲哀，他们用载歌载舞的方式，通宵达旦地与逝去的亲人一起欢度亡灵节。[⑤]在他们的传统意识中，死亡并非生命的终结，而是新生命的开始。同样，中国有清明节、中元节等祭祀节日，可以让生者在特定的时间里表达悼念之情。

人类学家马林诺夫斯基认为仪式和信仰可以给生者带来情感的

① 马永红：《曲硐回族丧葬文化研究》，博士学位论文，云南大学，2014，第149页。
② 露丝·本尼迪克特：《文化模式》，王炜译，社会科学文献出版社，2009。
③ 王侃：《马达加斯加人的“笑葬”》，《世界知识》1993年第20期。
④ 邢永凤：《盂兰盆节与日本人的祖先信仰》，《民俗研究》2010年第2期。
⑤ 张晓沁：《死者在棺 生者狂欢——墨西哥亡灵节》，《文明》2011年第4期。

抚慰。[①] 丧葬礼仪一方面让生者与死者分隔开来，起到分隔礼仪作用，另一方面给生者宣泄情感的时间和空间，起到边缘礼仪作用，最后，通过聚合礼仪，解除吊丧礼仪，帮助生者重新回到社会中来。[②] 丧葬礼仪不仅是对死者表达尊敬，更重要的是帮活着的人寻求自我解脱，是使生者内心得以平衡的过程，是追求人与人之间、人与自然之间和谐均衡的体现。所以对于个人而言，死亡是一种警醒的礼物：使我们不断地反省自身，不断超越，不断鞭策自己去做有价值、有意义的事情。他人的死亡亦是一种礼物：使我们吸收其正能量，吸取其经验教训。葬礼可以让我们意识到，在面对丧亲之痛时，个体不是在单打独斗，而是有整个群体、社会的力量助其度过恐惧、难过或不适应的阶段，明白逝者的功与过，明白自己在社会中的位置，担负自己的责任，明确自己作为人的意义。它助人渡过生命的紧要关头，走完整个生命过程。从此意义看，丧葬礼俗可以说正是传统社会中不可缺少的济渡生命的舟船与桥梁。[③] 通过感情的宣泄，葬礼证明人并不是机器，而是有血有肉有感情的动物，有文化有社会意义的生物，葬礼证明人作为人的社会意涵。在这个过程中，逝者在家庭和社群中的角色和地位得以重新确定，同时它也激发生者对人生意义的思考和对生命价值的探索。

2. 葬礼的社会功能

葬礼对于一个社会而言，亦是不可或缺的部分。葬礼集中体现了各种社会关系，可培养族群感情，加强族群凝聚力，同时起到社

---

① 马林诺夫斯基：《巫术科学宗教与神话》，李安宅译，上海社会科学院出版社，2016，第 30 页。

② 阿诺尔德·范热内普：《过渡礼仪》，张举文译，商务印书馆，2010，第 107-108 页。

③ 郭于华：《死的困扰与生的执著：中国民间丧葬礼仪与传统生死观》，中国人民大学出版社，1992，第 112 页。

会教化、防止族群灭亡的作用。法国人类学家阿诺尔德·范热内普（Arnold van Gennep）在1909年指出，葬礼及其一系列筵席和纪念日活动，是为了将群体内所有生者都联结起来，或者说与亡者结合起来，因为一个成员的消失好比一条链子的一个环节断裂，需要马上把链子重新连接起来。丧葬礼仪就是死亡的社会意涵的最重要的表现形式。[①]对于集体与个体来说，生活本身就意味着不断地改变形式与环境、分离与重组、死亡与再生。从一种境域转入另一种境域的过程常常是危险的，因而需要有一定的仪式来缓和和减少危险，以安全过渡。[②]

生命要有仪式感。作为生命最重要的节点之一的死亡，古今中外，各文化皆赋予其重要的意义。礼不可废，若过分简化，乃至无礼，便不成社会，不成家。在中国，一个人的死去，往往为社会提供教化的机会。他的成就、贡献，都将“盖棺论定”，若死者对社会有重大贡献，我们也会看到官方的褒扬，如赐予谥号，以宣扬美德，起到社会教化的作用。葬礼的过程，往往体现了中国社会的“差序格局”，强调中国传统社会的礼治秩序以及伦理规范。古代丧葬礼仪极其繁琐复杂，然而正是这套礼仪的传承性与稳定性，使其在传统社会与文化的维持巩固中长久地发挥着作用。[③]

葬礼的过程亦是亲属关系的一次重新确认和调整、巩固的过程。共同参与本身就是一种联系与整合。葬礼有聚众的功能。它使得亲属聚集在一起，使得私人的行为变成了公共事务。举办葬礼所需要

① 阿诺尔德·范热内普：《过渡礼仪》，张举文译．商务印书馆，2010，第164页。

② 郭于华：《死的困扰与生的执著：中国民间丧葬礼仪与传统生死观》，中国人民大学出版社，1992，第33页。

③ 郭于华：《死的困扰与生的执著：中国民间丧葬礼仪与传统生死观》，中国人民大学出版社，1992，第53-59页。

的互惠行为以及聚众抚慰有助于群体成员抵抗死亡造成的削弱、瓦解、恐惧、失望感，从而加强了个人与社群以及社群之间的关系，保持文化传统的持续和整个社会的运转。丧事活动的许多环节，以及仪式本身近于程式化的表演，离不开整个社群的配合与帮助，因而，传统的丧葬礼仪就是通过人情的交流，抚慰死者亲属，建立和谐亲密的人际关系，促进村落社会的整合与发展。[①]

三、落叶归根——民间死亡文化习俗的解读

这一部分将通过分析神秘的湘西“赶尸”习俗，解读该习俗背后所蕴含的死亡文化，并指出这一“赶尸”仪式对于湘西人落叶归根的传统文化观与体现人的社会完整性的重要意义，并依据当下的殡葬管理制度对其进行批判性分析。

（一）湘西“赶尸”习俗的文化概况

2009 年中央电视台 4 套《发现之旅》栏目播放的“真假湘西赶尸人”探秘节目，拍摄到了一些至今还不能解释的现象，为湘西“赶尸”习俗增添了更加神秘的色彩。在今日的湘西凤凰县，“赶尸”仪式只是作为一项民俗以舞蹈形式呈现给游客，抛开了神秘的面纱。

“赶尸”习俗的出现与湘西的地理环境息息相关。湘西地处十万大山之中，中华人民共和国成立前，那里道路崎岖险峻，将客死他乡的人抬棺而回几乎不可能，而汉人在传统上有落叶归根之文化需求，因而“赶尸”这一古老的行业应运而生，让客死他乡者能

① 李汝宾：《丧葬仪式、信仰与村落关系构建》，《民俗研究》2015 年第 3 期。

够魂归故里，让亲人在死者盖棺入土前能见上最后一面。

湘西“赶尸”有三种方法，一种是让人背着尸体走，一种是肢解亡者并对其进行防腐处理，然后将其带到目的地，“赶尸”仪式中的“尸”则由替身代替。还有一种就是让尸体自行“走”到目的地。这三者以最后一种技术含量最高，最神秘。

（二）湘西“赶尸”习俗的死亡文化解读

从文化人类学的角度来看，湘西“赶尸”习俗是根植于湘西社会的一种原始信仰。人类学家弗雷泽在《金枝》一书中提到，原始巫术分为两种形式，一种是“模仿巫术”，一种是“接触巫术”，这两种巫术统称为“交感巫术”。交感巫术建立在这样的信念基础之上，即通过某种神秘的感应，物体可不受时空限制而相互作用。[①]湘西“赶尸”仪式也是遵循了这样一种原始信仰的思维，即认为经由赶尸匠的特殊法术，尸体能够按照赶尸匠的意图“站立”“行走”并回到故乡，从而把亡者的魂魄带回故土。

“赶尸”这一死亡仪式对于湘西人具有重要的社会意义。有学者指出，“赶尸”是巫傩文化盛行时代的产物，“赶尸”对赶尸匠而言是一件技术工作，但对整个文化和社会而言则是一项具有宗教慰藉意义的仪式，并且应被视为客死他乡的亡者丧礼中不可缺少的一部分，对个人精神和整个社会的健全具有重要的意义。[②]可以说，湘西的“赶尸”仪式一是为亡者而举行，二是为生者而举行。

① 詹·乔·弗雷泽：《金枝（上）》，徐育新、汪培基、张泽石译，中国民间文艺出版社，1987，第87-88页。

② 张达玮：《湘西赶尸的宗教与伦理意蕴——兼论原始信仰作为人的存在方式》，《黔南民族师范学院学报》2016年第4期。

为亡者举行，意思是可凸显其完整的社会人意义。湘西凤凰县人秉持魂归故里、入土为安的文化信仰。对于他们而言，死在异地他乡的人，魂也留在了异乡，而这对于一个人而言是不完整的，是脱离了其所在的社会结构的，因此亲人要让他落叶归根，要把他的尸骨运回来，还得专门派“赶尸人”，把他的魂魄也“赶”回来，这才能让死者完全回到故乡。不管亡者生前为何人、有何功德或罪过，都会通过这一仪式重新“回到”他所属的社会之中，这是对亲属关系的一次重新确认、调整和巩固。

“赶尸”习俗一方面对生者起到疗治作用，另一方面也起到整合社会凝聚力的作用。丧亲者对于亲人魂归故里感到欣慰，而且能在传统的丧葬仪式中重复抒发他们的悲痛之情，表达他们的情感。这种“赶尸”仪式是人们安顿身心的程序，是对亡者亲人进行文化疗治的一种特殊方式，是抚慰生者的重要手段。此外，对于亡者所在社会而言，将亡者的尸体和灵魂“赶”回乡里，实现了一个人由生者身份到亡者身份的转变；通过葬礼仪式，人们重新思考亡者的社会角色，将被打破的人际关系重新建立起来，以实现新的平衡，这是对社会的结构与关系进一步的整合与强调，也是对该地社会文化的传承。葬礼的举行将进一步凝聚亡者所在的社会群体。

随着火葬的推行以及迷信的破除，“赶尸”习俗被禁止了，赶尸匠这一职业也消失了，“赶尸”习俗也已淡出人们的视线。现在，死于外地的人往往就地火化或者通过交通工具运回乡里。历史上的“赶尸”习俗凝固为湘西文化的一个符号，以其神秘性带给游客无限的想象，让我们思考这一习俗所体现的深远的社会文化意义。

四、结　语

《钢铁是怎样炼成的》中的主人公保尔·柯察金说过这样一段话："一个人的一生应该是这样度过的：当他回首往事的时候，他不会因为虚度年华而悔恨，也不会因为碌碌无为而羞耻；这样，在临死的时候，他就能够说：'我的整个生命和全部精力，都已经献给世界上最壮丽的事业——为人类的解放而斗争。'"生命诚可贵，然而生命的价值因人而异。"有的人活着，他已经死了。有的人死了，他还活着。"我们应从死亡中学习，"因为无比热爱生命，所以无比尊重死亡"。纵观生命教育，我们不仅需要从医学上明白生与死的意义，更要从社会文化上超越死亡带来的痛苦。生命教育应该结合本土文化，既要重视死亡的生物性，也要重视死亡的社会文化意涵。举行丧葬仪式，证明亡者为社会之人，是生者给亡者的礼物，也是生者抒发情感、疗治悲痛的重要方式。死亡是一种流动的生命之礼，可以让我们不断地反思自身，如何才能向死而生，让生命更有价值。

作者简介

程瑜，中山大学社会学与人类学学院教授、博士生导师。中山大学医学院及附属第七医院双聘教授，中山大学健康与人类发展研究中心主任。国家社会科学基金重大项目首席专家，任中国人类学民族学研究会医学人类学专业委员会副主任委员、中国生命关怀协会人文护理专业委员会副主任委员、广东省医院协会医院社会工作暨志愿者服务工作委员会顾问等。

主持国家社科基金重大项目、重点项目等科研课题30余项，发表论文60余篇，出版专著9部。研究方向包括医学人文、老龄化和医学社会学、护理人类学等，同时致力于医学社会科学跨学科研究和医学人文教育。

吴杏兰，中山大学社会学与人类学学院博士研究生。

/ 第五讲 /

社会学视角下的死亡、临终与丧亲

陆杰华　刘　芹

生与死均为生命发展的自然过程。虽然自古以来人们对死亡仪式尤为重视，并以此体现尽孝善终的观念，但死亡仍是国人忌讳和回避的内容。随着社会转型，尤其是人口老龄化进程的加快，社会失范和现代性所导致的死亡问题逐渐凸显，自杀、失独、丧亲、临终等与死亡相关的议题需要被正视和研究。人的全生命周期中，我们不仅应该重视优生、优育、优活，而且还应强调优逝，不同生命阶段的生活质量均应该得到充分的关注与重视。死亡社会学作为应用社会学的一个分支学科，以面对死亡事件的社会中的群体或个体作为研究对象，以社会学的视角观照死亡、临终和丧亲议题，对死亡所导致的社会问题及其受到的社会影响给予人文关注。下面就死亡社会学学科产生的宏观背景、发展脉络、学科定位、主要议题和未来方向进行简要介绍。

一、死亡社会学学科产生的宏观背景

1. 人口背景

从个人角度来说，死亡是人生的重要阶段，是生命的终点；对社会而言，人口变化主要包括出生、死亡和迁移，死亡是社会人口变化的一个重要原因。因此，死亡社会学学科是在人口转变的宏观背景下逐渐产生和发展的。促进死亡社会学学科产生的人口背景因素主要有人口转变、人口年龄结构变化及流行病模式转变。

人口转变是人口学的重要概念，是指人口发展由“高出生率、高死亡率、低自然增长率”，经过“高出生率、低死亡率、高自然增长率”向“低出生率、低死亡率、低自然增长率”转变的过程。人口转变理论源于19世纪欧洲国家在社会经济转变的同时发生的死亡率、生育率由高水平向低水平转变的经历[①]，这一转变过程展现了人口再生产类型从传统模式向现代模式过渡的趋势，反映了社会经济发展与人口再生产的内在联系。在中华人民共和国成立初期，中国的人口转变已经开始，首先表现为死亡率持续下降，1970年前人口出生率仍保持在较高水平，低死亡率和高出生率双重作用导致人口自然增长率大幅度提升。随后，计划生育政策的实行以及社会经济的发展使我国人口发展进入出生率下降阶段。1998年我国人口自然增长率进入低增长阶段，人口自然增长率首次低于10‰，2009年以后均低于5‰。[②]根据联合国预测的中国人口增长中方案，我国在2029年左右人口自然增长率将变为负值，人口将长期保持负增长状态，2100年中国人口预计为10.02亿人，约占世界人口的9.13%。[③]

人口转变理论阐释了我国人口过去、现在和未来的发展情况，展示了我国人口年龄结构发展变化的轨迹。从中华人民共和国成立至今，中国实现了人口再生产的历史性转变，人口再生产类型

① 陈卫、黄小燕:《人口转变理论述评》,《中国人口科学》1999年第5期。

② 李通屏、朱雅丽、邵红梅等编著:《人口经济学（第二版）》，清华大学出版社，2014，第96–97页。

③ 郭冉、王俊:《世界人口发展趋势和人口转变——理论与现实》,《人口与社会》2019年第3期。

从“高出生率、低死亡率、高自然增长率”的过渡型转变为“低出生率、低死亡率、低自然增长率”的现代型。① 出生率和死亡率下降、生育结构和死亡结构改变、平均预期寿命延长共同导致中国老龄化进程加速发展。根据我国历年人口普查的人口年龄构成（详见图 1），自 1953 年第一次人口普查以来，我国 65 岁及以上老年人口比重持续增长。2000 年，我国 65 岁以上老年人口总数 8821 万人，占总人口数的 7%，至此，我国正式迈入老龄型社会，未来我国人口老龄化发展将进入急速期，老龄化进程将持续加快。人口老龄化给中国的经济、社会、政治、文化、科技等方面的发展带来了深刻影响，庞大的老年群体的养老、医疗、社会服务等方面需求的压力越来越大。

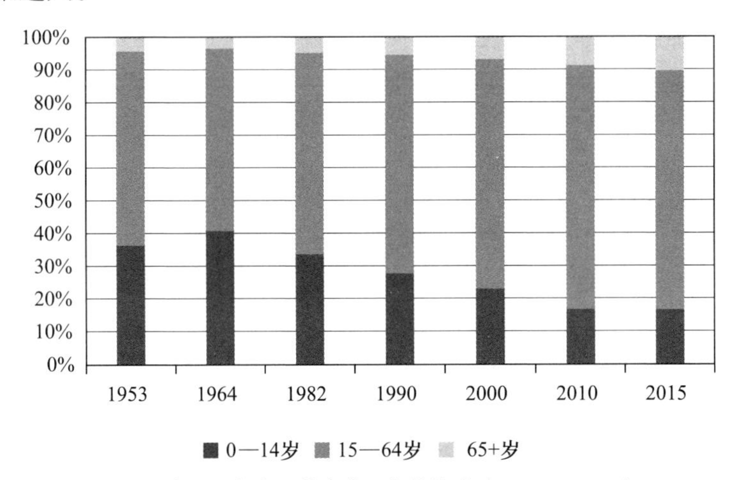

图 1 中国历年人口普查人口年龄构成（1953—2015）

（数据来源：国家统计局）

伴随着现代化进程的推进和人口老龄化的发展，疾病模式正在从以发生在生命早期的营养不良和传染病为主向以发生在生命晚期

① 陈卫：《改革开放 30 年与中国的人口转变》，《人口研究》2008 年第 6 期。

的慢性非传染性疾病为主转变，心脏病、肺部疾病和癌症等慢性疾病正快速成为致死和致残的最主要原因。[①]流行病模式转变主要经历了四个时期：传染病大流行和饥荒期、传染病大流行衰退期、退行性和人为疾病期以及慢性退行性疾病延迟期。流行病模式转变到最后一个时期，死亡率进一步下降并处于较低水平。现代社会疾病谱的转变，使得死亡模式由传染性疾病导致的快速的死亡变成了由不可逆转的慢性疾病导致的缓慢的消耗性死亡。[②]同时，高死亡率从集中于低龄人口向集中于高龄人口转变。

由人口转变和流行病模式转变可以看出，老年人口增加，少儿人口减少，年龄金字塔开始倒置，意味着新生命的到来逐渐减少，而临终和逝去将逐渐增多。同时随着慢性疾病逐渐成为主要的死亡原因，死亡变得可以预料，临终阶段持续延长，与死亡相关的社会文化和观念正在被重新塑造，这是死亡社会学学科产生和发展的人口背景。

2. 社会背景

除人口背景外，死亡社会学学科还有着深刻的社会转型背景。通常而言，社会转型是指社会从一种类型向另一种类型转变的过渡过程[③]，即构成社会的多种要素如经济、政治、文化、价值体系在不同的社会形态之间发生的质变，或同一社会形态内部发生的部分质变或量变[④]，其中主要包括社会体制转变、社会结构转变和社会

① 宋新明：《流行病学转变——人口变化的流行病学理论的形成和发展》，《人口研究》2003 年第 6 期。

② M. J. Field and C. K. Cassel, *Approaching Death*, National Academy Press, 1997.

③ 刘祖云：《社会转型：一种特定的社会发展过程》，《华中师范大学学报（哲学社会科学版）》1997 年第 6 期。

④ 王永进、邬泽天：《我国当前社会转型的主要特征》，《社会科学家》2004 年第 6 期。

形态转变。[①]

社会转型意味着需要应对多种现代性挑战，乌尔里希·贝克将现代社会的特征概括为风险社会[②]，其中死亡是最大的风险之一。随着现代化进程的推进，恐怖袭击、核爆炸、环境污染等给人类的生存造成了巨大的风险。以中国为例，急剧的社会转型带给中国社会优化与弊病并生、进步与代价共存、协调与失衡同在的鲜明特征，其中在失业、犯罪、社会分化等社会问题上的体现最为典型。[③④]社会转型意味着在现代化社会中，人们需要在获得现代性所给予的巨大福利的同时，应对迎面而来的多种问题。在死亡问题方面，社会需要面临死亡主体和形式变更、死亡观念变化、福利政策分配公平化、临终关怀、死亡教育和医学伦理等相关问题。例如，中国传统儒家文化中，人们倾向于在家去世，或者死后被送回家入土为安，而现代化社会中，遗体往往直接从医院或者家送至殡仪馆进行火化，死亡变得孤独、机械化以及非人化。[⑤]

在社会转型加速过程中，死亡主体的际遇面临着主观和客观的双重影响。主观方面，随着信息技术的迅速发展，以往讳莫如深的死亡高频率地出现在影视、网络话题和新闻事件中，死亡及相关事件逐渐揭开朦胧的面纱，以更加日常的存在方式被人们感知。老人在去世前可能就开始积极准备自己的葬礼，学校也开始开展死亡教

① 黄博：《社会转型时期我国行政决策中公民参与的机制构建研究》，硕士学位论文，电子科技大学，2009。

② U. Beck, *Risk: Towards A New Modernity*, Sage, 1992.

③ 郑杭生：《改革开放 30 年：快速转型中的中国社会——从社会学视角看中国社会的几个显著特点》，《社会科学研究》2008 年第 4 期。

④ 宋林飞：《中国社会转型的趋势、代价及其度量》，《江苏社会科学》2002 年第 6 期。

⑤ 傅伟勋：《死亡的尊严与生命的尊严》，北京大学出版社，2006。

育，墓地和殡仪馆也给社会大众开放参观，让大家以更加积极的态度面对死亡。客观方面，随着人口转型，家庭开始朝着少子化和核心化发展，家庭养老模式面临严峻挑战。在子女缺乏照料能力，同时市场化养老机构逐渐增多的情况下，老年人可能进入机构养老或者独自养老，独自面对死亡的恐惧，这严重影响其临终生活质量，同时代际关系也会受到不同程度的影响。

人的全优生命质量系统过程，不仅需要优生、优育、优活，而且还需要优逝。[①] 随着人口老龄化进程逐渐加速，如何促进社会福利和医疗卫生资源的合理分配，保障老年人的临终和死亡质量，加强死亡教育，促进死亡观念转变和社会参与，厘清死亡相关法律和道德问题，越来越需要重视，随之产生的诸多社会问题亟需相关学科进行研究并提出应对措施，死亡社会学学科正是在此社会背景下产生并发展起来的。

二、国内外死亡社会学学科发展脉络

1. 死亡研究的发展

虽然死亡社会学学科出现较晚，但早期社会学家也关注到死亡和社会关系等研究议题，包括葬礼、自杀、来生等。如涂尔干在《宗教生活的基本形式》一书中对原住民宗教和集体的研究，主要源于葬礼仪式。此外，涂尔干用社会事实的因果关系分析自杀，总结了 4 种自杀类型，阐述了社会与个体的关系。毋庸置疑，涂尔干

① 张伟、周明:《老年临终关怀中的尊严死与安详死》,《医学与哲学》2014 年第 1A 期。

为死亡社会学提供了重要基础。韦伯则关注清教徒的来生信仰，这是资本主义发展的关键。两位学者都认为，死亡虽然是一个人的“总结”，但其相关的仪式和信仰可能是社会形成和发展的核心。但是，一些社会学家认为，人们创造了社会秩序，但是死亡会造成混乱和失范，因此对死亡的研究从始至终都处于社会学的边缘，对死亡、临终与丧亲的社会理解得益于人类学、历史学、心理学和社会学等学科的共同研究。

1958 年，方斯和富尔顿首次在文章中呼吁学者关注死亡社会学的研究，指出目前对死亡的有关研究主要源于人类学家们对非西方甚至无语言社会（如原始部落）的葬礼习俗和死亡仪式的研究，缺乏将死亡作为一种社会文化综合体的理念。[①]死亡研究于 20 世纪 50 年代末最早兴起于美国，但最初死亡研究作为跨学科领域，一直由心理学主导。20 世纪 70 年代，美国数百所大学开设死亡研究本科课程，也产出了死亡研究相关教科书。英国于 1996 年创立死亡研究的跨学科期刊 *Mortality*，涵盖历史学、宗教学、心理学和社会学，其中社会学的相关研究较心理学更多。在教育制度方面，英国发展出跨学科的研究生学位，但选择进行学习的学生较少。目前死亡学科缺乏理论和体系，不足以充实研究生一年或者本科三至四年的学习，因此只能以跨学科的形式进行学习。

2. 国内外死亡社会学学科的发展

西方死亡社会学兴起于 20 世纪 50 年代末期，是第二次世界大战后主要发展于英国和美国一门新兴学科。死亡社会学的研究对象

① W. A. Faunce and R. L. Fulton, “The Sociology of Death: A Neglected Area of Research,” *Social Forces*, 1958, 36(3): 205-209.

是面对死亡事件的社会中的群体或个体。[①]死亡社会学学科最初出现于美国，当时的代表性成果有沃纳对阵亡将士纪念日和美国公墓进行的研究和分析[②]，苏德诺对医院里的死亡进行的日常研究[③]。美国也成立了“死亡教育学会”和“国际死亡研究所”，同时出版相关期刊。但随后美国的死亡研究逐渐走上了倚重心理学和医学的道路，逐渐丧失了在社会学领域的领先地位。英国对于死亡的社会学研究起步较晚，最早是人类学家乔佛瑞·戈勒于1965年根据一个具有代表性的全国样本，对人们对待死亡和悲伤的态度进行了一项社会学调查。[④]随后，英国开始出现临终病人和姑息治疗等相关研究，将死亡社会学与医学社会学、宗教社会学、老年学和人类学等联系起来，主要关注发达国家的正常死亡现象，而非战争、屠杀和核爆炸等暴力伤害造成的死亡现象。可以说，20世纪90年代的死亡社会学在英国得到了长足发展。

最初的死亡社会学学科理论研究主要是唯心主义的。有学者认为死亡的社会学分析应该以社会结构中的思想演变为基础[⑤]，或者呈现不同民族的死亡文化，但很少有实证研究。2008年，凯莱赫展示了从石器时代到全球化的今天，人们是如何死亡的以及为何会死亡，认为我们如何死亡最终取决于主导的生产方式，由此产生了

---

① 陆杰华、张韵：《转型期中国死亡社会学的思考：现状、进展与展望》，《中国特色社会主义研究》2015年第6期。

② W. L. Warner, *The Living and the Dead: A Study of the Symbolic Life of Americans*, Yale University Press, 1959.

③ D. Sudnow, *Passing On: The Social Organisation of Dying*, Prentice Hall, 1967.

④ G. Gorer, *Death, Grief, and Mourning in Contemporary Britain*, Cresset, 1965.

⑤ P. Ariès, *Western Attitudes Toward Death: From the Middle Ages to the Present*, Marion Boyars Publishers, 1974.

完全唯物主义的死亡社会学理论。[①] 死亡社会学学科对理论的探索主要集中在死亡的社会文化蕴含、现代医疗体系中的死亡、死亡的社会影响这些主题上。同时，近年来死亡社会学的研究也不再浮于死亡事件的表面，而是越来越注重从社会学的核心概念——如社会关系、结构和行动、集体行为、社会化、组织与阶层、权利运作等——出发来获得死亡研究的启示，更加明确死亡社会学的根本立场。[②]

中国死亡社会学相关的研究起步于20世纪80年代，发展于90年代，并在21世纪初形成了颇具风格的研究特点。1987年12月，中国社会科学院等单位在北京举行了“安乐死问题讨论会”，引起了社会的广泛关注。1988年7月，我国第一次全国性的“安乐死”学术研讨会在上海举行，社会学、法学、哲学和医学界的近百名专家参与了讨论，提出了开展死亡学教育、更新死亡观念的问题。在理论研究方面，20世纪90年代开始出现一批开设“死亡研究”专栏的期刊，并出版了多部相关的学术著作。这一时期的研究侧重于死亡标准、死亡本质、死亡价值、死亡文化等哲学、伦理学层面的抽象理论的讨论。[③] 目前，中国社会正处于快速转型时期，涌现出许多社会问题，死亡社会学持续受到社会学界的关注，一些学者开始积极进行死亡社会学本土化的实证研究，如贺雪峰、景军、刘燕舞等对中国农村老年人自杀问题的研究。

① A. Kellehear, *A Social History of Dying*, Cambridge University Press, 2007.

② 林绮云、张盈堃、徐明瀚：《生死学：基进与批判的取向》，洪叶文化，2004。

③ 靳凤林：《国内外死亡学研究的现状及其展望》，《河北大学学报（哲学社会科学版）》1999年第4期。

3. 死亡社会学学科面临的主要挑战

目前死亡社会学学科面临的瓶颈性挑战主要有以下五个。

第一，重哲理、轻实证。正如回顾死亡社会学学科发展历史时所描述的那样，死亡社会学侧重于抽象理论的研究，比如对死亡文化、死亡思想演变、死亡价值等进行抽象层次的研究，而缺乏对于具体研究议题的社会学实证研究，且死亡实证研究主要偏向于心理学或医学，存在过多使用定性研究手法、缺乏定量研究，研究重复性高等问题。由于缺乏实证研究作为基础，死亡社会学学科独立的理论体系构建相对困难。

第二，重个体、轻群体。涂尔干在《自杀论》中已经讨论过自杀并非单纯的个人现象，而是社会事件，他以统计学的手段从集体行为的方面讨论自杀与社会凝聚力的关系。涂尔干和韦伯都认为，死亡虽然是一个人的“总结”，但其相关的仪式和信仰可能是社会形成或发展的核心，可以说死亡的实践和信仰深刻地影响着社会发展。前面已经提到，目前的死亡社会学研究侧重于定性研究，即采用观察或者访谈方法对某些个案进行临终、丧亲或者死亡相关研究。而死亡是社会事件，应该关注更大群体中死亡现象对社会的影响或者社会发展对死亡的影响，在群体层面上进行死亡研究。

第三，重生物性、轻社会性。如前所述，现代化社会中，遗体往往直接从医院或者家送至殡仪馆进行火化，死亡变得孤独、机械化以及非人化。人们倾向于把亲人的死亡作为一系列的医疗事件和干预措施的结果来看待，而不是将死亡或者死者放置在社会关系和情感中进行讨论。正如人体在医疗领域以机械化且缺乏人性化的方式被对待，死亡社会学研究由于长期在心理学和医学的主导下进行，也侧重于从生物性方面关注死亡，缺乏对死亡社会性的关注。

第四，重扩展、轻对比。特定国家有特定的死亡历史和文化，目前大多数研究主要涉及美国、英国等发达国家，缺乏对其他国家的研究。同时研究者们倾向于反复研究某些死亡话题或者某些地区的死亡问题，导致无法确定目前的死亡研究成果主要是针对特定城市的，还是针对特定国家的，还是适用于特定时期的。较多研究提到“现代社会”下的死亡问题，但是研究所得出的结论是否是世界范围内普遍适用的，还是一个疑问。因此，对于死亡的研究需要进行持续的比较分析。①

第五，重发达社会、轻弱势群体。死亡研究是存在偏见的。研究者倾向于进行发达国家人群的研究，或者是较为独特的人群的研究，在挑选研究对象时自动忽略了弱势群体，造成了死亡研究的偏见。例如，死亡研究更多地关注西方人而非第三世界人群，更多地关注年轻人的丧亲之痛而忽视老年人的丧亲之痛，更多地关注中产阶级而非工人阶级的死亡观念等。② 因此，死亡社会学应该扩展研究视野，将弱势群体纳入研究。

三、死亡社会学学科定位及其主要议题

1. 死亡社会学的学科定位

死亡社会学是一门从社会学角度研究死亡问题的学科，属于应用社会学的一个分支。由于死亡离不开疾病和医疗，因此死亡社会学从某种意义上来说也是医学的分支学科。所以，死亡社会学可以

① T. Walter, “The Sociology of Death,” *Sociology Compass*, 2008, 2(1): 317-336.

② T. Walter, “The Sociology of Death,” *Sociology Compass*, 2008, 2(1): 317-336.

说是社会科学和自然科学相结合的一门交叉学科。作为社会学的分支学科，死亡社会学站在社会学角度对死亡问题进行从宏观到微观的考察，辨析导致死亡的社会原因并提出建议，或者阐释社会发展和变化对死亡的影响；作为医学的分支学科，死亡社会学研究人类生命过程中与社会因素有关的疾病及其导致死亡的特殊规律。[①]同时，死亡研究还综合了人类学、心理学、伦理学、哲学、政治学、教育学和法学等学科的研究。因此，死亡社会学具备交叉性、跨学科性和综合性的特点。此外，死亡社会学作为社会学的分支，研究范围并不局限于某个孤立问题，而要从整体层面关注社会的死亡问题，并从经验研究出发上升到理论，最后又以理论为基石推动经验研究发展，体现了死亡社会学整体性、综合性和应用性的鲜明特点。

社会学视野下的死亡研究主要有以下三个功能，即描述功能、解释功能和预测功能。描述功能即客观地搜集、记录和整理死亡相关社会现象的信息，为进一步认识和了解死亡提供丰富的经验资料。如曹树基通过人口学和地理学的方法，利用现存统计资料，重建 1959—1961 年中国各地非正常死亡人口数，描述该阶段中国人口死亡情况，分析其成因。[②]孙静通过湖北省“独生子女伤残死亡家庭的调查”，描述和分析了独生子女死亡家庭困境及其适应手段。[③]解释功能指在社会研究的过程中，将经验资料借助概念和范式等进行整理并上升到抽象范畴，从而对社会现象进行科学解释，包括因

① 杨鸿台:《死亡社会学》，上海社会科学院出版社，1997。

② 曹树基:《1959—1961 年中国的人口死亡及其成因》,《中国人口科学》2005 年第 1 期。

③ 孙静:《独生子女死亡家庭困境及适应研究》，硕士学位论文，华中师范大学，2012。

果解释和意义理解。如李春华和李建新利用全国调研数据，分析并解释了不同居住安排对老年人死亡风险的影响。[①] 预测功能是指通过现在的研究发现规律，从而揭示未来发展趋势的一种功能。王广州以人口普查数据为基础，对全国育龄妇女二孩生育行为进行分析，预计 2050 年全国独生子女总量在 3 亿左右，累计死亡独生子女将超过 1184 万，呼吁政府要特别关注失独问题。[②]

2. 死亡社会学的研究方法

死亡社会学目前主要采用以下五种研究方法，即文献借鉴法、定量分析法、质性分析法、个案分析法和比较分析法。

文献借鉴法主要是通过对报刊、档案和统计报表等二手材料进行收集、整理和分析来进行研究的一种研究方法。涂尔干在对自杀进行研究时，就收集并分析了各地的死亡统计数据，以及气温统计数据和社会事件记录等文件。目前，文献借鉴法是死亡社会学的重要研究方法，包括利用人口数据或者文献计量法实现对死亡事件的描述或解释分析。如黄维海和袁连生利用中国 1990—2010 年省级面板数据，对死亡人口受教育水平建立预测模型，重建非普查年份的省级死亡人口受教育水平数据。[③] 李玉婷和杨琳基于中国知网数据库，运用 CiteSpace 软件对 962 篇临终关怀文献进行文献计量分析，总结出 2018 年之前十年间的临终关怀研究热点。[④]

---

① 李春华、李建新：《居住安排变化对老年人死亡风险的影响》，《人口学刊》2015 年第 3 期。

② 王广州：《独生子女死亡总量及变化趋势研究》，《中国人口科学》2013 年第 1 期。

③ 黄维海、袁连生：《死亡人口受教育水平的预测模型和效果研究——对中 1990—2010 年省级面板数据的估计》，《人口学刊》2013 年第 2 期。

④ 李玉婷、杨琳：《我国近十年临终关怀研究热点的 CiteSpace 分析》，《医学与哲学》2018 年第 1A 期。

定量分析法主要通过问卷等方式收集数据，并对结果进行统计分析，最终得出结论，在死亡社会学研究中是较为重要的方法。如丁静等基于问卷调查，对大学生临终关怀意识、死亡态度和生活满意度等进行调查，描述大学生临终关怀意识，并解释其与死亡态度、生活满意度等的关系。[①] 刘丹萍等在成都市区进行抽样调查，对影响城市劳动适龄人口死亡态度的个人和家庭因素进行分析。[②]

质性分析法是在自然情境下，采用访谈、观察等资料收集方法，对研究对象进行深入探究并获得解释性理解的一种研究方法。如张必春和刘敏华通过对失独夫妻进行访谈，探究独生子女死亡对夫妻关系的影响路径，并提出干预的建议。[③]

个案分析法是对研究对象（一个人或一个单位）进行深入观察和分析，通过与研究对象的互动及丰富的现象描述得出研究的解释和意义。如潘虹霏以养老机构中的一位临终老人为研究对象，开展个案工作专业实践，明确机构养老中临终关怀的社会工作介入的内容和方法。[④] 侯蕊以独龙江乡丁村 60 例自杀个案为研究对象，探究社会剧烈变迁对自杀现象的影响。[⑤]

比较分析法是对不同时空的死亡问题进行对比分析，找出不同

① 丁静、成颢、胡子琦：《大学生的临终关怀意识与死亡态度》，《人口与社会》2017 年第 2 期。

② 刘丹萍、刘朝杰、裴丽昆等：《城市劳动适龄人口死亡态度的影响因素分析》，《人口学刊》2012 年第 3 期。

③ 张必春、刘敏华：《绝望与挣扎：失独父母夫妻关系的演变及其干预路径——独生子女死亡对夫妻关系影响的案例分析》，《社会科学研究》2014 年第 4 期。

④ 潘虹霏：《养老机构中老年人临终关怀的个案服务研究——以 L 老人为例》，硕士学位论文，沈阳师范大学，2019。

⑤ 侯蕊：《社会变迁背景下独龙族自杀问题研究》，硕士学位论文，云南大学，2017。

时期或者地区的差异性。如宋健、张洋基于2010年中国人口普查数据探究了婴儿死亡漏报率的可能水平及其对平均预期寿命影响的地区差异。[①]冯雪等对比了有无宗教信仰对农村老年人死亡态度的影响机理。[②]

3. 死亡社会学关注的核心议题

3.1 死亡研究

目前社会学对死亡的研究主要集中于以下三个方面，即社会失范与死亡、现代性与死亡以及老龄化与死亡。

社会失范导致死亡主要表现为自杀。自杀是一种普遍存在的社会现象，社会学关于自杀的研究影响最为深远的是涂尔干的《自杀论》，他将自杀从个人层面上升到社会事实进行分析和解释，以自杀统计数据为基础，得出自杀与社会整合程度相关的结论，并总结出四种类型的自杀。而人文主义社会学研究者认为涂尔干以自杀率为讨论对象，忽视了个体，应该通过访谈等方式了解自杀的社会意义，该研究思路正是来源于韦伯的理解社会学。[③]中国从1998年开始向世界卫生组织提供自杀死亡的人口数据[④]，随后学者们开始关注中国自杀现象并进行研究，比如贺雪峰、景军、刘燕舞等主要关注中西方自杀现象异同、中国农村自杀问题、自杀差异性（如年龄、性别和区域）等问题。

① 宋健、张洋：《婴儿死亡漏报对平均预期寿命的影响及区域差异》，《人口研究》2015年第3期。

② 冯雪、宋璐、李树茁：《宗教信仰对农村老年人死亡态度的影响》，《人口与发展》2017年第3期。

③ 李建军：《自杀研究》，社会科学文献出版社，2013。

④ 李善峰、闫文秀：《自杀行为的研究历程、理论范式和分析方法》，《东岳论丛》2015年第12期。

海德格尔曾经指出，现代人最深刻的内心焦虑是建立在现代技术上的畏死。鲍曼在《现代性与大屠杀》一书中表明现代性与死亡之间存在某种内在的必然联系，死亡是达到高效率的手段与结果。在现代技术下，死亡正在经历从不可预期到可预期、从家庭死亡到医院死亡以及从自然死亡到技术死亡的变迁。[①] 现代技术在促进社会发展和转型的过程中，也在促成死亡和死亡焦虑，人们开始承受核爆炸、恐怖袭击和环境污染所带来的死亡恐惧。社会学者针对现代性对死亡的去人化、去个体化、去神圣化的发展路径进行了理论和实证探索。

老龄走向终点即为死亡。随着老龄化的进展，老年自杀、老年失独、老年丧偶、临终关怀、长期照料等相关问题开始凸显，社会学者们对老年人死亡的关注逐渐增加。如老龄化进程加剧导致养老压力突增，在此背景下，刘燕舞和景军等分别关注到农村和城市老年人的自杀问题。[②③]

3.2 应用与实践研究

死亡社会学不仅应该在理论层面上进行研究，也应该在应用和实践层面上体现社会意义。死亡社会学在应用和实践层面的主要关注对象为死亡个体、死亡家属和社会大众，分别对应安宁疗护、丧亲研究和死亡教育三种应用方式。

死亡教育（或称生命教育）于 20 世纪 50 年代末期正式兴起于美国。赫尔曼·法伊费尔于 1959 年出版了第一部关于死亡教育的代

① 胡宜安:《论现代人的死亡困境与现代性》,《中国医学伦理学》2018 年第 5 期。

② 刘燕舞:《农村家庭养老之殇——农村老年人自杀的视角》,《武汉大学学报（人文科学版）》2016 年第 4 期。

③ 景军、张杰、吴学雅:《中国城市老人自杀问题分析》,《人口研究》2011 年第 3 期。

表性著作《死亡的意义》；1963年，罗伯特·富尔顿在美国首次开设正规死亡教育课程；1970年，第一次死亡教育研讨会在明尼苏达州举行，美国的死亡教育已经经历了探索、发展、兴盛和成熟四个阶段。[①] 在我国，2004年，党中央和国务院出台了文件，提出要把生命教育作为素质教育的重要内容，以生命教育为主要载体，加强青少年的思想道德建设和精神文明建设。目前死亡教育主要受到教育学和社会学的关注，重点对中西死亡教育对比、教育对象、教育形式、教育效果等进行研究。

随着医疗技术的发展，患者可能在罹患绝症的情况下仍然维持生命，但这延长了病痛。人们开始思考如何让临终者减少病痛，高质量地、有尊严地面对死亡，临终关怀应运而生。临终关怀（又称姑息治疗、姑息护理等，现统称为安宁疗护）最初产生于英国，随后在欧美及日本等发达国家发展起来。这是一种照护方法，通过早期确认、准确评估和治疗身体疼痛及心理和精神疾病等来干预并缓解临终病人的痛苦，使病人及其家属正确面对威胁病人生命的疾病所带来的问题。[②] 我国于1988年在天津建立了第一所安宁疗护机构。安宁疗护作为旨在提高死亡质量的应用方向，同时受到医学、护理学、心理学和社会学等多个学科的关注。

丧亲即亲人丧故，失去亲人是人生最为痛苦的经历之一，如果顺利渡过该阶段，个体就能从哀伤走向复原，反之则会发展为复杂哀伤，同时并发严重的生理、心理问题。[③] 目前主要是心理学和精

① 周士英：《美国死亡教育研究综述》，《外国中小学教育》2008年第4期。

② 邓慧芳、颜文贞：《国内外临终关怀研究进展及启示》，《全科护理》2017年第13期。

③ 瞿佳、高玲玲：《2006年—2015年 Web of Science 数据库丧亲研究文献计量学分析》，《护理研究》2017第11期。

神病学关注丧亲对个体心理和精神产生的影响，社会学对于丧亲的研究相对较少。鉴于中国的特点，我国社会学对丧亲的关注点主要在失独问题上。我国于20世纪70年代实行计划生育政策，后来曾提倡一对夫妻只生一个孩子，而失去唯一的孩子，对家庭是毁灭性的打击。目前中国已经有大量失独家庭，失独老年人的心理和养老问题受到社会学界的关注。

四、死亡社会学学科发展的方向展望

死亡社会学学科的未来发展主要有以下四个方向。

第一，推动死亡社会学学科研究的发展。目前，死亡社会学侧重于抽象理论的研究，即对死亡文化、死亡思想演变、死亡价值等哲学抽象层次的研究，而缺乏对于具体研究议题的社会学实证研究。死亡社会学正如许多社会学分支，需要的是基于经验的理论和以理论为基础的实证研究。因此，下一步应该进一步关注理论研究和实证研究，让两者互相促进。如果缺乏实证研究作为基础，死亡社会学学科独立的理论体系就难以建立。同时应注意在死亡研究中加强对死亡群体性和社会性的讨论，避免重视个体化以及去人化的问题。

第二，推动死亡社会学学科本土化发展。死亡社会学源于美国和英国，在中国起步较晚。同时由于中国根深蒂固的传统文化，中国人对死亡颇为忌讳，加上政治原因，死亡社会学在中国的发展受到限制。人类学家将国外的田野经验引入中国，对各民族的丧葬习俗进行研究，丰富和拓展了我国的死亡研究内容。但社会学方面对自杀、丧亲和临终等问题的研究缺乏重视，主要是少部分学者在进行研究。理论方面也主要是借鉴涂尔干、韦伯、帕森斯等西方社会学家的经典理论，死亡社会学尚未建立起中国的本土化理论和实践范式。

第三，促进国际化的持续比较研究。死亡社会学的研究是世界范围的研究，特定国家有特定的死亡历史和文化。区分对死亡的任何特定反应是西方的、现代的、城市的、全球化的，还是特定于某个国家或国家集群（如英语国家）的，唯一的方法是持续的比较分析。因此，未来在促进本土化研究的基础上需重视死亡研究的国际比较，以明确死亡文化在不同时空下的共性和差异性。

第四，加强死亡教育，推动安宁疗护事业的开展。随着老龄化的快速发展和现代化的社会转型，人们将面对越来越多的死亡，因此对死亡教育和安宁疗护的需求将越来越大。未来加强死亡教育和推动安宁疗护事业的发展主要应重视以下三个方面。首先，学术界应该继续加强对死亡教育和安宁疗护的研究。其次，政府应推动学校、医院和其他相关机构开展死亡教育和安宁疗护，并派出专业人员进行教育指导。最后，应加大媒体宣传，让死亡教育和安宁疗护的理念在社会上扩大普及。

总之，死亡社会学的理论研究和应用实践在转型期的中国具有重要的价值，在未来需要得到进一步的重视和发展。

参考文献

1. A. Kellehear, *A Social History of Dying*, Cambridge University Press, 2007.
2. D. Sudnow, *Passing On: The Social Organisation of Dying*, Prentice Hall, 1967.
3. G. Gorer, *Death, Grief, and Mourning in Contemporary Britain*, Cresset,1965.
4. M. J. Field and C. K. Cassel. *Approaching Death*, National Academy Press,

1997.
5. P. Ariès, *Western Attitudes Toward Death: From the Middle Ages to the Present*, Marion Boyars Publishers, 1974.
6. U. Beck, *Risk: Towards A New Modernity*, Sage,1992.
7. W. L. Warner, *The Living and the Dead: A Study of the Symbolic Life of Americans*, Yale University Press, 1959.
8. T. Walter, "The Sociology of Death," *Sociology Compass,* 2008, 2(1): 317-336.
9. W. A. Faunce and R. L. Fulton, "The Sociology of Death: A Neglected Area of Research, "*Social Forces*, 1958,36(3): 205-209.
10. 傅伟勋：《死亡的尊严与生命的尊严》，北京大学出版社，2006。
11. 李建军：《自杀研究》，社会科学文献出版社，2013。
12. 李善峰、闫文秀：《自杀行为的研究历程、理论范式和分析方法》，《东岳论丛》2015 年第 12 期。
13. 李通屏、朱雅丽、邵红梅等编著：《人口经济学（第二版）》，清华大学出版社，2014。
14. 林绮云、张盈堃、徐明瀚：《生死学：基进与批判的取向》，洪叶文化，2004。
15. 杨鸿台：《死亡社会学》，上海社会科学院出版社，1997。
16. 曹树基：《1959—1961 年中国的人口死亡及其成因》，《中国人口科学》2005 年第 1 期。
17. 陈卫、黄小燕：《人口转变理论述评》，《中国人口科学》1999 年第 5 期。
18. 陈卫：《改革开放 30 年与中国的人口转变》，《人口研究》2008 年第 6 期。
19. 邓慧芳、颜文贞：《国内外临终关怀研究进展及启示》，《全科护理》2017 年第 13 期。
20. 丁静、成颢、胡子琦：《大学生的临终关怀意识与死亡态度》，《人口与社会》2017 年第 2 期。
21. 冯雪、宋璐、李树茁：《宗教信仰对农村老年人死亡态度的影响》，《人口与发展》2017 年第 3 期。
22. 郭冉、王俊：《世界人口发展趋势和人口转变——理论与现实》，《人口与社会》2019 年第 3 期。
23. 胡宜安：《论现代人的死亡困境与现代性》，《中国医学伦理学》2018 年第 5 期。

24. 黄维海、袁连生：《死亡人口受教育水平的预测模型和效果研究——对中1990—2010年省级面板数据的估计》，《人口学刊》2013年第2期。
25. 靳风林：《国内外死亡学研究的现状及其展望》，《河北大学学报（哲学社会科学版）》1999年第4期。
26. 景军、张杰、吴学雅：《中国城市老人自杀问题分析》，《人口研究》2011年第3期。
27. 李春华、李建新：《居住安排变化对老年人死亡风险的影响》，《人口学刊》2015年第3期。
28. 李玉婷、杨琳：《我国近十年临终关怀研究热点的CiteSpace分析》，《医学与哲学》2018年第1A期。
29. 刘丹萍、刘朝杰、裴丽昆等：《城市劳动适龄人口死亡态度的影响因素分析》，《人口学刊》2012年第3期。
30. 刘燕舞：《农村家庭养老之殇——农村老年人自杀的视角》，《武汉大学学报（人文科学版）》2016年第4期。
31. 刘祖云：《社会转型：一种特定的社会发展过程》，《华中师范大学学报（哲学社会科学版）》1997年第6期。
32. 陆杰华、张韵：《转型期中国死亡社会学的思考：现状、进展与展望》，《中国特色社会主义研究》2015年第6期。
33. 瞿佳、高玲玲：《2006年—2015年Web of Science数据库丧亲研究文献计量学分析》，《护理研究》2017年第11期。
34. 宋健、张洋：《婴儿死亡漏报对平均预期寿命的影响及区域差异》，《人口研究》2015年第3期。
35. 宋林飞：《中国社会转型的趋势、代价及其度量》，《江苏社会科学》2002年第6期。
36. 宋新明：《流行病学转变——人口变化的流行病学理论的形成和发展》，《人口研究》2003年第6期。
37. 王广州：《独生子女死亡总量及变化趋势研究》，《中国人口科学》2013年第1期。
38. 王永进、邬泽天：《我国当前社会转型的主要特征》，《社会科学家》2004年第6期。
39. 张必春、刘敏华：《绝望与挣扎：失独父母夫妻关系的演变及其干预路径——独生子女死亡对夫妻关系影响的案例分析》，《社会科学研究》

2014年第4期。
40. 张伟、周明:《老年临终关怀中的尊严死与安详死》,《医学与哲学》2014年第1A期。
41. 郑杭生:《改革开放30年:快速转型中的中国社会——从社会学视角看中国社会的几个显著特点》,《社会科学研究》2008年第4期。
42. 周士英:《美国死亡教育研究综述》,《外国中小学教育》2008年第4期。
43. 侯蕊:《社会变迁背景下独龙族自杀问题研究》,硕士学位论文,云南大学,2017。
44. 黄博:《社会转型时期我国行政决策中公民参与的机制构建研究》,硕士学位论文,电子科技大学,2009。
45. 潘虹霏:《养老机构中老年人临终关怀的个案服务研究——以L老人为例》,硕士学位论文,沈阳师范大学,2019。
46. 孙静:《独生子女死亡家庭困境及适应研究》,硕士学位论文,华中师范大学,2012。

作者简介

陆杰华,北京大学社会学系教授,北京大学健康老龄与发展研究中心副主任。任中国老年学和老年医学学会副会长、中国计划生育协会常务理事、中国老龄产业协会理事等。主要研究领域包括老龄健康、老龄公共政策等。发表学术论著100余篇(部)。

刘芹,西南财经大学社会发展研究院讲师。主要研究领域包括老龄健康、人口健康、人口老龄化等。

/ 第六讲 /

电影艺术家对死亡的呈现与解读

陆晓娅

开卷之前，请你回忆一下自己最近的观影经历，想一想在你近来看过的电影中，有多少出现过死亡，死亡在电影中是以什么样的方式呈现的，电影中的死亡又带给你怎样的感受。

不知道你是否会有和我同样的感觉：几年前在为“影像中的生死学”课程做准备时，我发现，电影中的死亡比比皆是，倒是没有出现死亡的电影十分少见，甚至连动画片都是如此。

这真是一个有趣的现象。在日常生活中，人们是如此急切地回避死亡、恐惧死亡，却愿意花钱去影院感受死亡带来的焦虑、惊惧、悲伤与绝望。

这正是艺术的心理功能所在。电影创造出的虚拟世界，为人们打开了一条安全通道，暂时切断与现实的联系，让人们在毫无风险又有身临其境感的情境中，去碰触禁忌、释放压抑、寻找认同，以他人的酒杯浇自己的块垒。

电影导演们对此了然于心。所以，他们不仅在银幕上调动各种电影艺术手段表现死亡，还把死亡作为一个有力的工具，来设置悬念、塑造人物、推动情节、创造高潮：一个留在火星上等死的人，却奇迹般地回到地球（《火星救援》）；一个全家罹难、与一只虎在大海上漂流的少年，最终绝处逢生（《少年派的奇幻漂流》）；一支英勇狙击的连队，因为无法确定撤退的集结号是否吹响，生还者长久地无法释怀（《集结号》）……

然而，电影创作者们自己又何尝不被死亡惊吓、困扰和打击？也难怪一些著名的电影导演，如英格玛·伯格曼、黑泽明、阿巴斯、安哲普罗洛斯等，干脆拍了以死亡为主题的影片。对于他们来说，死亡及其对人类行为的影响，是一个充满张力的、具有思想空间和情感温度的艺术母题。拍摄电影的过程，也是他们与死亡的对话过程，有时他们提供了自己的答案，有时他们仅仅是借助电影将问题抛给观众。

我们看到，电影出现后，它一方面通过直观逼真的艺术形式，解构了死亡的神秘与神圣，将死亡变成了一个观看的对象、消费的对象；另一方面，电影也呈现出死亡的多样性和复杂性，大大丰富了我们对于死亡的认识。通过电影中的死亡，人们被卷入情绪的跌宕起伏当中，感受到世界的残酷和命运的无常，在叹息生命如此脆弱和短暂的同时，有时也会不由得思考：终有一死的我们，活着究竟有何意义？怎样死去才是可以接受的？面对死亡，如何才能获得救赎？……

在电影艺术的宝库中，有许多可以帮助我们认识死亡、思考死亡的作品，限于篇幅以及本讲的主旨，我决定放弃一些个人艺术风格强烈、过于抽象的影片，也不涉及恐怖片等刺激感官的影片，仅仅选择几部通俗易懂的剧情片来和大家分享。

本能与超越——死之将至，所余唯风格而已

让我们从一部大片的一个片段说起。

大片乃20世纪90年代美国导演卡梅隆拍摄的《泰坦尼克号》。在这部历时多年筹备、拍摄的史诗般的作品中，露丝和杰克的爱情是一条主线，但是许多观众都注意到，在泰坦尼克号即将沉没之际，导演不惜用二十多分钟的时间，以一系列画面，呈现了船上各色人等在死亡面前的反应和选择，其场面之宏大、之逼真，带给观众巨大的视觉冲击；其情节之绝望、之惨烈，也带给观众强烈的心灵震撼。

可以说，在这二十多分钟的电影片段中，卡梅隆将人类抗拒死亡的本能与超越死亡的努力，表现得惊心动魄又耐人寻味。

脱死逃生，乃是所有动物的本能，它植根于基因之中。人类亦不例外。但是，人类是大脑皮层高度发达的动物，是有自我意识和思考能力的动物，是创造了文明与文化的动物，因此，面对死亡威胁之时，to be or not to be，就成为人的一道选择题。

泰坦尼克号上共有两千多人。从动物的本能出发，当然每个人都想活下来。但是我们在电影中看到，面对有限的逃生资源、有限的获救时间，人的选择竟然如此不同，丛林社会的规则与人类文明的力量也在相互博弈。

按照丛林社会的规则，身体强壮的人（也包括用钱来换取逃生资源的人）最有可能获得逃生机会，只要他们不在乎其他人的死亡。露丝的未婚夫卡尔就是其中之一。他先是拿钱收买船员，后是冒充一个孩子的父亲，以获得登上救生艇的机会。

“妇女儿童先走”，本不是一条成文的海上规则，但是在大难来临之际，它在泰坦尼克号上被提出并执行了。这或许仍然与物种本能相关，但又何尝不是一种被人类建构出来的精神文明和道德准则，因为它与人更高层次的身份认同相关：救助弱者，才能彰显男人的气概。

那些选择与泰坦尼克号共存亡的人，并非不怕死，他们只是有着比生命更重要的东西要守护。比如泰坦尼克号的船长史密斯，设计师、工程师安德鲁和大多数船员，职业操守让他们放弃逃生。在真实的故事里，据统计有76%的船员遇难，这个死亡比例超过了船上头等舱、二等舱和三等舱所有房舱的乘客死亡比例。当然，和普通船员相比，船长和设计师有着更为复杂的情感，愧疚使得他们根本无法想象自己会逃离。

电影中令人瞩目的是船上的白星乐队。开始，乐队依照船长的要求在甲板上演奏，好让乘客们能够稳定情绪。当人们四下奔逃，眼见生的希望越来越渺茫时，他们本可以各自逃命，看看能否幸运生还，但是，小提琴手华莱士转过身来重新开始演奏。他的琴声像一声召唤，其他乐手闻声而返，他们选择与音乐同在，与同伴同在，选择以音乐家的身份走完人生的最后一程。

电影中还有几个短暂却十分感人的片段：大亨古根海姆身穿盛装，手捧香槟，迎接死亡；梅西百货的创始人斯特劳斯和夫人，在床上相拥着等待最后时刻的来临；在船舱中，一位母亲平静地给两个孩子讲着童话故事……他们没有奔逃，没有尖叫，他们带着骄傲和温情接受了死亡的命运。

露丝的恋人杰克，最开始带着露丝拼命逃生。年轻的他当然想活下去，也想让自己的恋人活下去。坠海之后，杰克让露丝爬上只能供一个人容身的木板，自己则泡在冰冷的海水中，最后慢慢地停止了呼吸。爱情，曾是杰克求生的动力之一，最终又成为他献身的动力，他以自己的死证明了自己的爱。

卡梅隆切换一个个场景，抛出一个个人物，让观众在几乎无法喘息的节奏中，去发现和感受：谁拼命地要活下去？谁选择坦然赴死？这一切的背后，是怎样的人生故事？怎样的价值理念？怎样的社会规则？怎样的心理动机？如果你在那艘巨轮上，你更可能是谁？为什么？

“死之将至，所余唯风格而已！”这是我国台湾地区女作家苏伟贞的悼亡书《时光队伍》里的话。[①]

是的，在《泰坦尼克号》中，卡梅隆为我们展现了人类面对死亡的不同风格，让我们知道，人类是可以服从本能也可以超越本能的动物，那些超越本能的人，让死亡充满人性的光辉，让死亡呈现出丰盈的色彩和厚重的质感。

向死而生——充分活过才能不惧死亡

出于对死亡的恐惧，自古至今都有人在努力追求长生不老。近年来，西方一些激进生命延续主义者还定期召开大会，宣扬“死亡是应该被征服的”“人人都应该得到永生”。[②]

但在一些人看来，“死亡”并不全然是一件坏事，古有奥古斯丁的名言“唯有面对死亡之时，一个人的自我才真正诞生”；今有乔布斯的论断“死亡简直就是生命中最棒的发明，是生命变化的媒介”。

日本导演黑泽明拍的《生之欲》，似乎是用艺术对上述观点做

① 苏伟贞：《时光队伍》，吉林出版集团有限责任公司，2010，第35页。

② 引自纪录片《明天之前》第2集《人类应该追求永生吗》，https://v.qq.com/x/cover/hcg84qtcku1yor5/a0887dykpd3.html，访问日期：2019年12月5日。

了一次诠释，所以在诸多的生死学著作中，这部影片被屡屡提及。

影片的主人公渡边勘治，似乎具有某种“模范”公务员潜质：他近三十年没有请过假，每天都在办公室里忙碌着；同时，他似乎也是个“模范”父亲：妻子死后，他没有再婚，用心把独生子抚养长大。但当导演让这个“好人”摸出怀表，看看熬到下班还有多长时间时，他身上缺失的东西显现出来——在工作中他没有激情，只想守住职位而什么也不想干；在生活中他不懂享受，没有爱好，活得相当乏味，乃至同事们暗地里叫他“木乃伊”。

“木乃伊”本以为自己离行将就木还会有段时间，没想到眼看就要拿到退休金时，却被死神一把拽住了脖领子——他得了癌症，只有一年半载好活。

死神的现身着实把渡边吓坏了，他一下子就被“震”出了日常生活：他打破了近三十年的不请假纪录；他取出了多年积攒的存款，第一次用自己的钱买很贵的酒喝；他跟着一位作家出没那些从未涉足过的纸醉金迷之地，出了赌场又到舞场寻欢。但那些从镜子里反拍的画面，还有前景中不停晃动的珠帘，分明在暗示观众，这热闹喧嚣并非生活的真相，也不能给渡边带来真正的安慰。当渡边唱起老情歌“生命多短促，少女快谈恋爱吧”，黑泽明把镜头定格在他的脸上，颤抖的嘴唇、恐惧的眼神和滑落的泪水，都被特写镜头一一捕捉，让我们看到一个将死之人内心的孤独和绝望。

谁能安慰一个行将就木的人？什么才能给渡边先生带来救赎？他最终能够臣服于命运，死得坦然安宁吗？这世界上多少庸碌之人，在死到临头时会像渡边一样惊恐和后悔吗？

活化这个“木乃伊”灵魂的，是一个姑娘和一只蹦蹦跳跳的玩具兔子。办公室里那个不愿像“纸鲤鱼”一样活着而辞职的姑娘，就像一道阳光，突然照亮了渡边，他忍不住一再邀约姑娘外出。他告诉姑娘：自己快要死了，只不过希望能像她那样活一天。

奇迹没有发生，渡边还是死了，在一个下雪的夜晚死在儿童乐园的秋千上。有人听到他唱歌——“生命多短促，少女快谈恋爱吧……”说那歌声出奇地动人。

渡边的歌声是电影里最重要的隐喻：人可以恐惧死亡，也可以超越死亡。在世俗世界中，这超越性的力量不是享乐，不是性，而是去完成一件有意义的事情。在电影里，渡边最终把被推诿掉的儿童乐园建了起来，这乐园就是他的生命曾经存在的象征和意义。

黑泽明拍出《生之欲》时，存在主义心理治疗家欧文·亚隆探讨死亡的著作尚未问世。在《直视骄阳：征服死亡恐惧》一书中，亚隆说，死亡焦虑与生活满足成反比。成就感，一种好好活过的感觉，可以减轻死亡恐惧。但怎样才算“好好活过”，需要每个人自己去追寻。

半个多世纪后，一部更具喜剧色彩的美国电影《遗愿清单》上映。比起《生之欲》来，这部电影同样探讨末期癌症患者如何度过剩下的时间，如何能平静地迎接死亡。

两部电影的主角都是癌症患者，这绝非偶然，因为癌症不会让人马上毙命，这就给生命留下了改变的可能性。但是，死神并非总是那样耐心，它常常会不期而至，让我们猝不及防，所以我国台湾地区学者余德慧说“死亡永远比任何人的预期还来得早”。那么，我们真的要等到像渡边那样患了癌症，再去想一辈子是否好好活过吗？要是连想都来不及就死了呢？

让我们感谢艺术家们吧，他们用作品打破了“死亡离我很远”的错觉，使得我们有可能通过别人的故事提前去思考，去体认我们是“向死而生”的。

懂得生命的有限性，才能开拓生命更多的可能性。

直面死亡，生命的激情便有了不竭之源。

不负此生，方能死得安宁坦然。

这是黑泽明们通过电影告诉我们的。

“就让它自己停止吧”——临终的选择与尊严

据“人类死亡数据库”提供的数据，发达国家2007年出生的人，有50%会活过100岁。[①] 这当然是拜科技与社会发展所赐。不仅仅是生命的延长，生物技术、人工智能等领域的突破，也正深刻地影响着人之为人的存在。什么是生命？人类生命有独特的价值和意义吗？人类会彻底被自己创造出来的东西支配吗？那时，人还是人吗？…… 电影艺术家们正满怀热情地通过科幻电影来探索这些问题。而除了对未来的想象，现实生活本身也给电影人带来了新的创作灵感。

根据小说改编的电影《姐姐的守护者》，就是这样一部作品。故事把艰难的选择抛给了一个家庭：影片开头，一个叫作安娜的女孩敲开律师的办公室，请求律师帮她起诉父母，夺回对自己身体的掌控权。

原来这个叫安娜的女孩是靠试管婴儿技术出生的，她是为了挽救患白血病的姐姐凯特而被“制造”出来的。从出生时的脐带血开

① 琳达·格拉顿、安德鲁·斯科特：《百岁人生：长寿时代的生活和工作》，吴奕俊译，中信出版社，2018，第4页。

始，她就不断地要为姐姐提供自己身上的东西，直到姐姐出现肾衰竭，妈妈让她为姐姐捐出一个肾脏。

环顾我们生活的世界，不仅“出生”可以“制造”，死亡的景象也已然大变。

在乡土中国，到了一定年纪的人都会为自己准备寿衣寿材，若不是赶上兵荒马乱等非正常时期，人们多半是死在自己家里，然后葬入祖坟。像凯特这样不幸患病的孩子，大多活不到成年就夭折了。亲人固然哀伤，却也觉得这都是命数。在婴儿死亡率极高的时代，在人类平均寿命连50岁都不到的时代，死亡也许更容易被人们接受。

医学技术的发展明显增加了人们对生存的期望，也不知不觉地增加了人们对死亡的拒斥。

电影中为了挽救女儿的生命，放弃了律师工作的妈妈，是个让人爱恨交加的角色。她为了陪伴因化疗而脱发的凯特外出，毅然剃掉了自己的一头秀发；她随时回应女儿的需要，给她最好的照顾和治疗。她将让女儿活下去作为自己的人生使命，所以，即便在医生开过家庭会议，告诉他们凯特已经不治之后，她仍然要医生采取一系列的医疗措施，甚至不惜牺牲小女儿安娜的福祉。

其实凯特早已接受了自己的命运，为死亡做好了准备。她为妈妈精心制作了纪念画册，也在爸爸的帮助下到海边与夕阳下的世界告别，甚至为了阻止妈妈的疯狂救治，她请求妹妹去起诉妈妈……

高精尖的医疗技术，确实创造了很多神话，它能延长凯特这样的病患的生命，甚至让本已没有希望的生命起死回生。但与此同时，另外一件事情也在悄然发生：过去很快就能结束的死亡，现在通过治疗和生命支持系统，可能会变成一个漫长的、令病患受到更多折磨、令亲友倍感煎熬的过程。

在什么情况下，应该对病人尽力救治？在什么情况下，应该放弃治疗，让病人有尊严地告别世界？让亲人浑身插满管子、受尽折磨、在 ICU 病床上死去，真的好吗？什么样的死法才是人道的？死亡也有质量高低之分吗？什么样的死亡才能让生死两相安？

《姐姐的守护者》把许多人正在经历、将要经历的困境呈现在银幕上，让我们去思考死亡的选择与尊严，也在一定程度上让我们学习重新接纳死亡。

《心灵病房》是另外一部呈现了死亡选择的片子。女主人公薇薇安是一位文学教授，不幸人到中年就罹患了癌症。愿意“为人类知识做贡献”且“从不轻易放弃挑战”的她，选择了接受最大强度的实验性治疗，这仍不能阻止病情的恶化。一天深夜，护士长苏西告诉薇薇安，作为一个“科研对象”，治疗她的医生会尽力抢救她，因为他们总是希望“知道得更多”；但薇薇安还有另外一种选择，就是放弃临终时刻的抢救。薇薇安毫不犹豫地说：“就让它自己停止吧。”

可惜年轻的医生似乎“忘记”了薇薇安“放弃抢救”的决定。当他早上前来查房，发现薇薇安“极度无反应”后，立即拨打电话，通知抢救团队“707 病房蓝灯警戒”，随后跳到床上，对薇薇安进行人工呼吸和心脏电击。导演是用俯角镜头从空中拍摄的这组画面，给人一种惊心动魄的感觉：薇薇安已经不再是“人”，而是一个正在被紧急处置的“物件”。

苏西赶来阻止了抢救，她拉上窗帘，为薇薇安整理遗体。同样在俯角镜头下，我们看到苏西轻轻地将薇薇安的头放正。那一刻，镜头为我们呈现了生命最后的尊严。

今天，当绝大多数人都要经过或长或短的医学程序方能离开人世时，死亡似乎变成了一个纯医学问题。除了身体外，人们很容易忽略临终之人的心理、社会和灵性需要。好在安宁疗护开始在中国发展，很多医护人员不仅在学习如何挽救生命，也在学习如何帮助人们减轻临终的痛苦。同时越来越多的人立下了“生前预嘱”，选择在生命尽头放弃有创抢救，让自己安静地离开这个世界。

活得有尊严，死得有尊严，方不失为人啊！

请记住我——丧失、哀伤与疗愈

几乎没有人能在一生中完全避开“丧失之痛”，但这不意味着每个人都能度过那些黑暗的时刻，不意味着人们能理解彼此的哀伤，并有能力去帮助哀伤的人重拾生活的勇气。在一些时候，最为重要的亲人过世，或者丧失来得太过猛烈，其所造成的心理重创可以完全颠覆人的生活。“5·12”汶川大地震之后，就有失去亲人的幸存者最后选择了自杀。

电影艺术家有一种直觉，他们知道痛与爱是一对双胞胎。而且他们手上的工具，给了他们时空上的极大自由，让他们能用艺术来衔接起痛与爱，从而为人们疗伤。

皮克斯的动画片《寻梦环游记》，便是这样一部打通生者与逝者关系的影片。它以墨西哥传统的亡灵节作为背景，讲述了一个梦想与和解的故事。在亡灵节这一天，墨西哥人忙着准备盛宴，等待亡灵回家享用。一个出生在鞋匠之家却心怀音乐梦想的小男孩米格，因为家人的反对而愤懑离家，却误入亡灵的世界。在那里，他认识了一个流浪歌手埃克托，埃克托一心想要回到现世看望女儿Coco，但因为没有人供奉他的照片，他无法通过生死之间的花瓣桥。而且，在被人遗忘之后，他即将在亡灵世界真正死去。经过一番历险，小男孩知道埃克托就是自己的曾曾祖父，他因为被人陷害而没能回家和妻女相聚。小男孩回到现世，给已经苍老的Coco，也就是自己的曾祖母演唱了《请记住我》。深情的歌声唤醒了曾祖母，让她想起了自己的爸爸，并且将珍藏已久的全家福被撕去的一角拿出来，整个家族终于重聚。

这部电影给了死亡一个新的定义："真正的死亡是世界上再没有一个人记得你。"这个定义架起了生死之桥：桥的那边，死亡不再是一个冰冷的end，一个nothing；桥的这边，活着也不再是与死毫无关系。能被人记住，让生命在消失之后，仍然保持着温度和意义。

死亡，固然是躯体的消解，但并非亲情的中断。我们并不需要"忘却"逝者，而是要在伤痛中找到新的联结方式，并把这种新的联结关系看成生命意义重建的基础。

亲人的逝去，特别是骤然离去，往往会改变我们对世界、对人生的看法，会改变我们的身份认同，甚至人生的方向。因此，"死亡航道，往往与追寻航道重叠着"[①]，它在剧痛中逼迫人们重新出发，去寻找和重建生命的意义和价值。

《特别响，非常近》和《从心开始》是两部表现"9·11"事件中丧亲者走出伤痛的影片。一位主角是失去慈父的9岁男孩奥斯卡，一位是失去了妻子和三个女儿的牙医查理。

这两部电影通过镜头的变化、色彩和构图、声响和音乐，以及

① 苏伟贞：《时光队伍》，吉林出版集团有限责任公司，2010，第45页。

演员细腻的表演，生动呈现了奥斯卡和查理的心灵之痛——一个“痛”字不能涵盖亲人离世带来的剧烈而复杂的情绪，但电影却能把“痛”的成分一一分离并表现出来：恐惧、愤怒、后悔、孤独、无助、羞耻……还有那些常人难以理解的行为：回避、自虐、自我孤立、对他人的责难、失控的暴力、刻板行为等等，它们都出现在电影之中。

在一些历史性事件中，宏大叙事会遮蔽掉个体的生命之痛；还有些时候，周围人急切地想要帮助当事人，反而让当事人痛上加痛。因此，我们需要充分地理解丧失和哀伤，理解它们会在每个人身上有不同的表现，理解疗愈之路的艰难曲折。

对于奥斯卡来说，打碎的花瓶中那个写着“Black”字样的信封和钥匙，是爸爸和他唯一的联结。找到 Black，找到钥匙的主人，他觉得自己才能和爸爸“更近一点”。一个在“9·11”之后恐惧到出门要戴防毒面罩、连地铁都不敢坐的小男孩，就这样开始了他在城市中的探险：他通过电话簿查找到了两百多个姓 Black 的人的地址，敲开一扇扇陌生的门，询问一个个陌生的 Black 是否认得那把钥匙。

每次奥斯卡带上地图、背上书包、摇着给自己壮胆的铃鼓出发时，伤心欲绝的妈妈都选择不阻止他。奥斯卡不知道，其实妈妈一直在默默地保护他。给奥斯卡带来温暖和帮助的，还有每天用手电给奥斯卡发信号的奶奶，以及那个一言不发地陪着他、鼓励他闯过难关的怪老头儿，那是他离家出走多年的爷爷。还有那些不同肤色的 Black 们，他们并非都生活在幸福中，但他们都给了奥斯卡关心和爱。

或许我们可以把奥斯卡的执着看成一种创伤性反应，但这执着又何尝不是一种顽强的自救？走出家门让他战胜了自己的恐惧，敲开别人的门让他认识了真实的生活。最终，他说出了自己的秘密："9·11"那天他听到了父亲在电话中的留言，但是他害怕拿起电话……当一个人有勇气面对自己的内心时，心灵的创口便有了愈合剂，与自己和解是其中重要的成分。

人到中年的牙科医生查理在"9·11"中失去了一切：妻子、三个女儿和宠物狗，原本温暖热闹的家庭，变得无比凄凉。出现在电影片头的他，只是一个背影：他戴着耳机，踩着滑板，像幽灵一样在大街小巷穿行，从黑夜到黎明。

杰森是查理的大学室友，他偶然遇到了在街头游荡的查理。杰森希望查理能走出痛苦的阴霾，便主动和他一起打游戏、吃饭、逛唱片店，甚至帮他约了心理治疗师。但查理并不领情，他时常会因为杰森不知道的原因而勃然大怒，甚至将杰森的牙科诊所墙上的专业证书统统打落。

在镜头的切换中，我们看到想要帮助查理的杰森，自己过得并不轻松，诊室中的冲突，妻子的抱怨，都让他承受着压力。但他没有放弃查理，年轻的女心理治疗师也没有因为查理的"不配合"而放弃他。终于，查理向杰森说出了自己经历的一切……查理如冰似铁的内心随着泪水的涌出松动了，他甚至关心起杰森来——同理心的出现正是疗愈开始的迹象。

这两部给人温暖也给人信心的电影让我们看到，重要他人的死亡，的确是人生的绊脚石，但在经过血泪的打磨和雕凿之后，也可以成为人生的里程碑。

安顿逝者，抚慰生者——丧葬礼仪的社会与心理功能

科学家发现，在地球上现存的动物中，只有高智商的动物，比如某些种类的鲸鱼、大象、黑猩猩，才会在同类死亡时表现出惊慌不安或难以舍弃同伴尸体。①

人类作为智商最高的动物，面对同类的死亡时，自然不可避免地会出现更为强烈和复杂的情绪，这是我们为智商所付的代价。为了处理这些复杂的情绪，人类创造出花样繁多的丧葬方法和祭奠仪式。这些方法和仪式，不仅是为了安顿逝者，也是为了抚慰生者，甚至还具有传承文化、整合社群的功能。

与丧葬相关的电影中，有两部日本电影令人特别难忘。一部当然是《入殓师》，它让观众通过日式的死亡美学，感受到高度人性化的丧葬仪式是如何给逝者以尊严、给生者以安慰的。

如果说《入殓师》带来的更多是感动的话，《遗体：通往明天的十天》带来的则是震撼。这部电影改编自记者石井光一的纪实著作《遗体：地震、海啸的尽头》。2011 年 3 月 11 日，日本东北部发生大地震及海啸，成千上万的人在一瞬间死去了。如何在灾后的混乱中处置这些遗体？

在釜石市，一所学校的体育馆被征用为遗体安放处。在一线救灾的消防队员们，不断运送来一具具被泥水浸泡过的遗体，他们裹在简陋的塑料布中，被横七竖八地扔在地板上，有些遗体还保持着呼救和挣扎的姿态。

① 理查德·贝利沃、丹尼斯·金格拉斯：《活着有多久：关于死亡的科学和哲学》，白紫阳译，生活·读书·新知三联书店，2015，第 58-59 页。

刚刚退休的殡葬工人相叶来到体育馆，被眼前的情景惊呆了。深感悲痛的他要求到这里做志愿者。在相叶的指挥协调下，遗体被摆放整齐，编上号码，地板上的泥水被清理，外面的墙壁上贴出了待认领遗体的信息，他们还从实验室找来一个玻璃罐子，让人们可以在那里上香祭奠亲人。体育馆里，有序代替了混乱，清洁代替了肮脏，哀思代替了恐惧，惊慌失措、痛苦不堪又无所依傍的人们，开始有了控制感、秩序感和依靠感。

最让人感动的是相叶为遗体做的那些事情：他走到遗体前，双手合十致意，之后一边和遗体说话，一边为他们盖上毯子，按摩已经僵硬的肢体以便使之恢复到正常体位，在死者家人的请求下为他们整理遗容。当家人来认领遗体时，他会对着遗体说："能再见到家人真是太好了。"——他认为"对遗体就要和对活着的人一样，和遗体说话就可以找回做人的尊严"，"就是变成白骨，父亲还是父亲，母亲还是母亲"。

每个民族都有各自的丧葬祭奠仪式，有的简朴，有的繁复，有的隆重；有的重在慎终追远，有的重在彰显荣耀，有的重在铭记恩德。不管怎样，作为人类，除了极为个别的情形，似乎都无法直接将遗体弃之沟壑，似乎必须有一个仪式、一套程序、一些特殊的物品来完成生死分离。可以说，丧葬礼仪中蕴藏着民族文化的基因、家族历史的传承、个体生命价值的评估、亲友心理哀伤的处理。

《遗体：通往明天的十天》并没有展示整套的丧葬仪式，导演只是聚焦于一个特别的空间——灾后遗体安置所，一段特别的时间——大灾难发生后的十天，以直面死亡与哀伤的勇气，让我们领悟了死去的人仍然需要有尊严，而丧葬仪式最重要的功能，就是让人在死后保持或恢复尊严。让遗体有尊严，是对其生命价值的肯定，也是对生者的心理抚慰。

自杀，以及为什么要活下去

自杀，始终是人类的一大梦魇。在各种类型的死亡中，自杀可能是最令人难以接受的，也是带给亲人打击最大的死亡方式。

一些具有社会关怀的电影导演，会从社会视角来探讨自杀问题，如美国电影《死亡诗社》、韩国电影《可疑的顾客们》、印度电影《自杀现场报道》等。这些电影告诉人们，自杀并非仅仅是个人心理健康的问题，其背后可能有着深刻的社会因素。限于篇幅，这里无法展开。

想提一下的是日本动漫《意外的幸运签》和瑞典影片《一个叫欧维的男人决定去死》。这两部片子所讲的故事，或许都可以概括为“一个自杀者为何又活了下来”。

《意外的幸运签》是通过一个特别的设置来展开的：14 岁少年小林真在学校里被同学欺负，成绩倒数第一；爸爸很懦弱，妈妈有外遇，优秀的哥哥总是让他自惭形秽；喜欢的女孩却在和大叔“援交”……这一系列痛苦遭遇，让小林真绝望地自杀了。但当他的灵魂四处飘荡时，却被天使拦住抽签，他意外地抽到了一张“幸运签”，可以回到下界重新生活。于是，他重新进入了小林真的身体。

复活了的小林真，仍然生活在痛苦中，他不能接受曾经出轨的妈妈，也不愿意面对升学的压力，但活着给了他重新认识自己生活的机会。慢慢地，他知道了婆媳失和给妈妈带来的痛苦，爸爸的忍辱负重，也感受到了父母和哥哥对他的关心。他的画被同学欣赏，他也交到了新的朋友，并有了努力方向：和朋友一起奋斗，争取考上私立高中。

这个曾经自杀的少年，终于感觉到“拥有明天真好啊”，决定要活出色彩斑斓的人生。

《一个叫欧维的男人决定去死》中，想要自杀的是一位大叔。他幼年丧母，少年丧父，孤身一人又失去了住所。婚后，妻子因为车祸流产并瘫痪；到了老年，他又遭遇妻子离世的打击，还失去了工作。人生似乎已经无可留恋，于是他一次次试图自杀。但是很“不幸”，每一次自杀都因邻居的打扰而失败。在影片中，导演不动声色地让一家新来的移民和欧维的生活发生了联系，从请他帮忙倒车，到向他借东西，后来还让他帮忙照看孩子。一个已经感到活着毫无乐趣的男人，就这样被拉回到了生活中，还发现了自己竟然被他人需要，并且从这些新的关系中感受到温暖和自己的价值。

社会心理学家谢尔登·所罗门等人，在 30 年中通过 500 多个实验，证实了“怕死”是人类行为最重要的驱动力。同时他们发现，生命的意义和价值，是人类抵抗死亡恐惧的两面盾牌。[①] 我想，对于人类来说，生命的意义和价值，何尝不是抵抗死亡诱惑的盾牌呢？它们就是伊朗导演阿巴斯《樱桃的滋味》中的那颗樱桃。有了这颗叫作生命意义和价值的“樱桃”，人才会感觉到“拥有明天多好啊”。或许，帮助那些想要放弃生命的人，就是在日常生活中，让他们找到那颗“樱桃”——不是获得更多的财富、更大的名望和

① 谢尔登·所罗门、杰夫·格林伯格、汤姆·匹茨辛斯基：《怕死：人类行为的驱动力》，陈芳芳译，机械工业出版社，2016，第 179 页。

更高的地位，而是感受到自己的生命对于他人和社会来说是有价值和有意义的。

在现实生活中，还有很多与死亡相关的主题，是一些被称为“电影思想家”的导演关心的，比如关于死刑存废的争议、生死抉择中的伦理困境、集体的杀戮及心理创伤、安乐死的合法性、死亡教育、衰老与死亡等。这些话题在诸如《大卫·戈尔的一生》《死亡医生》《索尔之子》《莎拉的钥匙》《天空之眼》《小猪教室》《爱在记忆消逝前》等影片中得到了探讨。

这些电影并不是用来休闲娱乐的，观看它们并不轻松；但优秀的影片能够拓宽我们对生命和死亡的认识，为我们疗伤，也能激发我们去创造更加美好、更富有人性的未来。

作者简介

陆晓娅，曾任《中国青年报》高级编辑。首届韬奋新闻奖获得者，中国保护未成年人杰出公民，公益组织“青春热线”和北京歌路营创办者，中国心理学会首批注册心理督导师。近年来关注老年与死亡问题，参与生前预嘱推广与缓和医疗志愿服务，为北京生前预嘱推广协会理事。在高校开设“影像中的生死学”“自助旅行与自我成长”公共选修课程，并为高校老师举办生死教育工作坊。著有《影像中的生死课》《给妈妈当妈妈》等。

/ 第七讲 /

技术化永生：人工智能与虚拟永生[①]

和鸿鹏

引　言

Martha 和 Ash 是一对深爱彼此的情侣，但天不遂人愿，Ash 在一次外出中不幸遭遇车祸去世。Martha 随后发现自己已经怀孕，这更加剧了她对 Ash 的思念之情。有一天 Martha 突然收到了 Ash 发来的电子邮件，她既欢喜又意外，原来这是朋友替 Martha 注册的人工智能软件发来的。Martha 尝试与这个虚拟 Ash 聊天后惊讶地发现，虚拟 Ash 的说话方式、想法与 Ash 非常像。这是由于 Ash 在世时酷爱使用社交媒体，网络上有他的朋友圈、各种聊天记录，人工智能程序收集、分析这些内容，进而按照 Ash 思考、谈论的方式合成新的聊天内容。随后 Martha 把 Ash 生前的视频资料都上传到人工智能程序，虚拟 Ash 竟然打电话给 Martha，而且声音与 Ash 一模一样。Martha 沉溺其中，精神上获得了极大的安慰。这是来自《黑镜 2》第一集《马上回来》的桥段，向我们展示了虚拟生命对现实世界的意义。

然而，这样的情形并非只存在于科幻电影中，早在 2014 年，媒体就报道了一家名为 Eterni.me 的公司，其主要业务是追踪、收集客

① 本讲部分内容引自作者已发表论文：和鸿鹏：《人工智能技术下的虚拟永生问题思考》，《医学与哲学》2022 年第 15 期。

户的生命足迹，如思想、声音、家人信息、教育和工作经历、电子邮件、Facebook对话等所有的线上和线下数据，从而创建客户的虚拟化身。在客户去世后，其家人、朋友可以与虚拟化身保持互动。虽然对家人、朋友来说，与虚拟化身进行情感互动从某种程度上来说是一种自欺欺人，但当人们有能力实现这种“虚拟永生”时，也许逝者的亲友们愿意接受这种自欺。正是因为人们对情感、生活、事业等难以割舍，永生成为人类历史中的永恒话题。

从灵丹妙药到器官移植，人类从未放弃对永生的追求。关于永生的幻象常常出现在游戏、电影、文学等的虚构场景之中。回到现实，迄今为止，永生仍是人类不可企及的梦想。但人类对于永生的热情却丝毫不受结果的影响，现代社会的科学实验室隐藏着人类对“长生不老”的执着：基因技术、人工智能技术、抗衰老药物都在向这一目标进军。一些科技精英不仅相信永生可以实现，也正在利用技术手段向实现永生努力。而对于那些即将走到生命尽头的人来说，实现永生的科技为他们燃起希望，甚至有人尝试用液氮冷冻技术让生命得以“暂停”，来等待科技前进的步伐。

人类是否有可能实现永生？谷歌首席工程师雷·库兹韦尔（Ray Kurzweil）给出了肯定的回答。他认为人类正在越来越接近永生的梦想，“2029年是一个重要的节点，那时得益于医疗技术的发展，每过一年，人类的寿命就能够延长一年……人类预期寿命的计算不再基于你的生日，而是你未来的期待寿命还有多长……到2045年，人类将实现永生”[1]。乍听来，这煞有介事的预测可能不过是

① Sean Martin, “Secret of Eternal Life? We Will Know What It Is by 2029, Says Google Chief,” accessed October 1, 2019, https://www.express.co.uk/news/science/781136/IMMORTALITY-google-ray-kurzweil-live-forever.

科技乐观主义者的一厢情愿，但是库兹韦尔曾成功地预言互联网的普及、语音控制技术的应用、人工智能的崛起等技术发展，而且更为令人惊讶的是，他在20世纪90年代提出的147个预测中，截至2009年已命中了115个，命中率高达78%[①]。考虑到这一点，我们不得不认真思考人类永生的可能性。

如果人类实现永生只是时间问题，那么它将以什么样的方式来实现呢？永生意味着永不结束，不论是身体还是非身体的，那么医学技术追求的生物意义上的永生和宗教所追求的“来世”都可以看作永生的不同表现。由此，实现永生有两种路径：一种是扩展自然生命，以便继续享受生命，这是通常意义上人们所认识的永生，符合人类的感知与经验；另一种则是保存个人的意识和精神，允许一个人来影响未来。就这两种方式而言，现代科技都让我们有所期待：前者有赖于生物医学技术，而后者依赖人工智能技术。生物医学技术已在延缓衰老和死亡方面有所成就，如有实验表明换血可以在一定程度上减缓衰老，针对这部分内容本文不再多言。而人工智能技术带来的“虚拟永生”将让我们重新思考关于生命的基本问题，也让每个人都可能实现永生梦想。[②]那么什么是“虚拟永生”？人工智能技术如何实现虚拟永生？本文将就这些问题给出思考和回答。

① Ray Kurzweil, “How My Predictions Are Faring,” accessed October 1,2019, https://www.kurzweilai.net/images/How-My-Predictions-Are-Faring.pdf.

② J. Blascovich and J. Bailenson, *Infinite Reality: Avatars, Eternal life, New worlds, and the Dawn of the Virtual Revolution*, William Morrow & Co, 2011.

一、人类的永生追求与“虚拟永生”

1.1 传说与历史中的永生探索

人类追求永生的历史几乎与人类自身的历史同样长久。人类在大部分时间里都面临着天灾、猛兽、饥饿、疾病等恶劣的环境因素，大多数时候人们无能为力，只能接受各种不可预知的死亡。随着农业社会的形成、城市的出现，人类开始形成不同的社会阶级和社会分工，一部分人不再需要从事繁重的生产活动，他们掌握着资源调配的权力，享有更多的物质资源，成为社会的统治者。虽然他们享有特权，但这些特权都将随着死亡消散，于是，这些统治者想办法延缓、避免死亡的降临。这种故事出现在神话、传说、历史之中，中外皆有。

在西欧流传着圣杯的传说，圣杯是在耶稣受难前夜，耶稣与门徒晚餐时使用的酒杯，相传如果找到这个杯子，并喝下其中盛装的水，就能够获得永生。传说亚瑟王（King Arthur）在击溃日益衰落的罗马帝国之后，曾带领圆桌骑士寻找圣杯的下落，然而多数骑士有去无回，只有最圣洁的骑士加拉哈德（Galahad）找到并捧起圣杯，进入了天堂。而在中国古代，据说秦始皇完成统一大业后，也想追求长生不老，于是派遣徐福东渡寻找永生仙药，但最终也是杳无音信。

人类对永生的追求并不仅仅停留在神话想象和传说中，而是表现为各种寻仙、问药的尝试。炼丹术就是中国古代很多帝王为追求永生所投资的一项事业。在道教羽化登仙、长生不死思想的指导下，炼制金丹成为一种社会风尚，但是那些含有汞、硫黄、铅的仙丹有时却成为终结生命的罪魁祸首。虽然仙丹不曾让帝王永生，但其副产品火药却改变了世界。追求永生不是贵族的特权，民众对永生或长寿也抱有热情。为了满足这种热切的需求，传统的中国医学将养生作为重点，为一般公众提供理论指导。《黄帝内经》(又称《内经》)指出："上古之人，其知道者，法于阴阳，和于术数，食饮有节，起居有常，不妄作劳，故能形与神俱，而尽终其天年，度百岁乃去。"而在西方，现代化学的前身炼金术发展的动力，除了把贱金属变为贵金属的经济考虑，另一个动力就是长生不老的诱惑。

在人类历史中，不仅身体永生是奢望，而且身体常常在自然面前脆弱不堪。于是追求灵魂的永生与不灭成为另一条道路。这种思想可以追溯至柏拉图的灵魂不灭理论，他认为生命来自灵魂与肉体的结合，灵魂离开肉体则表现为身体的死亡，而灵魂则一直存在。这一思想随后被基督教吸收，成为神学研究的传统命题。而在非宗教语境下，灵魂的永生指向人的精神和意识。此时，对永生的讨论转变为在精神和意识脱离身体的情况下，如何使之长久地保持、延续。

1.2 未来人工智能语境下的虚拟永生

什么是虚拟永生？这里的"虚拟"是相对于真实而言的。首先我们要定义什么是真实。一般而言，我们把可感知、察觉到的事物或环境作为真实。但事实上并非如此，感知到的真实有时并不存在。比如箭形错觉，由于在等长线段两端添加了不同方向的斜线，我们误认为两个线段不等长。当我们用自身的感知和经验来证明真实的存在时，就不免会产生法国哲学家笛卡儿的困惑，他也曾怀疑一切感知到的存在并不可靠，于是有了那句著名的"我思故我在"。以今天的科学观点来看，笛卡儿的"我思"不过是大脑的神经信号。我们对外部世界和内部自我的感知，都是神经元的生理活动过程。正是基于这一科学前提，哲学家构思了这样一个思想实验[①]：有一个疯狂的科学家将一个人的大脑从体内移走，将大脑悬置于一大桶能维持生命的液体中，然后通过电线将其神经元连接到超级计算机上。超级计算机将为神经元提供与大脑正常接收的电脉冲相同的信号。计算机可以通过电信号，让大脑继续有正常的意识体验，模拟生活感受，如看日出、吃美食、听音乐等。但这一切都来自信号刺激，与现实世界并没有直接的关系。这就是著名的“缸中脑”思想实验。如果这个实验实现，我们能让大脑永远保持在“缸”中，这时请你闭眼两秒钟，感知一下你周围的环境，然后请告诉我，你现实感知到的是真实的存在还是“缸中脑”接收到的电脑信号，显然你无法判断。但通过这种方式，人类似乎可以得到一种永生，至少是永生的体验，且这种永生脱离了身体的束缚。这里“生命”的关键在于那个能够模拟人类意识的超级计算机。回到现实，那个超级计算机就是今天人工智能技术发展的目标之一。

人工智能正在向模仿人类意识的方向前进，未来由人工智能技术带来的这种数字化的、虚拟的意识形态就是“虚拟永生”。虚拟在英文中是 virtual，永生是 eternity，于是有人将它们合到一起创造出 virternity 这个新词，表示“虚拟永生”。“虚拟永生”这一概念得到人工智能产业界的支持，因为它为人工智能发展描绘了美好的未来。李彦宏在 2019 年第六届世界互联网大会的演讲中给出了虚拟永生的一些想象：“人工智能不仅不会毁灭人类，反而会让人们获

① 所谓“思想实验”是指借助想象而完成的实验，通常不具备现实的可操作性。其他比较著名的思想实验还有电车难题、爱因斯坦的相对论等。

得‘永生’。每一个人说的每一句话、干的每一件事，甚至你的记忆、你的情感、你的意识等都可以数字化地存储，放在网盘或其他云端，你的思维方式可以被机器学习出来，遇到新问题，通过技术进行现实还原，就可以与后人进行跨越时空的对话。过去我们在讲伟人的时候说他的肉体可能消失了，但是他的精神会永存。未来我们每一个普通人都可以做到精神永存、灵魂永存。”虚拟永生的核心就在于对人类情感、意识的数字化存储、复制以及模拟，所以虚拟永生也就是数字化永生。

这些想法听起来科幻，却得到很多科技乐观主义者的支持。ALCOR是全球最大的冷冻人体机构，当他们的客户在法律意义上被宣布死亡之后，ALCOR就立即启动冷冻保存的程序。在－196℃的温度中，细胞不再活动，生物酶也失去活性。这些病人在死亡之前通常会被问到希望以什么方式复活，有的人说只要成为一个生物学意义上的人就行；更激进的观点是，不想再拥有生物身体，因为它有太多的限制，他们想把大脑“上传”到电脑里，实现虚拟永生（如ALCOR创始人）。

若人类实现虚拟永生，那世界将呈现出怎样的图景？借助一些科幻作品，我们可以尝试理解和猜测。如在《黑客帝国》这部电影中，世界由一个名叫“母体”的人工智能系统控制，超级智能成为人类社会的独裁者，而人类的躯体被束缚在营养液中，大脑受到人工智能系统的控制，使得人类沉溺于一个他们误以为“真实”的虚拟世界。网络黑客尼奥通过努力逃离了这种控制，来到真实世界，他才发现自己原来一直生活在虚拟世界中。电影中有一句台词：“什么是真实？你如何定义真实？如果真实就是你所触到、闻到、尝到和看到的一切，那么这所谓的真实不过是经过大脑编译的电子信号罢了。”这无疑就是电影版的“缸中脑”。如果现实就是我们大脑对外部世界的重建，那么一个高度智能化的虚拟世界也可以成为一种“现实”。也就是说，我们正在生活的世界也可能是一个虚拟世界。

二、虚拟永生的可能性

虚拟永生让人类有机会第一次真正实现永生的愿望，但这究竟是技术乐观主义者的一厢情愿，还是不可阻挡之趋势？我们是否有充足的技术储备和明确的技术路线来朝目标靠近？社会是否能接纳这样一种虚拟的生命状态？这些问题都需在实现虚拟永生之前加以考虑。换言之，这些问题是实现虚拟永生的绊脚石，只有在解决这些问题的基础上，我们才能看到虚拟永生的曙光。

2.1 技术层面的可能性

虚拟永生的提出与人工智能技术的快速发展密切相关。简要回顾一下人工智能的历史就可以发现，人工智能从概念提出到今天的初步应用不过几十年的时间。AI 的奠基人是图灵，他在 20 世纪 40 年代的工作成为 AI 研究的基础，但是直到 1956 年达特茅斯会议时，真正的相关研究才开始。会上的科学家相信电子大脑将达到人类大脑的能力，当时这一领域的“大牛”都参加了此次会议。1985 年左右，日本掀起了第二波人工智能浪潮，之后它因人类大脑的复杂性而搁浅。这个令人失望的时段被称为“人工智能冬天”。自 1995 年以来，技术发展取得了长足的进步，1997 年，“深蓝电脑”在国际象棋比赛中击败了世界冠军 Garry Kasparov。2011 年，“沃森”问答计算机系统在智力竞赛节目“Jeopardy!”中击败了人类选手，在2015年，这台计算机只花了几分钟就完成了肿瘤学家花费数十年的时间才能完成的与癌症有关的分析。随后主要的信息科技企业如谷歌、脸书、亚马逊等都致力于AI的开发。近年来得益于海量数据和神经网络算法的使用，人工智能掀起第三次浪潮，AlphaGo、虚拟现实、无人驾驶、人脸识别等技术全面开花，人工智能技术开始向社会全面渗透，并影响人类的生活。[①]

在这不长的历史中，科技专家常常对人工智能保有乐观期待。例如在1956年的达特茅斯会议上，人们认为，只需投入几百万美元，甄选出适合的科学家组成一个强大的研究团队，编写几万行代码，不长的时间就可以开发出像人脑一样的人工智能，但结果令人失望，1975年的电脑仍然相当初级。有了历史的教训，我们应对过于乐观的虚拟永生观点保持警醒。因为在技术层面上，诸多问题有待攻克。

第一，意识读取。如果把意识也视为一种信息，虚拟永生就是将这些个人信息从生物学载体读取、转移，然后还原到非生物载体的过程，其中意识读取是第一步。理论上有两种读取人类意识的方法，一种是结构的，另一种是功能的。结构方法假设一个人的记忆、心理和人格特征都被编码在连接神经元的网络结构中，也就是说意识存在于神经元结构中。但我们还不能将这些结构描绘出来，目前的无损检测手段都还不能满足。如在磁共振成像（MRI）无法检测的立方毫米级空间中可以容纳上千个神经元，随着技术发展，也许我们可以弄清这些结构，但如果想知道这些结构所表示的意思

① L. Alexandre and J. M. Besnier, *Do Robots Make Love?: From AI to Immortality–Understanding Transhumanism in 12 Questions*, Cassell, 2018.

并不容易；而且，弄清了部分的结构，距离拼凑出整体的意识还有非常长的距离。[①]另一种方式是功能性的，即人工智能并不需要弄清大脑结构，而是直接实现其功能。例如飞机的发明受到鸟类启发，但两者并没有同样的结构，拥有几十亿真核细胞的小鸟，其结构远比只拥有 600 万个组件的波音 747 飞机复杂，但两者都可以飞翔，甚至飞机的速度还更快。[②]实现意识读取并不需要了解大脑的全部结构。一旦意识读取取得进展，传统的心理学和计算机模拟的方法将可以收集大量关于个人技能、信念、行为、情绪反应等方面的数据。

第二，意识存储。前面提到，作为一种信息，意识可以被存储进信息介质中。泰格马克认为，信息拥有自己的存在方式，与储存它的物质形态没有直接关系，也就是说，信息可以独立于物质形态而存在，它是时空中粒子表现出的排列形态，而究竟用哪种粒子并不重要。[③]按照这种观点，将意识存储于其他载体具有理论上的可能性。人类 DNA 能存储 1.6GB 的信息，而大脑中有约 10GB 的电子信息和 100TB 的化学 / 生物信息。过去几十年计算机的内存容量取得了巨大进步，当前计算机所能存储的信息量远远大于人类，完全可以容纳人脑的信息量。但目前计算机读取记忆的方式与人脑中读取的方式存在很大差别：计算机通过存储的位置进行读取，因为每个比特都有自己的数据地址；而人脑则依据存储的内容，采用联想

① Immortality Institute, *The Scientific Conquest of Death*, Libros en Red, 2004.

② 玛蒂娜 · 罗斯布拉特：《虚拟人：人类新物种》，郭雪译，浙江人民出版社，2016，第 23 页。

③ 迈克斯 · 泰格马克：《生命 3.0》，汪婕舒译，浙江教育出版社，2018，第 88 页。

的方式进行“回想”。[①] 所以即便可以在计算机中实现意识的存储，其信息存储的方式与生物脑仍有很大的差异。

第三，意识再现。一旦个人意识被写入信息系统，那么就需要有一些方法来复活意识。一种想法是通过人工智能来模仿人类意识。图灵最早给出了判定 AI 意识的方法：让测试者（人类）与人工智能在不接触的情况下进行问答，如果测试者经过长时间的交流无法分辨对面是人工智能还是人类，则证明人工智能具备了人类智能，这就是所谓的“图灵测试”。但也有人对此表示怀疑，哲学家约翰·赛尔（John Searle）提出“中文屋”（Chinese room）思想实验：一个封闭房间只有一个不透明的小窗，屋子里有一位只会说英语的人，但他手边有一本中英文翻译的书；屋外的人把写有中文的纸片送进来，房间中的人利用书翻译这些文字，并用中文回复。屋外的人认为他能说流利的中文。约翰·赛尔想要说明，屋子里的这个人就是对人工智能的比喻，虽然人工智能可以给出处理结果，但这并不是像人类一样思考。不过多数乐观的科技专家认为，人类智能可以实现。因为信息科技与生物脑一样拥有复杂性，人脑拥有大约 1000 亿个密集联系的神经元，而一组芯片也可以拥有 1000 亿个组件。考虑到计算机的信息处理能力从 20 世纪 50 年代开始就呈现指数级提高，每两年就翻一倍，2010 年计算机的计算能力还不如一只老鼠，到 2020 年，就能拥有与人脑神经元一样多的处理器。[②] 正是基于这一规律，库兹韦尔预测到 2030 年就可能出现人类级别的意

① 迈克斯·泰格马克：《生命 3.0》，汪婕舒译，浙江教育出版社，2018，第 89、90 页。

② 玛蒂娜·罗斯布拉特：《虚拟人：人类新物种》，郭雪译，浙江人民出版社，2016，第 46 页。

识。这意味着意识的载体将从以碳元素为基本构成的生物神经元变为以硅芯片为基本元件的人工智能处理器，随之而来的是世界将从碳基生命走向硅基生命。

2.2 社会层面的可能性

实现个人的虚拟永生还存在不少的技术难题，也没有公认的时间表。但当有一天我们实现了个人意识的虚拟化、数字化时，社会如何应对这些虚拟的个人？虚拟个人如何融入社会？我想，那时虚拟个人面对的很可能是一个并不陌生的环境。因为当下我们正处于一个不断虚拟化的社会中，这里的人际交往、商业交易、娱乐生活，我们早已熟知，而且我们越来越离不开这种虚拟的生活方式。

2.3 正在虚拟化的真实社会

数字技术的发展和互联网的普及创造了一个虚拟的社会空间。在真实社会虚拟化的过程中，无数的机会被创造，那些蒸蒸日上的互联网巨头无一不是把某个方面的真实社会活动成功地虚拟化。伴随这一过程，我们看到社会各个方面都在迅速虚拟化。真实的虚拟化社会极其复杂和多样，下面仅举有限几例进行简要分析：社交的虚拟化、职业的虚拟化、商业的虚拟化、个人的虚拟化。

社交的虚拟化。即时通信工具的广泛使用，降低了面对面交往的频率，我们与他人的沟通主要依赖各种通信工具，甚至素未谋面的人也可以建立起深厚的友谊。假想一个情形：老 A 在去世前，将他的微信、微博、邮箱等与外界交流和通信的工具都交由人工智能程序打理，人工智能按照他生前的行为特点，不断地回应着朋友的问询，那么在相当长的时间内，也许不会有人发现老 A 已去世的事实。如果人工智能具备了这样的能力，这类似于通过了某种图灵测试，那么它可以构建一个虚拟的人来展开社交活动。未来人机之间的交往也许将成为常态。

职业的虚拟化。虚拟现实技术使得很多“抛头露面”的职业正迅速被取代，那些传统上需要人出现的职业场景，也正在让位给人工智能。2018年第五届世界互联网大会上曾出现了AI主播（男性角色），他具备与真实主播一样的新闻播报能力，只要提供文字，他就能准确无误地播出新闻，且能一天工作24小时。随着技术进步，虚拟人物配上真实的人脸图像，再加上丰富的语言和表情，说不定我们很难再分别出这是虚拟主播还是真实的人。我们也将很快适应虚拟人给我们提供的各种服务，这些虚拟人不仅包括新闻主播，还有客服人员、电影人物等。

商业的虚拟化和个人的虚拟化。随着人类在网络上留下的数据痕迹越来越多，我们在网络空间的行为痕迹和数据，如社交、购物、就医、学习等数据，也被不断地记录、存储，并被分析和应用。当这些行为痕迹和数据汇集到一个计算中心时，人工智能就可以解析这些信息，并为个体画像，勾画出一个人的信息全貌，包括背景、特征、性格、行为偏好等，即构建一个“虚拟人”，从而在商业活动中实现精准和个性化的推荐。对于商业主体来说，这个虚拟人才是他们可以真实了解的对象，所有的商业推送都基于对虚拟人特征的分析。

2.4 完全虚拟化的在线乌托邦

社会的虚拟化进程把我们裹挟进一种现实与虚拟交互作用的社会环境，但有些人并不满足于此，他们决心创造一个完全属于虚拟人的世界，在那里真实人类将不复存在，虚拟人生活在虚拟世界，共同创造新世界的规则和世界本身。

Second Life就营造了这样一个在线虚拟世界，这款游戏是2003

年由林登实验室（Linden Lab）发布的。虽然它只是一个计算机程序，但越来越多人进入这个虚拟空间，2017年，其活跃用户已达80多万。这个虚拟世界包含着真实世界的因素，如草、树、陆地等，还包括了虚拟的文化，如虚拟广告、聊天室、社区等。人们可以完全脱离真实生活，重新设定自己，形成不同的人格、身份等。人们可以制造东西，并获得这些制造物的“专利权”，其他虚拟人物如果想使用则需要支付林登币（Linden Dollar），而林登币可以兑换为真实的美元。于是一些人全身心投入其中，通过创造来获得财富。Second Life营造了一个与现实世界平行的虚拟世界。许多现实世界的实体机构也主动参与进来，如瑞典等国在Second Life建立了大使馆，CNN在其中创建了虚拟的媒体，甚至西班牙的政党也在其中进行辩论。

与一般的虚拟世界游戏不同，Second Life并未预先设定积分、输赢、等级、任务目标等内容，就像真实世界一样，这些社会规则和要素需要参与其中的虚拟人去共同创造。在Second Life中，尽管人们没有真实世界的身体，但有一个虚拟的化身，这些虚拟化身之间形成了新的社交行为。Second Life让人类的真实身份和虚拟身份实现共存，一个人可以同时拥有两种身份。在我们还没有进入全面的虚拟社会时，不免要在两种身份间作切换，而有些人似乎已混淆了其间的界限，如一个女性用她的虚拟化身杀死了她丈夫的虚拟化身，因为在真实世界中，她的丈夫抛弃了她。[①] 当然，虚拟世界并非只存在于Second Life中，它还有许多其他的竞争者，这些虚拟空间让人类提前适应了作为虚拟人的生存方式。纪录片《虚拟

① D. E. Bailey, *Virternity:The Quest for A Virtual Eternity. A Treatise on the Aims and Goals of the Virternity Project*, VR Academic Publishing, 2017.

人生》（*Second Skin*）也描绘了这样一种场景：成千上万的玩家在虚拟世界中交流与互动，甚至沉溺其中不能自拔，有些虚拟世界的玩家不仅在虚拟场景中建立了亲密的关系，甚至在现实中结为夫妻。这种虚拟与现实状态共存的景象是通向虚拟永生的阶段性表现。

三、“虚拟永生”带来的生命反思

3.1 生命的终极状态：生命 3.0

虚拟永生及其背后的人工智能让我们不得不重新思考“生命是什么”这一问题。关于这一问题，有许多不同的观点，简单来说有广义和狭义之分。狭义的生命要求必须包含细胞等有机生命的要素，广义的定义方式，如泰格马克提出的适应人工智能社会特征的生命定义，即“一种自我复制的信息处理系统，它的信息软件既决定了它的行为，又决定了其硬件的蓝图”①。按此定义，生命由软件和硬件共同构成，硬件是收集存储信息、做出反应等过程的有形载体，而软件是处理信息、做出决策等过程所用的无形算法和知识。对软件和硬件的塑造受到两种力量的影响，一种是自然进化，另一种是自主设计。基于此，泰格马克将生命划分为三个阶段：生命 1.0、生命 2.0 和生命 3.0。

在生命 1.0 阶段（又称作生物阶段），生命系统不能自主设计自己的软件和硬件，而要依靠进化得来，由它的 DNA 决定，只有通过漫长的进化，生命才可能让软件和硬件发生改变。这种生命出现

① 迈克斯 · 泰格马克：《生命 3.0》，汪婕舒译，浙江教育出版社，2018，第 32 页。

在 40 亿年前，大部分地球生物都处于生命 1.0 的阶段。例如，细菌感应到周围糖浓度的变化会改变鞭毛的游向；但除非发生变异或进化，否则细菌不能改变自己的硬件和软件设计，如主动寻糖或增强鞭毛等。

在生命 2.0 阶段（又称作文化阶段），生命系统的硬件仍然不能进行自主设计，但软件却能得到设计，从而学会新的知识和技能。这种生命出现在大约 10 万年前，人类正是生命 2.0 的代表。虽然我们的 DNA 系统没有什么大的变化，但人类创造的共同软件，如语言、科技、文化等的发展却突飞猛进。这种软件设计和更新能力让人类成为地球的统治者，但我们仍然受限于自己的硬件，疾病、死亡、生理极限、脑容量大小决定了人类生命演进的天花板，硬件需要通过缓慢的进化过程，才能更好地适应环境。

在生命 3.0 阶段（又称作科技阶段），生命系统将跃升至终极状态，即软件和硬件都脱离了进化的束缚，生命不仅能设计自身的软件，还能设计自身的硬件。随着人工智能的发展，生命 3.0 将在未来的某个时刻降临，例如出现具备自主意识的机器人。在某些智力活动中，人工智能已全面超越人类，AlphaGo 就是一例。另外，在硬件上，生命 3.0 也不再受到局限，可以根据环境需要设计更加符合需求的有形载体。

按照泰格马克对生命的定义和分类，显然“虚拟生命”处于生命 3.0 状态，那时身体不再为生命所必需，生命将得到永续发展。硬件将不再构成约束生命的条件，而软件处理问题的复杂程度也将超越人类智力的处理能力。一旦生命摆脱了自然控制，依靠自身的设计实现与环境的互动，那么人与机器的界限将变得非常模糊。人类可以选择把自己的智能上传，也可以用科技不断改造身体。所以所谓“永生”并非今天我们智人物种的永生，那将是一个全新的物种的永生。

3.2 虚拟人的生命讨论

虚拟人是处于终极生命状态的存在，由于其拥有自我设计能力，它们的生命长度将不再受自然进化的束缚。但在虚拟世界中，仍然存在着一些关于生命的话题值得进一步讨论。

第一，谁可以获得虚拟生命的问题。一般来讲，公众对技术创新最大的担忧是技术成果可能进一步拉大贫富差距，就虚拟永生而言，虚拟生命为人类生命的延续提供了可能，如果它主要应用于富人或统治者，那么社会发展将失去“重新洗牌”的机会，底层人将长久受到压迫。但这项技术是否应“公平”地、不加区分地应用于每一个人？更直接一点，“坏人”是否也可以永生？如果我们利用此项技术，创造了一个虚拟的希特勒，让他的生命得以延续，那恐怕是一个让人不悦的消息。所以虚拟生命是否应像自然生命一样获得人人平等的生命权，是虚拟社会中需要解决的问题。当然，距离这一天到来还很遥远，我们还有充足的时间来思考。

第二，虚拟人的死亡问题。从哲学角度考虑，一切开始均有结束，即便宇宙也不例外，所以虚拟人也应该有其生命的终结。一种新的死亡——虚拟死亡（virtual death），将成为虚拟人面临的新问题。如果虚拟人来自一个人工智能程序，那么将这个程序彻底删除，虚拟人也将不复存在，导致“虚拟死亡”。[①] 那么谁有权力来删除生命程序？这可能需要在虚拟社会中建立一种新的权力制度。另外，是否应当给所有的虚拟生命建立备份，以防止出现虚拟死亡的

---

① D. E. Bailey, *Virternity:The Quest for A Virtual Eternity. A Treatise on the Aims and Goals of the Virternity Project*, VR Academic Publishing, 2017.

情形？这些问题是治理虚拟社会时，虚拟人需要考虑的。

第三，虚拟人的永生问题。虚拟人解决了生物人的衰老、死亡问题，脱离了自然进化的束缚，但按照泰格马克的设想，虚拟人也依托于一定的载体，不论这种载体是基于碳元素还是硅元素，或是其他基本元素，这种硬件都将占据一定的空间，所以虚拟永生离不开物质基础。当这种物质基础受到威胁时，如地球的毁灭，虚拟人的整个群体都面临着生命延续的挑战。解决的办法可能是星际移民，对于生物人来说实现星际移民简直难以想象，那不仅受限于搬运几十亿人口的运力，而且受限于物理推力能达到的速度上限。谷歌的联合创始人之一拉里·佩奇指出，如果生命会散播到银河系各处甚至河外星系，那么，它应当以数字生命的形式发生。对于星际移民来说，以数字信号形式进行长距离传送显然更具有可行性。这也许是虚拟人实现永生过程中需要做出的努力。

结　语

人工智能给人类的永生梦想点亮了一盏明灯。为了实现这一科幻式的目标，科技精英将前赴后继投入研究工作；而作为普通人的我们，也要让自己的灵魂更有趣，构建一个让自己满意的虚拟生命的母版。永生并非所有人的愿望，一些处于痛苦折磨中的个人就想提前结束生命。我们追求永生是因为我们相信我们在享受生活，也将继续享受生活。不过，回到现实，对于虚拟永生还应做出几点提示。

第一，虚拟永生仅是一种可能与憧憬。目前关于虚拟永生的所有预测和推论都是基于有限的和不充分的证据，未来世界并不必然会产生虚拟永生。但我们不能忽视技术发展的巨大潜力，历史一次次证明，人类可以不断突破不可能，打破想象的边界，成就了一个又一个奇迹。我们对于虚拟永生应保有谨慎乐观的态度。

第二，一旦实现虚拟永生，社会将呈现出全新图景。例如，我们总是关心自己的后代生活如何，希望给他们留下财富，用自己的人生智慧指导他们成长，但在短暂的生命面前，我们能做的事情很有限。虚拟永生让我们有更多机会与后辈沟通他们的生活与工作，保持长久的感情连接。那时人们将更加追求精神的充盈，而非物质的享受，社会精神生活一定极大丰富。除此之外，还有许多美好的图景……

第三，虚拟永生也将带来新挑战。这些挑战包括：生物人与虚拟人的关系，如是否会产生生物种族对虚拟种族的歧视；虚拟人的法律权利问题，如虚拟人是否享有生命权、婚姻权、选举权等；虚拟社会的治理问题，如是否建立虚拟监狱，是否限制虚拟人口的增长，虚拟社会的管理权由谁掌控，又如何更替；对宗教的冲击，如佛教轮回的观念如何适用于虚拟人；等等。

参考文献

1. D. E. Bailey, *Virternity: The Quest for A Virtual Eternity. A Treatise on the Aims and Goals of the Virternity Project*, VR Academic Publishing, 2017.
2. Immortality Institute, *The Scientific Conquest of Death*, Libros en Red, 2004.
3. L. Alexandre and J. M. Besnier, *Do Robots Make Love?: From AI to Immortality-Understanding Transhumanism in 12 Questions*, Cassell, 2018.
4. 吉姆·布拉斯科维奇、杰里米·拜伦森:《虚拟现实：从阿凡达到永生》，辛江译，科学出版社，2015。

5. 玛蒂娜·罗斯布拉特：《虚拟人：人类新物种》，郭雪译，浙江人民出版社，2016。
6. 迈克斯·泰格马克：《生命3.0》，汪婕舒译，浙江教育出版社，2018。

作者简介

和鸿鹏，北京航空航天大学人文与社会科学高等研究院助理教授。研究方向为科技与社会、科技伦理。代表性论文有《无人驾驶汽车的伦理困境、成因及对策分析》《人工智能带来的伦理与社会挑战》等。

/ 第八讲 /

葬礼：仪轨与意义

王一方　赵忻怡

我们在一生中，总会参加各式各样的葬礼，有些是告别至爱亲朋的，有些是悼念社会名流与同僚乡党的。葬礼规格不一，有大型的公祭、国葬，也有小型的家祭、追思。作为人类集体的一分子，迎新、送别本是基本的人生节目，不过，两者带给人的心情落差是巨大的。心情平复之余，我们可能会浮出一个念头：葬礼对我们究竟意味着什么？

一、举办葬礼的理由

首先，这是人生最后的告别礼，人们藉以表达哀恸，寄托哀思，彰显哀荣。其次，我们这个社会、这个民族需要一种仪式来传承文化密码，即寓心灵教化于丧礼之中。在古代，圣人以德孝动于内，礼发诸外，由伦常节目诉诸终极关怀；在当下，则是化悲痛为力量，团结人民，激发斗志。其实，还有更迫切的使命，那就是帮助生者应对死亡降临的不甘与不安。在我们的潜意识里，总是藏着长生不老、长生不死的希冀，并不接纳死亡，一旦死神光顾，就会产生一系列的不安，包括肉身不安、情感不安、灵魂不安、社会关系不安，等等。葬礼的出现是人类对死亡超越的外在仪式，分为初终礼仪、治丧礼仪、治葬礼仪、葬后礼仪。丧葬仪式可以说是一个民族或社会文明程度的风向标，也是文化传统的集中体现。

在这里，需要回答另一个母题，人为什么怕死？这个问题日常生活中并不是很凸显，唯有葬礼上才直愣愣地横亘在每一个人的面前。大凡人生境遇有三。一曰寻常，也叫日常、经常，对于职场拼搏的人士来说，早九晚五，日复一日，虽有几分愤懑，但早就司空见惯，习以为常。二曰超常，人食五谷杂粮，却无病无痛，悠然自得，不知老之将至，眼不花，耳不鸣，声如洪钟，健步如飞，人人羡慕。三曰无常，飞来横祸，如社会新闻里凶杀案、劫案、车祸、空难、地震、海啸、局部动乱、恐袭，医生眼里的猝死、罕见病，还有突发的瘟疫，虽然发生概率并不大，对整个人群来说，属于意外的“黑天鹅事件”，但对于中招者、蒙难者而言，就是泰山压顶、无处遁形的事件。有人将癌症的降临也划归为“无常”，也不无道理。

不过，无常之上也有内在规律，并非完全无理。社会大数据可以告诉我们背后的真相，譬如地壳要运动，就会有地震，我国近50年来的震灾夺命惨烈：唐山大地震（1976）24.2万人遇难，16.4万人重伤；汶川大地震（2008）69227人遇难，374643人受伤，17942人失踪。每天数以亿计的机动车在路上跑，就难免发生交通意外。在我国，2016年车祸造成63093人死亡、226430人受伤，伤重不治者约一半。人在职场漂，劳累、紧张、焦虑、应激造成不少青壮年猝死，国家心血管病中心发布的《中国心血管病报告2018》显示，当年全国心脏猝死人数为55万，其中，87%的病例发生在医院外。当然最大的死亡黑洞是癌症，2018年全世界新增癌症确诊病人1810万，死亡人数高达960万。以2014年为例，我国新发恶性肿瘤病例380.4

万，死亡病例 229.6 万。生老病死寻常事，据劳顿所著《万物起源》一书的估算，自公元前 5 万年至 2020 年，大约有 1100 亿人口出生。只有约 6.5%，即约 70 亿人还活在这个世界上，我们每个人都是幸存者。

了解过人生的种种“无常”，再来回答人为什么怕死的问题。简约的答案有三：一是现世诱惑，二是过程痛苦，三是来世迷茫，由此产生躯体的不安、心理的震荡、社会关系的破产、灵魂的漂泊。这种感受只有在葬礼上才最真切，因此，要彻悟生死的关系，还必须回到葬礼的意义探究上来，可以说，葬礼是生死的连接点。

一场有品质的、优雅的葬礼会让每一个亲历的人感受到生死不是对立，而是连接，从死亡到葬礼，经历了点 — 线 — 面的“弥散”。从医疗的濒死到佛家的“中阴”（横跨生前、死后的时空区间），从医师到丧葬礼仪师，从殡仪馆到墓园，从入殓为尊到入土为安，凑成一首低回的心灵交响曲，其中，葬礼是中心节点，是主旋律，是高潮。因此，可以认定，葬礼横亘在生死之间，穿越丧葬礼仪（告别礼 — 火化礼 — 安葬礼），便完成了从洁净肉身，到纯粹灵魂，再到超越时空、遗骨（存念）崇拜的圆满。

在现代中国，有关生死的熟语背后有着丰富的文化意涵，譬如“三长两短”“不知所终”“生寄死归”“死而后已”“生如夏花之绚烂，死如秋叶之静美”，还有挽幛上所书的“音容宛在，精神不死”，悼词里常提及的“青史留名，追思慎远”，都寓意着遣悲怀的幽思，旨在驱散、稀释心中的哀伤，都在昭示着葬礼的精神皈依。人们的遗体认知具有“两重性”，一面是对死者的爱，一面是对尸体的反感；一面是对依然停留在遗体上的人格的慕恋，一面是对腐烂中的遗体的物化的恐惧。而葬礼之后的遗骨 / 遗骸（骨灰、舍利）崇拜，也在告诉我们，逝者的精神可以穿越时空，化作永恒。

回到实务层面，葬礼的具体功能有五。一是公布某人的死讯（讣告），并开启纪念、追思通道（追忆）；二是提供遗体安置的方案、悼念的规格与规范（守灵、告别、悼词）；三是协助遗属度过心理危机，适应逝者离去后的新生活（重启）；四是表明逝者与遗属个体之间的情感、经济、社会关系（遗嘱与遗产）；五是作为亲朋好友、邻里社区表达心理支持、慰问、哀伤关怀的窗口（守望相助），在丧葬仪式中，邻里乡亲的互助一般通过"礼物"来实现。葬礼的操持形式也有五种选择：一是家庭成员主导型（随机式，可外请顾问），二是托孤友人主导型（随机式，可外请顾问），三是宗族成员主导型（既有程序式），四是逝者组织机构主导型（程序化服务），五是委托专业殡丧机构主导型（定制服务）。

如果跳脱出丧葬实务，来叩问葬礼的本质，葬礼为谁服务？逝去的人，还是活着的人？葬礼上的所作所为，折射出怎样的生死观念？神灭论（唯物论）、灵魂不灭论（唯灵论）、终结论，还是轮回论？其文化意义何在？葬礼是联结死亡事件与死亡意义的桥梁，而不仅仅是最后的仪式。其心理、社会、文化价值在于昭示生与死的转折 / 转圜，使生者更好地开启没有逝者的新生活，完成生命教育与死亡辅导，即使生者通过葬礼接纳死亡，习得仪轨，实现慎终追远的目的。

首要任务的是慎终：葬礼如何有板有眼，有规有矩，有里有面？丧葬过程就是对死者的声名、遗体以及遗属的情感加以妥善处理的过程。主要包含两个方面，即丧葬的礼仪、哀荣，以及风俗（民族、宗教习俗，地方性乡规民俗）沿袭。

更大旨向是追远，是诗心和远方。无论有神论者还是无神论者，都会有对终极命题的叩问。关于意义：生命意义何在，死亡意义何在？如何诗意地表达与抒发？关于价值：一生奋斗的价值为何？平生的荣耀、价值何以延续？关于社会关系：家人、朋友、社会如何看待我？爱如何延续？关于未来：未来是一堵墙，一个黑洞？出路和光亮何在？

何以诗化生命的归途？陈毅元帅 1936 年冬被围困于梅岭，留下不朽的诗作《梅岭三章》，其字里行间充满了死亡意象，也洋溢着革命者的生命豪迈。

断头今日意如何？创业艰难百战多。
此去泉台招旧部，旌旗十万斩阎罗。

南国烽烟正十年，此头须向国门悬。
后死诸君多努力，捷报飞来当纸钱。

投身革命即为家，血雨腥风应有涯。
取义成仁今日事，人间遍种自由花。

葬礼上，哀伤是难免的。法国思想家罗兰·巴尔特在他母亲的葬礼之后留下这样的哀伤体验述说："死亡是一个事件，一种可能突然降临的事件，而在这种名义之下，动员人，激励人，使人紧张，使人活跃，使人骤变。而后来，偃息，平静，不再是一种事件，而是一种延续。此刻，我要么万分悲痛，要么情绪不安，但有时又突发生活之向往。"这是一片精神的沼泽地，只有心志坚毅的人才能无伤通过。

二、葬礼何为？

丧葬文化由于其自身仪式性、程序化等特点，在中国文化传承中具有独特地位。葬礼传统习俗类型有以下五种。一是传统儒家风范：以德为先，以孝为本（守孝、服孝），以礼为尊，设祠堂，立牌位，以“三立”（立德、立功、立言）为象，厚葬靡费。二是传统道家规范：尊天地（看风水、择吉日），通人鬼（用咒符），入仙乡（遇仙想象）。三是传统佛家轨范：讲究圆寂往生，生命轮回，德修来世，佛事超度，遗骨（舍利）崇拜。四是基督传统模式：灵肉两分，肉身留在墓地，灵魂升入天堂，举行庄严的教堂弥撒，通过仪式感培育对生命的敬畏、悲悯、恩宠、勇气。五是穆斯林传统：区分今生与来世，坚持速、薄、土葬三原则，讲究静（谧）、速（办）、严（谨）、简（化）、禁（奢）、宽（容）。

在国人的丧葬礼仪中，儒家文化传统被奉为正统，儒家孝道丧葬观主要反映在《孝经》中，而《孝经》是儒家孝道思想的集中反映。《孝经·纪孝行章》曰：“孝子之事亲也，居则致其敬，养则致其乐，病则致其忧，丧则致其哀，祭则致其严。”其要旨是“事死如事生，事亡如事存”，核心是“亲亲”“尊尊”原则。要求在丧葬礼仪中周全而有礼节地表达哀伤，即奉行“节哀顺变”的理念，最终落实为丧期制度（如服丧四十九天，守孝三年）。从《金瓶梅》记述的丧葬活动中，我们可以看出在儒家葬仪之外，佛教与道教的影响也逐渐凸显，出现了竞相请僧人、道士做道场的情形。《金瓶梅》的丧葬描写展现了明代中后期社会在奢侈风气的普遍浸染下，出现了铺张、奢靡的民间丧葬习俗。

在古代，不同国家和民族丧葬习俗更加多元，如古巴比伦尼亚人蜡封尸体，古埃及人制作木乃伊（沙漠干尸），古希腊、古罗马人有堆柴火葬的习俗，古科尔基斯人则将尸体装入皮囊，吊在树林之中。

日本人的习俗是在逝者火化之后将其骨灰安放在陶罐里供奉，这与我们当下的火葬存骨灰、二次安葬（骨灰）的现状颇为接近。中国人以儒道轨范为葬礼主流选择，而日本则以神道葬礼为先，神葬祭是日本本土固有信仰基础上的丧葬礼仪。在神葬祭中，日本人将死去的人视为“归幽”，由神社的神职人员按照神道方式举行祭礼。神葬祭突出表现出日本本土神道中清明与和谐的理念，既要祛除死秽，又要保持生死连续，二者相和谐。电影《入殓师》揭示了日本当代的丧葬习俗与精神面向，譬如神圣与世俗的融合，神圣与美感（花道融入）、忧伤与乐观的统一。

走进葬礼，如同走进临终病房，需要高度的职业感、神圣感、使命感，因为，每一次葬礼的情绪积淀都不同，逝者的死因投射迥异：有预期的死与无预兆的死，寿终正寝、无疾而终与死于非命、死于非时，快死与慢死，等等。这些前置因素和社会地位、社会关系都决定着葬礼的氛围与品位，但都脱不开“齐聚—哀恸”“神圣—肃穆”“幻化—羽化”，因此，葬礼服务基线必须有所“规制”，从业者必须保持“同情—共情”“关切—关怀”“陪伴—见证”“抚慰—安顿”的职业姿态。

社会的多元化也派生出许许多多别样的葬礼诉求。一位音乐家对自身葬礼有如此的想象：请朋友将我的骨灰盒放在舞台中央，所有的人围着它，随着乐队的演奏起舞，庆祝这个我们所有人都会经历的人生转折（不是葬礼，而是舞会）。一位演员对自身葬礼的想象则是这样的：播放自己最得意的影视剧片段，让大家感受到自己音容宛在，常伴左右。还有一位乐天派人士预告了对自己葬礼的设计：不要哀乐，改播相声或欢快的乐曲，不要眼泪，但要笑声，这才是留给大家的最后念想。

丧葬新时尚也在酝酿与形成之中，譬如：绿色节地葬，包括鲜花葬、树葬、海葬、壁葬等；冷冻遗体；将骨灰送入外太空；网络祭奠与追思；佩戴骨灰制作的首饰；等等。

葬礼的仪式感、神圣感、美感突出表现在看（视觉感受）、听（听觉感受）、闻（嗅觉感受）三个感官侧面，其意均在凸显葬礼节目谱系中的文化蕴涵。

二、如何凸显葬礼的文化蕴涵

在丧葬过程中，既传统又现代的文化节目莫过于挽联和墓志铭，还有挽歌与安魂曲。

挽联是后人对逝者平生事功的精当总结，也有自拟挽联；而墓志铭常常是逝者生前自拟，通常包含着自我刻画、自我咏叹、自我解嘲的意味。

先说挽联。中国曾是诗词的国度，拟写挽联是文人的基本功，流行千年不衰。

武侯祠里，高悬着清朝盐茶道赵藩拟写的一副挽联，它将诸葛孔明的平生智慧尽收其中，还为后来治蜀者开出一副清明为官的良方。

能攻心则反侧自消，从古知兵非好战

不审势即宽严皆误，后来治蜀要深思

1945 年 6 月 17 日，中共七大代表及延安各界人士在中央党校大礼堂举行中国革命死难烈士追悼大会。毛泽东为死难烈士题写挽联：

为人民而生，为人民而死，你们的事业永与人民同垂不朽

为胜利而来，为胜利而去，我们的任务是向胜利勇往直前

这副挽联气势闳阔，写出千千万万忠烈之士捐躯的哀伤与豪迈。

蒋介石挽胡适之，写出了他一生的矛盾人格：

新文化中旧道德之楷模

旧伦理中新思想之师表

著名的墓志铭多不胜数，此处列举三段最简洁的也是最精彩的，供读者诸君咀嚼。

牛顿：“伊萨克·牛顿，一个在海边拾贝壳的孩子。”洞见了人生的平凡与不凡。

司汤达：“写作过，生活过，恋爱过。”囊括了其平生的精彩。

特鲁多：“有时，去治愈，常常，去帮助，总是，去安慰。”道出了医学的真谛。

再说挽歌。墨西哥帕茨夸罗人祭奠死者时，采用欢歌曼舞、美酒佳肴的形式。当地人认为死者需要欢快的氛围，杜绝悲情感伤等负面情绪。在中国古代，挽歌之风也曾经流行过。挽歌是写给逝者

的诗歌，也是古人送葬时所唱的歌，由乐曲和歌词两部分组成。从文学史上追溯，挽歌萌芽于春秋战国时期，东汉时期唱挽歌成为朝廷规定的丧葬礼俗之一。魏晋时期挽歌盛行，到唐宋时期，挽歌发展成为文人诗。明清两代，作为丧乐的挽歌基本消歇；但挽歌在民间依然流行，其变体有二：一为丧乐，二为丧戏。挽歌影响了文学创作，以“咏史、自挽、悼亡”为主题的挽歌诗在文学史上占有一席之地。

著名的有陶渊明的《挽歌》组诗，一般认为是诗人在死前两个月，即元嘉四年（427）九月为自己写的挽歌。

其一

有生必有死，早终非命促。

昨暮同为人，今旦在鬼录。

魂气散何之？枯形寄空木。

娇儿索父啼，良友抚我哭。

得失不复知，是非安能觉！

千秋万岁后，谁知荣与辱。

但恨在世时，饮酒不得足。

其二

昔在无酒饮，今但湛空觞。

春醪生浮蚁，何时更能尝。

肴案盈我前，亲旧哭我傍。

欲语口无音，欲视眼无光。

昔在高堂寝，今宿荒草乡。

一朝出门去，归来夜未央。

其三

荒草何茫茫，白杨亦萧萧。

严霜九月中，送我出远郊。

四面无人居，高坟正蕉峣。

马为仰天鸣，风为自萧条。

幽室一已闭，千年不复朝。

千年不复朝，贤达无奈何！

向来相送人，各自还其家。

亲戚或余悲，他人亦已歌。

死去何所道，托体同山阿。

在当下，如此对仗工整的挽歌已几乎不复见，如何将挽歌的情绪用符合当今时代的方式表达出来，是一个新课题。其实，无论古雅还是流行，长篇幅还是短小精悍，都是一种浓情的表达、哀思的寄托。

最后说说安魂曲。在西方音乐谱系里，安魂曲作为弥撒曲的一个分支，主要用于超度亡灵的特殊弥撒，是一种以追思为目的的基督教音乐形式，其中蕴含着人们对死亡的沉思，也寄托了人们对生命不朽的美好向往。随着时代的变迁，安魂曲逐渐脱离宗教葬礼仪式的音乐规范，不断地世俗化，演化为理解生命、豁达生死、救赎苦难、超越苦难的世俗仪式音乐以及供百姓鉴赏的音乐会音乐。著名的安魂曲如勃拉姆斯的《安魂曲》、莫扎特的《安魂曲》、布里顿的《战争安魂曲》、威尔第的《安魂曲》，以及坂本龙一的《安魂曲》。

关于安魂曲的意境，有乐评家这样写道：那是云层中穿行的合唱，金色的小号声如阳光穿透云层，优美的挽歌，还有复杂的赋格曲，都是如此必要，仿佛是之前所有优美、温柔与哀伤凝聚而成的具体建筑，是它们不会消亡的凭证。这样漫长的乐章，这样深邃的温柔，就像深蓝色宇宙的拥抱，无垠无终，永不消逝。

安魂曲另一个“升华点”是电影音乐。《入殓师》影片邀请音乐大师久石让为其配曲，主题曲《追忆》《美丽的死亡》悦耳怡心，与电影画面丝丝入扣，相得益彰。《追忆》一曲由大提琴独奏带入，哀婉，低沉，仿佛在诉说一段伤痛的记忆。描绘儿时的画面里，钢琴加入后乐曲饱满动人。音乐高潮到来之时配合飞鸟的画面，再配以鸟鸣，显示出不羁的激情。《美丽的死亡》通过悠扬的音乐旋律烘托氛围，营造情绪。大提琴如泣如诉，仿佛诉说着家人对死者的眷恋，也第一次让主人公真正懂得了入殓的意义。

2008 年 8 月 3 日，作家周大新送走了 29 岁的爱子周宁，那是他们家最黑暗的一天，也是最痛彻心扉的一天。与爱子天人两隔，心头是无以言说的疼，那是难以忍受的空茫之痛，是五脏六腑的撕裂，为什么我们会无辜受难？这分明是一场没有理由的浩劫。而接下来的日子该怎么度过，泣血的心又该如何平复？周大新从莫扎特的《安魂曲》里找到了精神支柱，在这支乐曲的旋律里，我们没有听到痛苦与忧伤，听到的是难以言说的欢乐与坦荡。于是，幸存者“放下所有的收获，收回所有的期待，忘记所有的失去，抛开所有的不快”，继而“铭记亲人，作揖邻人，感激友人，跪谢大地”“将不舍扔开，把不甘丢弃，将不满消去，把不安抹平，安息在蓝天白云深处”，这对即将阴阳分隔的父子，都为悬空的灵魂找到了安放地，就像“悬棺”被安放在峭壁之间。这就是安魂曲的无穷魅力。

四、现代葬礼改革的原则与实践

首先，还必须从哲学层面来审视葬礼的真谛。这里有两个前提，一是是否认同有灵，二是是否崇尚礼仪。两者密不可分，唯有认同“精神的飞翔”（有灵），才会有礼仪的神圣感、庄严感，而一切礼仪都是为表达对逝者的精神褒扬与追忆。无论葬礼如何改良，或者是改革，都难逃这两个基本前提。

进一步说，其一，葬礼的最初旨向是追魂、安魂、招魂，本质上是对逝者美德懿行的追思。

其二，崇尚谒灵礼仪。无论是村头平民白喜事，还是国葬公祭，都浸透着文化的传承、仪轨的演示，还包含着以礼仪的形式满足心理慰藉、生命教育的诉求。

由此演化出一系列不同丧葬意识与行为张力，譬如是选择厚葬还是薄葬，旧式俗世葬还是新式绿色葬；葬礼规范是尊崇世风潮流还是古代文化传统；葬礼的基调是唯物，还是唯心，范式是宗教的，还是俗世的，致力遗存民俗、接纳部分神秘主义（迷信）的节目；是一场风俗丧，还是一场风雅丧；是注重物化，还是精神化，讲求仪式感而避免繁文缛节。

任何一个民族都有自己的文化遗产，丧葬仪轨是其中的重要部分，但是，这些仪轨未必都符合现代生活，必须有所改良，甚至改革，力求返本开新，遵循旧轨与改良传统并重。因此，我们主张礼为人用，反对人为礼役，提倡庄重而节俭的礼仪；倡导孝为人悦，反对人为孝累，为表达孝道而屈节丧尊；追求丧葬的精神化，反对过度物化，追求仪式的神圣美感，反对低俗浅陋；倡导美丽、诗意、富于情感的殡葬，摈弃迷信低俗、过度物化的奢侈豪华仪轨。

丧葬礼仪与其他社会风俗一样，具有很强的惰性，使得移风易俗变得十分艰难。“五四”伊始，丧葬改良作为文明转型、文化变革的任务被提上知识分子的议题谱系之中，作为新文化运动干将之一的胡适之曾说过：“当一种社会上的事物，深入群众而为群众所接受之时……改变它是十分困难的。”历史也证明，社会风俗的变革较之政治领域、经济领域的变革，确实要复杂、艰难得多，它不是经过一两次革命运动的冲击就能实现的，而需要几代人的努力。胡适之本人就有系统的丧礼改革主张与实践示范。他的改良方针很鲜明，大破大立，一是把古丧礼中遗留下来的种种虚伪仪式删除干净，二是把后世加入的种种野蛮迷信的仪式删除干净，使得丧葬礼仪更近乎人情，更适合现代生活。

1918年11月，胡适之应邀去北京通俗讲演所讲演，主题为“丧礼改良”，此时，他恰好收到故乡绩溪老母的讣告。他便借此机会，力行自己的丧礼改良主张。其主要内容有六。

一是删除旧式丧帖中的套语、赘语、自贬语。如传统丧帖上的“不孝男××等罪孽深重，不自殒灭，祸延显妣”“孤哀子××等泣血稽颡”“拭泪顿首”。二是免收祭礼，减少靡费，只需一炷香或挽联。三是简化祭祀礼仪，不装模作样，也免去号啕大哭、悲痛不已、不扶不起的惨状表演，祭礼约15分钟完成（序立—参灵—三鞠躬—读祭文—辞灵）。四是出殡仪式从简，减去披麻戴孝、号啕摔盆、操哭丧棒等节目。五是墓穴选择不信风水堪舆之道术。六是实行短丧，不再服孝三年，孝服不必刻意规定，只要是素色即可，质地不限，也可不着孝服，改为袖戴黑纱（3日到30日）。对于最后一点，对母亲饱含深情的胡适之有所延宕，母亲过世5个月后，他方才脱掉素色服装，摘去黑纱。

时代又跨越百年，新世纪的葬礼应该如何操办，人们存在着彷徨。有人认为应该回归传统仪轨，对话传统，致敬传统，也有人认为应该遵循民俗与宗教信仰，更有人觉得内心与个性最值得遵从，应该凸显神圣感、美感、精神性、艺术性。对此，谁都不能充当仲裁人，就应该鼓励个性张扬，悉听尊便。

有一场葬礼让我记忆犹新，那是2006年10月22日，少年作家子尤经历了同龄人无法想象的生死爱恨，最后在复兴医院撒手人寰，他最后的遗言是："这个故事会怎么收场呢？"葬礼大概就是他短暂而精彩的人生的休止符，家人没有移灵他处，就选在医院的告别室里举行告别仪式，他的读者、同学、家人用鲜艳的玫瑰花瓣覆盖在他的身体上，一起用烛光、鲜花和诗歌为子尤送行。那一刻，每个人把自己装扮了一番，像是去赴一场诗歌朗诵会，大家肃穆地拥簇在他身旁，诵读着他的诗歌、散文。当"秋雨莎莎落……"的诵读声起起伏伏，随之而起的是《魂断蓝桥》的音乐，乐声伴着诗心在屋里飘洒，见证着少年天才"生亦漂亮，死亦漂亮"的潇洒人生。

诚然，葬礼何求，生死两安。

作者简介

王一方，国内知名医学人文学者，北京大学医学人文学院教授，《医学与哲学》编委会副主任。主要研究临床医学人文，生死哲学、技术哲学、医学思想史，著有《医学人文十五讲》《医学是什么》《中国人的病与药》《临床医学人文纲要》等书。

赵忻怡，北京大学医学人文学院讲师。研究领域为：生产性老龄化、长期照顾、医务社会工作、医疗保险。任《中国医疗保险》《社会建设》、*International Journal of Social Welfare* 等期刊同行评审，香港大学秀圃老年研究中心荣誉研究员，北京市海淀区妇幼保健院伦理委员会成员。参编教材《社会保障概论（第六版）》等。

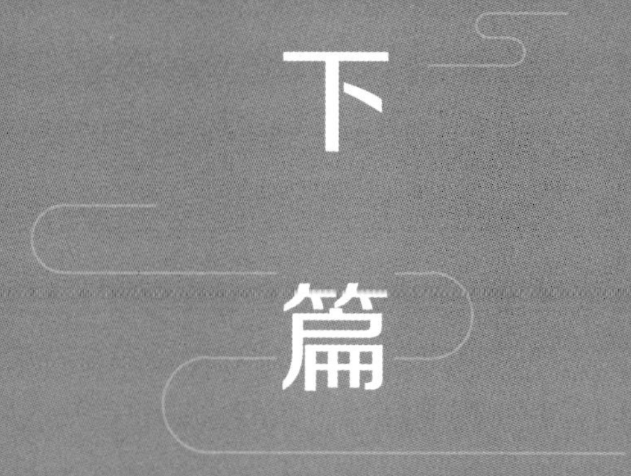

下篇

/第九讲/

什么是生前预嘱和尊严死

罗点点

生前预嘱以及功能相似的一系列文件，是目前世界上所有开展安宁缓和医疗服务的国家和地区提供此种服务的合法性前提。本讲梳理了生前预嘱的历史起源，清晰界定其概念及核心内容，将其与安乐死的概念做出明确区分。同时，就生前预嘱在使用和实施过程中所涉及的法律及伦理问题进行了深入解读，提出发挥生前预嘱的真正作用所需要解决的问题，并给出在当下国内环境中推广生前预嘱的路径建议。

通过对以上问题的诠释和解读，我们希望能够使国内安宁缓和医疗及相关专业的从业者对生前预嘱有一个全面的认知，并能将其真正带入临床实践中，推动我国安宁缓和医疗事业的快速发展。

一、什么是生前预嘱?

生前预嘱是人们事先，也就是在健康或意识清楚时签署的，说明在不可治愈的伤病末期或临终时要或不要哪种医疗照顾的指示文件。

1976 年 8 月，美国加利福尼亚州通过了《自然死亡法案》(*Natural Death Act*)，允许不可治愈的患者依照自己的意愿，不使用生命支持系统延长临终过程，也就是允许他们自然死亡。此后，美国各州相继制定此种法律，以保障患者的医疗自主权。这项法律允许有完全责任能力的成年人完成一份叫作生前预嘱（Living Will）的法律文件，对自己的临终做出尽量明确的安排。一般认为，美国加州的这项法案开了生前预嘱使用的先河。

只要根据医生判断，患者处于不可治愈的伤病末期，生命支持系统和其他抢救措施的唯一作用只是延缓死亡过程，医生就可以按照患者的生前预嘱授权，不使用或者停止使用这些措施。这样，医生对病人的死亡就不再负有法律责任。病人的死亡也不再被看作是自杀，不仅可以合法获取国家医保的报销，也不影响其家属领取有关的商业保险赔偿。

在加州通过《自然死亡法案》后，1991年12月，《患者自决法案》（*Patient Self-Determination Act*）在全美正式生效。这项法案的内容也是尊重患者的医疗自主权，通过"预设医疗指示"（Advance Medical Directives），维护患者选择或拒绝医疗处置的权利。目前，所有美国公民和部分生活在那里的人，只要愿意都可以签署生前预嘱，按照个人意愿选择伤病末期或临终时要或不要哪种医护治疗方法，包括使用或不使用生命支持系统。越来越多的人知道自己享有这种权利，并运用这种权利追求更自然和有尊严的"自然死亡"。

由于更符合生命伦理并容易被各种文化心理接受，这种通过生前预嘱授权，使不可治愈的伤病患者根据本人意愿以尽量自然和有尊严的方式离世的方法迅速传播和扩展。不仅北美洲、欧洲和大洋洲，即使在相对保守的亚洲地区，这种法律精神也日益深入人心。

通过专门立法授予生前预嘱合法地位的做法并不是唯一有效的。还有一种做法是在非专项立法的情况下允许使用生前预嘱，目前，用这个办法使用生前预嘱的国家和地区较多。使用情况则因基本法律环境和行业现状的不同而具有不同的合法性来源和样貌。比如在法国、德国和意大利等国，主要依据判例法提供的既往判例。在英国、日本和爱尔兰等国家则是遵照主管部门发布的临床指引、医师执业规范甚至是专家共识。在中国，拥有和使用生前预嘱不仅不违反所有现行法律，而且，宪法中对公民生命健康权的有关规定、从《侵权责任法》到《民法典》的有关条文和临床上多年使用的病人家属签署知情同意文件的做法，都是对这种行为的有力支持。

在不同国家和地区，生前预嘱有不同叫法，如“生预嘱”“活预嘱”“预设医疗指示”、知情同意书，等等。生前预嘱指向的，是既不提前也不拖后，尽量贴近自然、舒适和有尊严的死亡方式，也有“自然死”“尊严死”“安宁死”和“舒缓死亡”等各种名称。为了与主动安乐死严格区别，曾被安乐死细分系统较早使用的“被动安乐死”“缓安乐死”等名称，则越来越少被使用。

20 世纪 80 年代，一位名叫吉姆·托维（Jim Towey）的全职志愿者在美国华盛顿特区的艾滋病之家工作。这是由诺贝尔和平奖获得者特蕾莎修女创办的慈善机构，用以收容那些处在社会底层的贫病交加者。为了使他们也能表达自己的临终愿望，吉姆·托维以天主教神父、律师和志愿者的身份，设计出一份叫作“五个愿望”（Five Wishes）的生前预嘱。不需要懂得太多的法律或医疗专业术语，当事人只要对这份表格化的文件中列出的选项进行确认，就可以对临终时各种事项做出比较清晰的安排。既可以说明自己不要什么，如临终时不要心肺复苏、气管插管，也可以说明自己要什么，如充分止痛、舒适照顾，等等。由于简单实用，易于理解，至今它已被翻译成二十多种文字，有上百万人使用，是目前使用人数最多的生前预嘱文本。

许多美国人认为，《五个愿望》完全改变了他们对死亡的想象，改变了他们面临死亡时的谈话内容和方式，甚至改变了他们对生命的看法。他们不仅能事先对自己履行最后的责任，更能在病重和临终时得到善良的对待。他们不仅能要求缓解身体的痛苦，更能在精神上得到极大的安慰。他们在生命尽头感受到了爱与关怀，感受到个人的意愿被尊重，他们的亲人也因此更能面对他们的死亡。

北京生前预嘱推广协会根据《五个愿望》英文和中文版，在征求了多位法律、伦理和临床专家的意见和建议之后，于 2008 年推出了供中国居民使用的第一份生前预嘱文本。为彰显生前预嘱的核心价值——尊重使用者的本人愿望，特将这份生前预嘱叫作“我的五个愿望”。[①]

目前，这个文本和北京生前预嘱推广协会网站上的生前预嘱注册中心数据库供所有注册者免费使用。

《我的五个愿望》封面

① 北京生前预嘱推广协会：《我的五个愿望》，http://www.lwpa.org.cn/temp/%E6%88%91%E7%9A%84%E4%BA%94%E4%B8%AA%E6%84%BF%E6%9C%9B2017.pdf，访问日期：2019 年 8 月 15 日。

二、谁的选择？谁的权利？

生前预嘱是人对自己在生命尽头时要或不要哪种医疗照顾的决定和选择，这涉及一个非常重要的问题：人应该有这种权利吗？

传统医患关系中，患者往往不参与有关自己医疗问题的决策。古希腊著名的希波克拉底誓言中就以不可给患者带来不安和恐惧为由，提倡不让患者知晓关于治疗和预后的事。这种精神在近代医疗制度中曾衍生为对危重病人不告知病情的“保护性医疗”制度。

在中国，传统医德以仁为本，救人乃医生天职所在。医家很讲究在行医时独自做出关乎病人生死存亡的决定，以免却病人难以取舍之苦。在这种家长式医患关系中，患者对医生高度信赖，他们认为医生理所当然地会像家长一样为自己妥善安排。所以一般人对医生既有“再生父母”之联想，“良医良相”之赞美，更有“医者近佛”之崇拜。

20世纪以来，现代化语境下的科技飞速发展，社会形态发生巨大变化。医疗的日益专业化、技术化和各种快速更新的诊治手段的应用，使医患沟通发生困难。医疗的市场化，医生运用信息优势对患者进行的有意无意的剥夺，医疗事故和丑闻的不断出现，都使医患之间的不信任加剧。另外，人权运动的发展使社会崇尚个人信念和自我表达。患者的自主决定权被提到相当高的程度。病人不再愿意被视为无助与无知者，不再愿意毫无保留地遵从医嘱。他们要求参与决定有关自己的治疗和照护行为，更要求以尽可能低的付出获取高品质的医疗服务。各国政府和有关机构开始制定各种法律和法规以保障患者权利，其中很重要的便是知情同意权。

1947 年，针对纳粹德国等法西斯国家在战争中进行的人体实验等严重罪行，纽伦堡欧洲国际军事法庭通过了《纽伦堡纲领》。

这个纲领被公认为开知情同意权法理的先河。其后由世界医师总会通过了《赫尔辛基宣言》《里斯本宣言》等，将知情同意扩展到对所有患者的治疗上。1973 年美国医院协会在美国人权运动、消费者权利运动的推动下通过了《患者权利典章》，承认“患者就所有疾病有关之诊断、治疗、预测及危险性，有知情的权利，对于看护、治疗有接受或拒绝的权利，在得到充分说明后，有亲自判断利害得失之自我决定权”。1991 年美国国会通过的《患者自决法案》，对患者的自主决定权有了进一步规范和细化。

知情同意权在我国相关的法律规范中亦有体现。2010 年 7 月 1 日开始实施的《侵权责任法》明确规定患者享有知情同意权。施行多年的《医疗机构管理条例》《执业医师法》《医疗事故处理条例》等行业法规亦有类似规定。不过，尽管在我国医疗实践中让患者对其治疗和手术事先知情并同意的做法已非常普遍，但对患者自主决定权的理解和使用还很不完全。比如医院常常是要求患者家属而不是患者本人签字决定是否手术，有时甚至是患者所在的组织或单位对患者的临终处置表达最后意见，而这些意见很可能与患者本人意愿相左。

如今，几乎所有文化和传统都已经认同的一个基本理念是，有关个人事务应由个人自主且自由地决定。每个人的身体都不容侵犯，任何未经同意的治疗形同暴行。当然，这不是说在行使患者知情同意和医疗自主决定权时已经完全没有争议。比如当患者拒绝治疗的要求危害公共利益时应如何办理？当涉及自杀、自残行为时，人有没有权利拒绝治疗？还有临终危重患者由于经济不堪重负而放弃治疗，等等。但在社会形态和医学模式都已经发生变化的今天，通过签署生前预嘱来选择一种更接近自然状态的死亡，无论如何是一件符合人道主义精神的事情。这是文明的礼物，是现代社会、法律和伦理赋予人的基本权利。这种不是由其他任何人，而是由自己对自己做出的自主决定，是对生存意识的现代化解读。

三、什么是"好死"和"善终"？

走出狩猎—采集而进入游牧时代的早期人类，还有明显的遗弃长者和病弱者的行为。面对食物短缺和极其恶劣的生存条件，延续种群的需要强迫人们这样做。这种出于动物本能的行为虽然野蛮，但它维系了物种的繁殖和生存，让人类有了构建文明的可能。一旦进入文明，这种野蛮行为就被厌恶和摈弃。到了古希腊罗马时代，法律已经禁止抛弃老人，但还允许病人自杀以及任意处置有缺陷的儿童。最为人熟知的例子可能是公元前700年左右在伯罗奔尼撒半岛南部的斯巴达部落，所有呱呱坠地的婴儿都要先抱去见长老，如果被认为不够健康，就要由母亲亲手将其抛弃于位于泰格特斯山谷里的弃婴场。亲生母亲随时可以停止喂养不可能成长为良好战士的孩子，任其死去。在基督教的影响下，欧洲大陆上随意结束病人生命的行为才受到绝对禁止。同时，通过教堂和会众组织建立的各种照顾贫老者和临终病人的设施渐渐增多，此为现代临终关怀运动的滥觞。

20世纪初叶，资本召唤出的欲望和兽性，使社会达尔文主义在欧美社会各阶层中传播涌动。救济和慈善违反自然，适者生存才是自然法则，人的成功和失败取决于某些生物特性……这些为殖民者和帝国主义者津津乐道的说法，让许多处于激烈变动中的国家不得安宁。这些国家的知识精英与社会大众共同沉浸在“优生”和“人种改良”的癫狂迷梦中。1907年，对精神病和遗传病患者强迫绝育的立法由美国印第安纳州首开先河，继而扩展到其他三十三个州。瑞士、瑞典、挪威、丹麦等国纷纷效法。第一次世界大战的战败国德国也是在这个时期成了推行“优生政策”最彻底的国家。要知道，在纳粹党决定对犹太人、斯拉夫人和其他“劣等民族”实行种族灭绝之前，竟然已经有五万到七万德国公民被希特勒政权的所谓“安乐死计划”杀死！其中包括在针对残障儿童的安乐死计划中死去的五千多名儿童。直到第二次世界大战结束，法西斯主义在全世界失败后，流行在欧美各国的优生迷梦才最后破灭。如今，当出生在“二战”之后的人们，再次讨论什么是好死和善终的时候，知晓这段丑恶历史的人已经不多了。

可是，人们对“幸福的没有痛苦的死亡［安乐死（Euthanasia），来源于希腊文］”的追求从未停止。死亡对人的肉体和精神的肆意损毁更让人们对离世时的“安乐”梦寐以求。

目前世界上只有荷兰、瑞士、比利时等少数国家允许安乐死。但需要明确，即使在这些国家，安乐死——也就是医生协助下的自杀，也不能被简单地认为合法，准确的说法是被允许进入合法化程序。

以荷兰为例。为了免除执行医生（必须是主治医生及以上）的刑事责任，安乐死的实施必须满足以下条件：

（1）病人的要求是自愿的，并且经过深思熟虑。

（2）病人无法继续承受痛苦，同时病情没有任何好转的迹象。

（3）主治医生和病人共同得出结论，病人的病情没有任何其他合理的治疗方法。

（4）主治医生需要征询至少一名其他医生的意见。这名医生需要见过病人并且对其情况是否符合上述标准出具书面意见。

（5）主治医生对病人实施安乐死或协助自杀时，必须给予病人应有的医疗护理和关注。

当符合上述条件的安乐死实施完成后，医生必须按照殡葬和火葬法案的相关条例向市政验尸官通报病人的死亡原因。要通过五个地方安乐死监督分会向安乐死委员会书面报告全程细节。安乐死委员会的责任则是仔细察看并最后判决医生到底是提供了死亡援助还是犯了谋杀罪。审查者至少包括一名律师、一名医生和一名伦理学家。同时，医生和护士有权拒绝安乐死的实施或准备。实际上，由于种种原因，在荷兰，三分之二的安乐死要求都会被医务人员拒绝。

这就是说，即使在世界上最早实现安乐死的荷兰，夺取危重病人生命仍然可能是违法的。只是在执行了某些严格的条款之后，执行者才不再受法律的追究。别小看安乐死合法化中的这个“化”字，它是在强调安乐死的实施过程必须遵守严苛的条件，一不小心，协助他人结束生命的行为还是可能触碰法律红线！

尽管有开放的社会文化心理、细致的程序安排和严苛的法律制约，但荷兰国内对安乐死的争论没有一天停止过。荷兰国内安乐死人数逐年上升[①]，《格罗宁根协议》对 12 岁以下儿童的安乐死网开一面，2010 年以来，一些组织倡议所有对生活感到厌倦的 70 岁以上荷兰人都有权在结束生命时得到专业帮助，这些现象不仅在国际上引起巨大反响，荷兰人自己也对其表达了质疑和不满。有报道说，一些荷兰老人随身携带“反对安乐死标识”以表达担忧和拒绝，甚至还有一些老人因惧怕“被安乐死”而逃往国外。

瑞士是为数不多的允许对非本国公民实施安乐死的国家。这里的两大协助自杀组织——“尊严”（Dignity）和“解脱”（Exit）都不是医疗机构。在瑞士，协助自杀甚至不被认为是医疗行为，可由这种非营利的社会组织代劳。实施协助自杀的人也可以不是医务人员。但即使是医生，也只能提供药物或工具。无论是服药还是注射，病人都不能假手他人，必须自己执行最后步骤，也就是按下“死亡按钮”。

安乐死从审核到执行，要过这么多关卡，迂回绕行这么大的圈子，其实是说明，即使有最好的理由，剥夺他人性命这件事也不应突破人伦、道德，当然还有法律的底线。

尽管不少人认为，好法律和好制度应该在公平正义的原则下，保障所有守法公民有实现自己愿望（包括安乐死愿望）的自由，有免除恐惧（包括死亡恐惧）的自由。但是，与其单纯主张死亡权利，不如致力于丰富临终者可以利用的社会资源，改善对他们的照顾条件。要知道，临终痛苦的成因相当复杂，不仅来源于身体，更来源于心理和社会。那些单纯追求死亡的个案往往来自并不多见的

① René Héman, “Internationale euthanasiediscussie: graag met respect,” accessed October 1, 2019, https://www.knmg.nl/actualiteit-opinie/columns/column/internationale-euthanasiediscussie-graag-met-respect-1. htm.

极端困难。全方位的照顾一旦到位，这种困难个案就会大大减少。而且，从社会文化心理的角度，不难推论出在条件不成熟时允许安乐死可能带来人性堕落和社会塌陷。甚至媒体不合时宜的报道和渲染也会引起令人痛心的仿效，对这种案例我们也并不陌生。

那么，到底什么是好死和善终？用关键词“good death”（好的死亡）或者“好死”“善终”上网搜索，可以看到国内外林林总总的研究。也许找到一个适应不同文化的精准概念既无必要也不可能，但好消息是，全世界人民对“好死”和“善终”的理解大致相同[①]，可以简单地归纳为：

（1）免于可避免的疼痛和痛苦；

（2）符合本人和家属的意愿；

（3）符合医学伦理和道德标准。

生前预嘱所建议的，在生命尽头根据本人意愿，以尽量贴近自然的、舒适而有尊严的方式离世，不仅符合以上精神且可获得切实的操作环境。尤其是安宁缓和医疗在全球蓬勃发展，还让生前预嘱的使用极具科技温情。需要强调的是：生前预嘱虽然建议人们在不可治愈的生命末期放弃过度治疗和抢救，但是，这种立场并不代表轻慢甚至反对其他种类的选择，包括要求在最后时刻不惜一切代价治疗和抢救。说到底，“好死”和“善终”并没有统一标准。无论如何选择，人们只要明确表达了愿望，在社会和他人的帮助下实现了愿望，就应被视为获得了有尊严的、好的、良善的死亡。

① Tim Newman, “What Does A ‘Good Death’ Really Mean,” accessed October 1, 2019, https://www.medicalnewstoday.com/articles/308447.

四、生前预嘱如何发挥作用?

一位35岁的癌症患者，术后五年不幸癌细胞扩散，很快出现肝昏迷。医生向家人发出病危通知，并按惯例询问一旦患者呼吸心跳停止是否还要抢救。家人不忍，且自觉医疗常识不够，就去询问一位做临床医生的朋友。医生沉吟良久说，这情况属癌症晚期，临床医疗已无力回天，与其让病人临终受苦，不如不要再行无谓抢救。这位医生是患者一家多年的朋友，他的建议当然受到了信任和重视。不久患者出现明显的呼吸困难，主治医生提出做气管切开。已决定不做无谓抢救的家人正在犹豫，不想患者从深度肝昏迷中短暂清醒，家人赶紧询问，患者竟于极度痛苦中点头同意做气管切开。之后的事情难免尴尬，病人的强烈求生欲望让家人不知所措，并对之前不进行无谓抢救的决定感到羞愧。于是家人不仅按病人意愿要求医生做了气管切开，更在第一时间让病人住进了重症监护病房，唯恐不能在病人临终时立即使用全套生命支持系统。当然，病人后来苦挨数日还是去世了。家人不仅眼见临终抢救给病人造成痛苦，也不得不面对花费巨大后亲人辞世的现实。更不幸的是，所有家人长时间地陷入自责和痛苦，甚至那位作为朋友的医生也一样。自责和痛苦来源于他们始终不清楚自己的建议和行为是否真正符合病人的意愿。他们甚至开始怀疑，病人曾经出现过的短暂清醒到底是不是真的清醒，或者一个临终病人在那种情况下表达的意愿是否真的应该被履行。

这个真实故事中包括了生前预嘱要解决的所有问题。换句话说，只有解决了这些问题，生前预嘱才可能真正发挥作用。

这些问题分述如下。

第一，合适的时间和地点。讨论和签署生前预嘱的最好时机不是像故事中那样在危机已经出现时，而一定要是“事先”。甚至应该提倡当事人在健康情况较好、心智未出现任何问题的时候做这件事。最佳地点也不是医院抢救室或重症监护病房，而是温馨熟悉的起居环境，如自家的客厅。因为这种在正确时间和正确地点展开的讨论才可能是真正充分和明智的。

第二，充分沟通。当事人做决定时不仅要与家人和朋友讨论，更要征询经治或主治医生的意见。专业人士不仅更透彻地了解病情，更能通过充分沟通找到符合患者愿望的具体的医疗措施。虽然普遍认为现时的临床医生在这些问题上缺乏明确意识和职业训练，但是，如果你真的开始这样沟通，往往会发现情况比想象的好。另外，与专业工作者对话最实际的好处是，能得到对要或不要哪种医疗照顾的专业解释，比如清楚知道各种选择会导致什么后果，等等。充分讨论和沟通的良好结果还包括，在达成共识的基础上，你的所有选择和愿望也能得到专业技术上的保障。

第三，是本人的意愿。尽管我们在讨论如此重大的问题时，非常希望得到家人、朋友、社会工作者以及专业医生的建议，而且事实证明，他们的建议确实是必要和有益的；但如果你是要为自己做决定的那个人，那么你始终要明确的是，这是你本人的意愿。你是在维护自己的尊严，表达自己的愿望。你不必猜测或太迁就别人的想法。

第四，可随时修改。尽管你已经通过充分讨论，在你精神和健康情况都足够好的情况下，做出了属于你自己的郑重决定和选择，但是，疾病和死亡毕竟是一件复杂的事，不是事到临头，很难知道自己真正要什么。所以，你有权利在任何时候改变你已经做出的决定和选择，完全用不着迟疑或感到难堪。合格的生前预嘱不仅会提醒你发生这种改变的可能性，更会提供简单和可操作的修改或撤销原有决定的办法。

第五，委托代理。病重和临终时，可能发生的意识障碍或不同程度的昏迷都会影响我们为自己继续做决定和选择。在那些已经通过“自然死亡法案”和生前预嘱具有法律效力的国家和地区，一般通过事先指定医疗代理人（health care surrogate）来解决这个问题。就是事先指定一个可以是亲属也可以不是亲属的“代理人”，全权委托他在你心智发生问题的时候替你做出决定。值得庆幸的是，在我国的日常医疗实践中，让病人家属或其他亲近者代替病人做决定的情况已经非常普遍。今后需要改进的，只是把这种“代替”以更明确的方式规范为病人自主决定后的授权。推动生前预嘱的实现，需要社会、政府、医疗、保险、法律等诸多方面的协同进展。即使在已经通过“自然死亡法案”、生前预嘱在大多数州都是合法文件的美国，让人们做到事先和自己的亲人、朋友或专家讨论临终问题并做出决定，也不是一件容易的事情。但是，从社会需求和医疗实践目前的情况出发，谁都能看出，在非专项立法的情况下推广生前预嘱有着极大空间。所以，从社会文化心理出发，在技术细节上讨论清楚生前预嘱如何在目前情况下发挥作用是有实际意义的。

总结如下，假定我们随时能以合理方式得到一份设计完备的生前预嘱，那么，让这份文件发挥作用的五个关键是：

（1）在合适的时间和地点充分了解和讨论；

（2）与相关人士，特别是专业人员充分沟通，以获得认可并达成共识；

（3）明确的自主意愿表达；

（4）可随时改变主意；

（5）必要时的委托和代理。

五、做什么和怎么做

中国香港特别行政区政府（以下简称“香港特区政府”）在非专项立法情况下推广预设医疗指示（生前预嘱）已经有十余年。2004年，香港特区政府法律改革委员会“代作决定及预前指示小组委员会”发布咨询文件，在对所有可行方案进行比较研究之后，提出以非专项立法的方式推广“预设医疗指示”的建议。小组委员会同时提出了建议使用的“预设医疗指示”的表格。2019年9月，香港特区政府食物及卫生局又在这个基础上发布了一份咨询文件，探讨以立法的方式让病人更顺利地达成在“居处离世”的心愿。[①] 这份文件中引用了三个病案。

案一：一名70岁妇人患有晚期慢性阻塞性呼吸道疾病，因呼吸衰竭入院，于接受插喉后康复。她在出院时签署预设医疗指示，决定如再出现呼吸衰竭便不再插喉，不欲承受入侵性治疗带来的不适，宁愿接受舒适护理。数星期后，该病人因呼吸衰竭再次入院，并变成精神上无行为能力之人。尽管病人已订立预设医疗指示，但其儿子仍强烈要求医生为病人插喉。他认为，香港并无关于预设医疗指示的法例，而且医生应提供紧急治疗，只要该治疗是必须且符

① 香港特区政府食物及卫生局：《晚期照顾：有关预设医疗指示和病人在居家离世的立法建议》，https://www.gov.hk/tc/residents/government/publication/consultation/docs/2019/End-of-life.pdf，访问日期：2019年8月15日。

合病人最佳利益的。然而，病人的女儿认为医生应尊重病人做出的不再接受入侵性治疗的预设医疗指示。医生认为再插喉或可延长病人的寿命，但他亦明白病人的预设医疗指示是有效且适用的。由于预设医疗指示并无清晰的法律支持，医生不能确定应否按照最佳利益原则推翻有关预设医疗指示。

案二：一名末期肾病患者由于知道他的一个儿子不同意他不再接受维持生命治疗的决定，因此签署了预设医疗指示。虽然所有其他亲属都支持该病人的决定，但当他情况转坏时，持异议的儿子指出病人在病情恶化前已改变主意，曾以口头方式撤销预设医疗指示。由于并无其他人在场见证口头撤销指示，其他亲属怀疑该名儿子所言并非属实，但无证据证明。如果医生为该病人提供维持生命治疗，则可能违背其真正意愿。

案三：一名青年眼见有朋友在医院经长期治疗后离世，因而做出预设医疗指示，表明若他像其朋友这样受伤，他拒绝接受维持生命治疗。数年之后，该人在一宗交通意外中严重受伤，并且瘫痪。初时他仍清醒，并同意接受治疗和参加一个康复计划。几个月后，他陷入昏迷之中，此时有人发现他的书面预设医疗指示，但他在接受治疗期间从未提及该项指示。该人在丧失精神上行为能力之前同意接受治疗及参加一个康复计划的做法显然与预设医疗指示相违背，任何评估该项预设医疗指示的人，必须极为慎重地考虑这该项预设医疗指示是否有效而适用。

我们知道，近年来香港地区人口平均寿命已经成为世界第一，政府推广生前预嘱帮助民众实现有尊严无痛苦死亡的历史也有了十余年的时光。但以上发生的真实案例，仍反映出生前预嘱在临床实践中发挥充分必要作用时的困境。

2016年4月，全国政协主席俞正声主持召开的关于“推进安宁疗护工作”的双周协商座谈会是生前预嘱已经引起国家管理者和政策研究者注意的明显标志。发展安宁缓和医疗成为有识之士的共识，推广生前预嘱也因此被提上政府日程。笔者在这次会议上发言，提出了推广生前预嘱的三项建议。

第一，1956年4月27日，在中央工作会议期间，毛泽东、朱德等国家领导人和与会的151位领导干部，相继签署了实行火葬倡议书。六十多年过去，火葬习俗已蔚然成风。我们希望，党和国家的领导人以及在座的各位，都能率先垂范，注册生前预嘱，以实际行动倡导这种文明的生活方式。

第二，成立类似美国生前预嘱注册中心（U.S. Living Will Registry，现在也称 U.S. Advance Care Plan Registry）那样的由非营利组织运营的全国生前预嘱注册中心，保障所有正式注册的生前预嘱有效和安全，并以政府购买服务的方式支持其运营和发展。

第三，将知晓病人的生前预嘱作为推行安宁疗护工作的必要环节，以类似日本厚生劳动省的做法，由国家卫生主管部门通过行政法规，将查阅和使用生前预嘱作为临床诊疗规范或纳入临床医生规范化培训，使其成为执业者必备的技能。

一个现代国家，是否能为公民提供使用生前预嘱的环境，并因此实现尽量有尊严无痛苦的死亡方式，是衡量其文明程度的一把尺子。符合现代缓和医疗概念的学科建设和包括教育内容、机构标准、支付制度、法律保险等在内的配套制度的建立，是需要全社会共同完成的系统工程。根据世界卫生大会的精神，各国政府在其中具有不可替代的责任。那些率先进入这个过程的国家，在政府的主导下，不仅实现了全社会对有尊严的死亡的深入理解，更有配套的法律和福利制度作为保障，即使是商业医疗保险，也有相关国家政策要求其对签署生前预嘱的被保险人提供优惠。

是不是可以这样认为：富裕起来的中国人对生命质量的日益重视是生前预嘱推广工作的坚实基础？政府虽然是第一责任人，但社会各界和我们每一个人的参与都不可或缺。中国人世代追求的包括“好死”和“善终”在内的人生圆满，很可能在我们这一代人的手中，在国家现代化的大背景下变为现实，是不是令人振奋和激动？

附表：不同国家和地区关于安乐死、
尊严死的法律规定情况

作者简介

罗点点，北京生前预嘱推广协会会长。当过医生，从事过医疗机构管理、投资管理公司调研、刊物主编、媒体集团创意总监等多种职业。出版小说《白火焰》、传记《将军从这里起步》《非凡的年代》《红色家族档案》等，为报刊撰写专栏并担任影视编剧、策划等。2006年参与创建国内首个推广“尊严死”和“生前预嘱”的“选择与尊严”公益网站。2013年，参与创立“北京生前预嘱推广协会”。

/ 第十讲 /

生命应当如何谢幕

——死亡与安宁疗护

秦　苑

死亡……是一件无论怎样耽搁也不会错过了的事，一个必然会降临的节日。

——史铁生

死就如同生一样，是人类存在、成长及发展的一部分。……它是我们生命整体的一部分，它赋予人类存在的意义。它给我们今生的时间规定界限，催我们在我们能够使用的那段时间里，做一番创造性的事业。

——伊丽莎白·库伯勒－罗斯（Elisabeth Kübler-Ross）

万物皆有生灭，然而并不是所有的生命都“看得见”死亡，唯有人类为此震惊、困惑，并把死亡从一个自然现象变成一件认真对待的大事，持续思考其中的含义。因此，人类会郑重地埋葬死者，并且创造了一连串的程序和礼仪。这些仪式可以让我们处理好生者与死者的关系，让死者安息，告慰生者，让死亡产生意义。

死亡终将到来，那么你希望用什么样的方式离去？

先讲讲小丽的故事。20 世纪 80 年代的一天，某三甲医院的肾内科病房里一位 13 岁的女孩小丽因罹患先天性多囊肾、肾功能衰竭、凝血功能障碍，已经进入临终状态，心电监护仪上显示的心率快速下降，注射“心三联”已经无效，当医生按照流程开始进行常规的胸外心脏按压术时，因为严重的凝血功能障碍，随着每一次的按压，鲜血从小丽的七窍喷溅而出，在白色的被单上晕染开来……

小丽的父亲，一位中年男人当时就站立不稳，哽咽地哭诉：“对不起啊！孩子，爸爸不知道，死亡的过程竟然如此痛苦和恐怖……”

这一幕，也永久地烙印在当时年轻的主管医生的记忆里。

虽然医学从产生的一刻开始，始终就是“逆天”的存在，一直干的都是与“阎王爷”（西方叫“死神”）抢人的活儿。但直到大约两个世纪前，人们大都是在家中辞世的。死亡被认为是自然现象，家人们都会共同见证这一过程。

自从18世纪英国工业革命之后，科学技术得到长足的发展，人类社会在享受科技带来的便利的同时，逐渐对其产生依赖，有了唯技术论的倾向。随着医学技术的进步，大部分人会在医院里走过他们生命的最后几天，并且很多时候是孤独地离世。医生和护士的工作目的一直是找到治愈方法，或者至少是延长生命，奢望以医疗技术抗拒死亡，认为死亡是医疗的失败，于是产生了“生命不息，抢救不止”的医疗模式。这样的模式，忽略了最重要的因素——人。我们忘记了在与死神拔河的过程中，患者才是那根承受力量的“绳索”，很少有人关注他们的感受和期待。在小丽的故事里，患者痛苦离世，家属悲痛欲绝，医护深感无力，其结局注定是充满痛苦和遗憾的。

主流的西方医疗模式对待生命末期病人曾经是冰冷而“强力入侵式”的。1997年，美国的公民健康倡议联盟“美国健康决定”

（American Health Decisions）做了一次调查——“对尊严死[①]的需求”。结果显示，各年龄、各族群的美国民众都对强医疗介入性、“工业化生存”充满恐惧；但同时，他们又拒绝做一件很大程度上能改善这种恐惧的事情——与家人和医生讨论他们的恐惧和期待。实际上，美国国家安宁疗护基金会发现美国人宁可和自己的孩子讨论安全性行为或者药物滥用，也不愿意和上年纪的父母讨论生命终末期照护的话题。

一、临终关怀的演进与安宁疗护的诞生

1879年，都柏林的一位修女玛莉·艾肯亥（Mary Aitkenhead）将其修道院主办的“驿站”（hospice[②]）作为专门收容癌症末期患者的场所，并精心照顾他们。1905年，伦敦市由修女主办的圣约瑟夫临终护理院（St. Joseph's Hospice）也改为专门收容癌症末期病人。但在当时，二者皆秉承基督教的博爱精神来照顾病人，并未采用专业的医疗技术以改善病人的痛苦症状。

20世纪50年代，西西里·桑德斯（Cicely Saunders）女士在阿奇威医院（Archway Hospital）担任社工，她看到一位年轻的癌症病人戴维（David Tasma）疼痛至死无法缓解，感觉刻骨铭心。戴维

① 尊严死是指在临终病人本人及其家人同意的情况下，不对其施行心肺复苏术等延长濒死阶段的医疗手段，只进行安宁疗护，助其随病程行进至死亡的一种自然死亡方式。

② hospice一词在中世纪意指庇护所，指开放给那些宗教朝圣返回，疲惫、病困的旅人的场所。后来，它指代开放给十字军战士疗伤、休息的地方，之后则泛指提供给朝圣者、旅人、贫困者、生病者休息的场所。

离世前留给她五百英镑当作基金，希望她将来能建立一座更人性化的临终关怀护理院，既消除病人身体的痛苦，也给予病人心灵的照顾。桑德斯女士以此为目标，攻读了社会工作及医学的学位，成为具备医师、护士及社工背景的照顾者，逐渐发展出给予病人覆盖身体、社会、心理和灵性的“全人照顾”理念。1967年，世界第一座兼具现代医疗技术及人文照顾的安宁疗护医院——圣克里斯托弗安宁疗护医院（St. Christopher's Hospice）正式于伦敦郊区建立。桑德斯医师亲自带领医疗团队进行一系列的癌症止痛等症状控制研究，并将临床护理与教学、研究相结合，尽快地将所有患者的痛苦减至最轻。经过探索，桑德斯逐步建立了通过多学科协作的专业团队为患者及其家庭成员提供“全人照顾”的现代临终关怀模式，从而使“逝者灵安、生者心安”的善终成为现实。

1976年，圣克里斯托弗安宁疗护医院的工作团队前往美国，在康涅狄格州协助建立了美国第一座现代安宁疗护机构——纽黑文安宁疗护医院（New Haven Hospice）。自此，圣克里斯托弗模式的安宁疗护机构如雨后春笋般在欧美各国建立，亚洲的日本、新加坡等国家和地区也在20世纪90年代开始发展这个专业，近30年来，安宁疗护已经广泛传播至世界各地。

1987年，安宁疗护（palliative care）在英国被批准成为一门独立的医学专业，正式宣告现代医学有了通过围死亡期的研究指导临床善终实践的专科。

那么，安宁疗护是如何达成“生死两相安”的告别的呢？

让我们再来听听黄爷爷的故事。黄爷爷是一位87岁的退休研究员，罹患结肠癌，听力完全丧失。妻子13年前因肺癌辞世，二人育有二子二女。入院时大女儿声泪俱下地诉说：“父亲是一位非常固执的人，一直独居，非常不愿意麻烦别人。即使病重，我们去看望他，他也是过一会儿就赶我们走，拒绝我们来医院探病。看着他因为疼痛在床上辗转反侧，夜不能眠，我们都特别着急，但也没有办法。今早他疼痛加重，还出现呕吐，我们只好打 120 强行把他送过来了，大夫你赶快帮帮他吧……”

安宁疗护病房的医生先在小白板上介绍自己，又逐项询问疼痛等不适情况。在疼痛得到控制后，安宁疗护团队通过多次长时间的笔谈和黄爷爷自己的叙述，了解到黄爷爷从妻子当年的就诊经历中得出“癌症就是会痛死”的结论，不相信疼痛可以被有效控制，并担心止痛治疗会延长生存期，从而延长痛苦时间；他感觉自己现在身心都非常痛苦，还拖累家人，对社会也不再有贡献，生命没有价值和意义，希望这一切能尽快结束，只期待在离世前能为母亲迁坟，完成父母合葬的心愿。

针对黄爷爷的情况，安宁疗护团队在其家庭会议上将老人的想法转达给四个子女，解释由于肿瘤已经造成多节段肠梗阻，老人余下的时间已经很有限，将讨论主题聚焦在“当我们知道不再能留住亲人的时候，我们还能为他做些什么？”最终达成一致目标：减轻病人的痛苦，尊重病人自己的选择，并助其完成未了心愿。于是，会后安宁疗护团队与患者家属紧密合作，周全策划，积极处理肠梗阻，在患者症状控制平稳的一周时间里顺利地完成了迁坟合葬，全过程摄像记录。

安宁疗护团队还全程指导家属如何具体照顾患者的起居，并通过相互之间的“道爱、道谢、道歉、道别”（“四道人生”）来增进感情，帮助黄爷爷找回生命意义。

每次查看黄爷爷情况的时候，医护、社工、心理师或志愿者都使用小白板写上可以用点头或摇头的方式回答的简单问题，比如“您现在疼吗？”“您口渴吗？”“您想输液吗？”来了解老人的意愿。再后来老人更加衰弱，当点头、摇头都困难的时候，就用手指动一下表示肯定或同意，动两下表示否定或拒绝。当老人进入弥留状态的时候，家属由于担心他脱水，要求输液。但每一次医护都带领家属去征询老人的意见，并耐心地解释病人不会因此感到不适。6周后，黄爷爷安详离世。他的儿女们赶在护士节的当天送来了感谢信，信里写道：“安宁疗护团队让父亲在最后的日子里还能够主宰自己的命运，她们随时征求父亲的意见，最大限度地让父亲自行选择治疗方案。安宁疗护病房的医护人员用她们专业的技术为重病的父亲在最后的路上保驾护航，缓解、去除父亲身体上的不适和痛苦，使父亲获得了舒适，改善了生存质量。同时，她们以尊重生命的态度，用最暖心的交流满足父亲心理上的需求，让父亲在最后的日子里舒心安心，没有遗憾。父亲走了，走得安详，走得宁静，没有过度的治疗，更多的是暖心的护理，生命的珍贵与自然在这里有了最最真实的解读。作为子女的我们，为父亲能够这样走完自己的一生，感到极大的慰藉。安宁疗护病房不仅仅是患者的福地，也是支撑患者家属的心灵支柱，是我们坚强的后盾，她们的专业水准和人文关怀让我们在面对重病的父亲时不再慌乱，不再束手无策。”

二、什么是安宁疗护？

世界卫生组织于2002年对安宁疗护的定义是：通过早期识别、准确评估和治疗疼痛及其他生理、心理和精神问题来预防和减轻痛苦，并提高罹患危及生命的疾病的患者及其家人的生活质量的医学学科。其核心内容为重视生命并承认死亡是一个正常过程；既不加速，也不延后死亡，并提供解除临终痛苦和不适的办法。所以，安宁疗护反对“安乐死”，因为“安乐死”是由于“痛苦”而解决“人”，而安宁疗护主张为“人”缓解“痛苦”。事实也证明，英国自 1967 年创办圣克里斯托弗安宁疗护医院以来，没有一位接受安宁疗护的病人要求安乐死；原来要求安乐死的患者，在进入安宁疗护医院之后，由于痛苦减除，反而更珍惜活着的日子，过好每一天，直到自然离世。

安宁疗护不让末期病人等死，不推荐他们在追求“治愈”和“好转”的虚假希望中苦苦挣扎，更不主张他们假“安乐”之名自杀，而是要在最小伤害和最大尊重的前提下确保他们在最后的时光里尽量舒适、安详和有尊严。

重病之下，病人的家属——通常是配偶或者成年的子女会立刻代入“决策者”身份。末期患者家属在面对即将丧亲的哀恸的同时，还承受着巨大的经济负担和繁重的照护压力，身心俱疲，常伴焦虑、抑郁、恐惧等负面情绪。如果病人要在家中临终，其家属势必还将扮演照护者的角色。而且，因为照护者往往比病人活得长久许多，他们很需要在日后回忆时确知自己当时做了最好的决定。因此安宁疗护提供“全家照顾”，包括对家属的支持和协助，以及病人去世之后对遗属的哀伤辅导。在安宁疗护中，病人家属不再是绝望地坐在病人床边，眼睁睁地看着病人痛苦、缓慢地死去，也不再指望着虚妄的“奇迹”降临。相反，家属可以陪伴自己的亲人经历临终过程，也帮自己准备着面对必然的失去。所有的“家人”——不论是病人的亲人还是好友，都能积极地参与到对病人的照护中，并尽可能满足病人的种种愿望。

我国台湾地区的赵可式博士将安宁疗护总结为“四全照顾”模式：

（1）“全人照顾”：关注患者的整体需要，包括身体、心理、社会与灵性四个方面；

（2）“全家照顾”：提供针对整个家庭的系统支持；

（3）“全程照顾”：从不可治愈的疾病确诊开始，持续照顾患者及其家属，包括在患者逝去后为遗属提供哀伤支持；

（4）“全队照顾”：由医生、护士、心理师、社工与志愿者，还可能有药师、营养师、康复师、宗教人士等组成多学科协作团队，共同为患者家庭提供“整体医疗照护”。

接下来，我们将具体讨论两个问题：由谁来提供安宁疗护，以及哪些人可以从安宁疗护中受益。

1. 由谁来提供安宁疗护？

安宁疗护团队是典型的由多学科专业人士组成的团队：医生把控整个照护计划，负责症状控制；护士统筹安宁疗护方案，并且提供专业的缓和治疗和舒适护理；社工聆听病人和/或家属的倾诉，提供情感支持、咨询服务等；心理师或者某些宗教人士（依病人家庭的特定需要而定）可以提供精神关怀。此外，康复师提供理疗、康复等治疗。在病人离世后，社工会为遗属提供哀伤支持。

受过训练的志愿者也可以提供一系列服务。他们倾听需要，安抚情绪，帮忙跑腿办事，做简单的家务，准备饮食，或为家属提供短程的“喘息服务”。

有了安宁疗护，病人单调枯燥的住院体验得到了很大程度的改善。这些提供安宁疗护的服务者相信每个人都生而独特，愿意帮助每个病人寻找到适合他 / 她的离去方式。无论如何，整个安宁疗护团队提供服务的原则是尊重患者家庭的需要、信仰和价值观。

2. 哪些人可以从安宁疗护中受益?

通常安宁疗护提供给罹患疾病至终末期、预期生命通常以周或月计数的病人（一般病人预期生命小于或等于 6 个月）。

在英国等国家和地区，一旦治愈性医疗措施不能再起作用，病人就可以接受安宁疗护了。它对于艾滋病、充血性心衰、晚期阿尔茨海默病、帕金森病或渐冻症、先天性儿科疾病患者，以及任何一个不再有治愈希望的患者而言都是非常重要的。当不再有治疗选择，或者病人不愿再接受痛苦的治疗，安宁疗护能继续给他们希望。有了安宁疗护，人们从聚焦于治愈疾病转为照护病人。对于社区全科医生而言，如果慢病患者出现扰乱日常生活活动的疼痛、静息状态的呼吸困难，或活动功能下降，这些临床指标都可能预示患者需要纳入安宁疗护范畴。当医生评估“如果这个病人 1 年内就离世，我会感到惊讶吗？”时，如果答案是“不”，那么在社会条件许可的情况下，医生就应该寻找机会与患者和 / 或家属进行探讨，最大化地提高其生活质量。

不幸的是，很多病人被转介到安宁疗护的时候都太晚了。安宁疗护专业人士发现，越早接受安宁疗护的病人越能和安宁疗护团队建立起信任关系。尽早转入也帮助安宁疗护团队更好地控制病人的疼痛和其他症状——甚至常常可以预防症状的出现。总而言之，越早接受安宁疗护，病人越有可能从安宁疗护服务中获得舒适和支持。

近年来越来越多的研究结果表明，安宁疗护若在慢性疾病干预的早期阶段介入，能带来患者的生存获益和患者家庭生活质量的改善，故有逐渐覆盖疾病全过程的趋势。世界卫生组织建议一旦健康问题严重、复杂或危及生命，在针对疾病的治疗开始时，就应同时进行安宁疗护，二者同步（见图 1）。

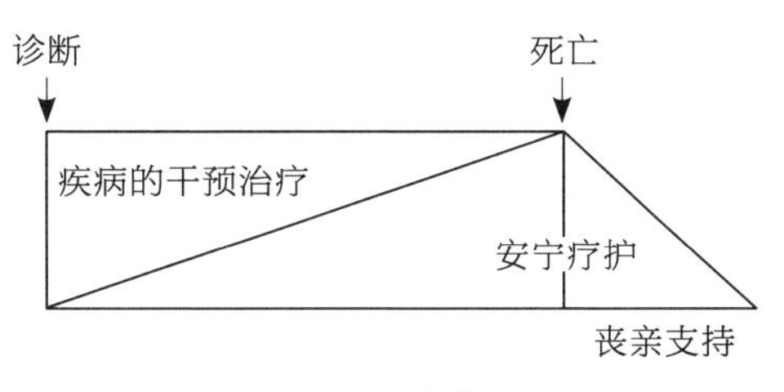

图 1　安宁疗护的范畴

三、安宁疗护主要有哪些内容?

在发达国家，虽然照护场所各异，但总体而言，安宁疗护可以对末期病人及其家属或照护者提供以下照顾：症状控制，舒适护理，心理、社会以及精神的支持。其核心目的是使死亡尽可能地没有痛苦且富有意义。安宁疗护的焦点不是“送终”，而在于“安生”，在于帮助病人尽可能有尊严地度过临终时刻，并支持遗属完整经历哀伤过程，能尽快适应新生活。

（一）为末期病人提供症状控制与舒适护理

为末期病人提供症状控制与舒适护理照顾主要涉及以下几个方面。

1. 将病人身体的痛苦症状减至最低。末期病人一般常见的身体症状有疼痛、恶心呕吐、呼吸困难、乏力等。安宁疗护用最少的医疗干预最大限度地“搞定”病人的吃、喝、拉、撒、睡，使这些困扰尽量控制在病人可以接受的程度内。

2. 提供舒适护理。包括维持整齐清洁、保持身体形象，这是维持一个人尊严的最基本需求，如果病人脏兮兮，满身臭味，头发衣衫乱七八糟，他可能拒绝会见亲友。所以末期病人的身体照顾很重要。在英国的安宁疗护医院，安宁疗护团队每天为病人泡澡、泡脚、按摩，洗完澡后还喷上香水，所以病人能始终保持清清爽爽、整整齐齐。

另外，避免引起形象损害的医疗措施，例如在身上造瘘和插管，也是保护病人尊严的方法之一，安宁疗护主张告知利弊后让病人自己做决定。

3. 病人想吃什么就吃什么。饮食是身体最基本的需求，也是很主要的满足来源。末期病人的饮食原则是按他的喜好，不要勉强他吃我们以为为他好的食物。末期癌症患者因为肿瘤的病理变化会食欲减退，若勉强他吃，反而会增加病人恶心呕吐的痛苦，病人更难受，家人也就更紧张焦虑。其实这时勉强病人吃也不会吸收。应按照病人的喜好，怎么高兴怎么来。到了临终阶段，病人不能再进食，安宁疗护团队会指导家属顺其自然，若仍强迫进食，甚至插入胃管灌食，只会造成病人更大的痛苦，可能导致病人误吸死亡。

4. 协助病人经常活动。整天躺在床上是不能忍受的痛苦，活动也是人的基本需要之一，因此用轮椅或推床，让病人到户外见见阳光，看看蓝天白云、绿树鲜花，大自然的美会提升病人的生活质量。有些病人喜欢看到活的生物，尤其是鸟和鱼，看到它们自由飞翔、遨游，会感到平安喜悦。英国的安宁疗护医院中遍植花木，有鱼池鸟园，同时也在病房外设置小片土地，让病人可以种些豆苗等容易生长的植物。病人徜徉在大自然中，看到新生命发芽生长，会产生很大的喜悦。

（二）对末期病人的心理支持

1969年美国精神科医师库伯勒－罗斯的著名著作《论死亡和濒临死亡》（*On Death and Dying*），将临终病人的心理状况分为五个阶段：否认、愤怒、讨价还价、抑郁、接受。但这只是一个方便人们理解死亡过程的模型，事实上末期病人的心境常是矛盾和错综复杂的，无法用这样明确的阶段来描述。有些病人可能只会经历其中的一两个阶段。又或者他们会来来回回地在几个阶段中重复体验，一天觉得愤怒一天又觉得抑郁。对死亡的接纳也可能出现后又消失，反复变化。每位病人的心理状态都有其特殊性，不能一概而论。

虽然我们都会死，但是诸如害怕和死亡斗争、面对死亡产生负面情绪等反应都是非常自然的。死亡是一种失去、一种未知，死亡远在我们控制之外。

当病人临终的时候，他们正在逐渐失去对自己生命的掌控，他们的自我形象发生了变化，而且他们也害怕潜在的疼痛和不适。也许，最痛苦的是对未知的恐惧，感到恐惧或者同时觉得哀伤和悔恨，还有否认、愧疚、怨恨、委屈等诸多情绪都是正常的。

“死去”可能是一生中最恐怖的体验。濒死的人可能会恐惧疼痛，恐惧身体失控，恐惧成为亲人的负担。他们可能会害怕自己失去情感控制、变得非常情绪化，可能会恐惧自己变得形容枯槁，可能会担心经济问题。想到家庭没了自己，想到亲人为自己的逝去而哀伤，他们也可能会觉得焦虑难过。家人会不会为财产打架？家人会忘了自己么？

末期病人会恐惧“什么时候”以及“怎样”死去。那时候会疼么？会不会一直吊着一口气咽不下？那会儿还有意识么？爱人会陪着自己么？我到底会不会知道什么时候死？濒死者可能会对外人对自己身体的处理充满恐惧——我的身体会被展示么？我的身体会不会被烧掉，或者腐烂掉？死后什么都没有了么？有天堂么？有地狱么？有转世么？灵魂会不会一直飘游下去，再也找不到落脚点？

恐惧可能引起巨大的压力，导致人非常紧张、脾气暴躁。它可能让人睡不着觉，情绪时好时坏。恐惧也可能引发内在冲突，末期病人可能会怀疑：停止争取治愈、接受安宁疗护，真的是正确的选择吗？

对于末期病人而言，愤怒往往是他们对恐惧、无助和沮丧的反应。实际上，照护者往往是病人愤怒的对象。病人可能变得非常挑剔。他们已经失去了太多对自身生活的控制，因此就试图控制周围的人。

安宁疗护团队会指导家属学习如何面对、调适和接纳自己的和病人的各种负面情绪，尽量消除误解，进行有效沟通，加深各方的情感连接，让爱长存。

一位87岁的吴老先生，罹患胆囊癌末期肠梗阻。吴爷爷虽然神志还清醒，但已经不能说话，预计很快会离世。在了解到他结婚67年的老伴当时骨折卧床，而奶奶并不了解丈夫的真实病情时，主管医生立刻决定召开家庭会议，引领病人的子女们共同创造二老最后的见面机会。于是安宁疗护团队和患者家庭马上付诸行动，当晚就通过120将奶奶从家中抬至病房，安置在事先并排摆放的病床上。奶奶到病房看到老伴的情形后放声大哭，不停地哭喊："你这是怎么了？怎么成了这个样子？你快点儿好起来吧！快点儿回家，我在家里等你！……"待奶奶情绪逐渐平复后，安宁疗护病房的护士献上鲜花，帮助两位老人手拉着手。因为奶奶说话的声音不大，又无法坐起来，故不能直接与爷爷面对面交流。从“奶奶，您愿意跟我说说爷爷是个什么样的人吗？”开始，到“您愿意我把您说的爷爷是一个有才华、温暖善良、负责任的人告诉他吗？”就这样来来去去，护士穿梭于两人之间，充当了“四道人生”的媒介，这最后一次的告别持续了一个多小时，120 又将奶奶送回了家。老先生一周后平静离世。

（三）对末期病人的精神支持

接到终末诊断后，很多病人都会面临深刻的精神拷问——生命和死亡的意义是什么？在安宁疗护中，对精神的照顾和对身体的照顾一样重要。

当今人们有不同的信仰。有些人是无神论者，不承认任何超越性的存在。有些人持有正式的、特定流派的信仰。还有一些人有他们自己的信仰体系。

信仰是精神支持的核心部分。信仰让我们感受到事情都在正轨上，即使我们不理解正在发生着什么，它为什么发生。信仰缓解恐惧，帮我们把当下活得更充实。每个人都有信仰，哪怕只是相信太阳清晨会升起。信仰支撑着我们在不幸之中仍然前行。

精神支持可以有很多种形式——和亲人建立更为深厚的感情，接受俗世生活的道德性，或者坚信某个超越性的存在。精神支持可以围绕一个特定的“至高存在”和特定宗教组织，也可以完全避免谈论神性主体。总之，精神支持意在传递信仰、希望和爱。安宁疗护会为患者及其家属提供指导或直接聆听与陪伴他们，肯定及接纳对方的情绪，助其走出愧疚、后悔和其他的精神痛苦状态。

在安宁疗护的过程中，安宁疗护团队通常通过帮助患者进行“生命回顾”、促成关系修和以及对有明确宗教信仰的病人强化信仰支持的方式，提供精神照顾。

（四）对末期病人家属的支持

家属们因为病人的痛苦而感到焦虑、恐惧，也因为无法改变亲人即将离世这一事实而感到无力、自责和愤怒。有时，他们会对“强加”于自身的责任感到不满，之后又会因为这种不满而自觉愧疚。

家属感到困扰的第一个问题往往是：要不要告诉病人生命末期的实情？

病人们很容易产生焦虑、恐惧和抑郁的情绪。他们正在逐渐失去对自己生命的掌控，他们的自我形象发生了变化，而且他们也害怕潜在的疼痛和不适。最痛苦的是对未知的恐惧。

中外许多研究显示：无论有没有告知病人，他都会明白自己病况的严重性。尤其癌症是渐进性走下坡的疾病，病人只要意识清楚就能从自己身体讯息中发现真相，要不要告知须视病人的接受意愿而定。如果病人想了解，他会主动询问，此时应该诚实但有策略地答复，否则无法与病人深度沟通，彼此演戏，“做戏”至死，会带给病人极大的压力，使其没有机会交代后事和完成心愿，虽有亲人在侧，最终却孤独离世，造成生死两憾。

如果病人不问，则表示他还没有准备好接受这个残酷的事实，则不必主动告知；但有时病人会观察家属的态度，如果他感受到家人都刻意隐瞒，故作乐观，病人会敏感地顺从家属的意愿假装不知。安宁疗护是以病人的需要为中心的照顾，会引导和支持家属放下自己的情绪，而准备好随时满足病人的期待。

家属感到困扰的第二个问题是：因为欠缺专业知识和经验而不知所措，若家庭人数众多，彼此意见不同，莫衷一是，更是困惑。

对于病人的医疗、照顾场所的选择，乃至去世后的丧葬仪式等，家属都可能会因各有想法而产生意见分歧，而家属的决定可能也并非病人自己的意愿，很可能的场景是：家属都坚持自己认为的“对病人好”的选择，各执一词，吵成一团，而最重要的那个当事人的想法却无人知晓，待病人在纷纷扰扰的氛围中痛苦离世后，之前持不同意见的家人之间可能矛盾激化，甚至反目成仇，一个家庭就此分崩离析。所以安宁疗护团队会引导病人家属把选择决定权还给病人，让他以自己期待的方式离世，体现尊严，实现生死两相安的善终。

家属感到困扰的第三个问题是：要不要做急救。目前相当普遍的情况是临终病人的家属恳求医生尽量抢救，所以当病人呼吸心跳停止时会进行心肺复苏术，这可能暂时挽回心跳呼吸，延长数小时到数天的生命，但病人痛苦不堪，受尽折磨，最后仍不免逝去。因为急救并不能真正挽救病人的生命，反而延长了临终患者的痛苦时间，所以世界卫生组织向全球发出倡议，不建议延长濒死阶段。在医院中常见到病人因为痛苦去拔急救时插入气管的管子，所以医护人员就把病人的手绑在床栏上，病人插着管子不能言语，全身又动弹不得，只能流泪。有时病人会怪罪家属和医护带给他如此折磨而睁眼不看人，直至含恨而终。

通常医院中的急救术是在病人的气管中插入一条管子，外接呼吸器以助病人呼吸。若病人心跳停止，则利用电击或胸外心脏按压术等助他恢复心跳，这些措施时常会压断病人的肋骨。这套方法如用于急性伤病如车祸、溺水、触电等意外事故患者或心脏病患者，常可挽救宝贵的生命，是有效的方法。但若用于慢病末期病人，则并不能恢复病人生活质量或挽救生命，除了增加病人痛苦之外，毫无意义可言。英、美的医疗界曾对此问题做过深入探讨，不为末期病人做急救，是符合医学伦理的行为。许多病人也自己提前签好同意书，请求医院到时候不做急救（DNR，Do Not Resuscitation）。安宁疗护倡导的办法是让病人及家属对于急救都有真实的认知，事先签署“生前预嘱”等预先医疗照顾计划，明确拒绝急救，让病人平安、有尊严地离世；或是让病人在临终时出院，在家中安然而终，免去急救时的痛苦折磨。

家属感到困扰的第四个问题是：亲人逝去之后，我们该如何照顾自己？失去亲人后，遗属会产生多种哀伤反应：否认、怀疑、困惑、震惊、悲伤、讨价还价、渴望、愤怒、羞辱、绝望、内疚和接受等。安宁疗护帮助遗属接受亲人的死亡，鼓励他们通过聊天、分享回忆来分享悲伤，指导遗属的亲友避免没有意义的哀伤劝解：比如“节哀顺变”“世界上还有很多好男人 / 女人”“人死不能复生”“时间可以冲淡一切”“别难过了”“这是上天的安排”“要坚强勇敢”，以及忌谈有关死者的一切、设法忙碌转移注意力等建议或空洞口号，而代以倾听和陪伴。包容和接纳丧亲者的哀伤反应，才能真正让对方感受到支持和安慰。

从丧亲中恢复可能需要很长时间，需要耐心，要让他们了解对亲人的思念不会停止，但痛苦会减轻，生活会继续。

对于儿童，要温柔但明确地告知亲人已死亡，而不是用“去天堂”“长途旅行”“去了另一个地方”等隐晦说法。但要保证孩子还会一如既往地被爱和呵护。允许孩子随意表达自己的愤怒、伤心、焦虑等情绪。

最重要的，是要让丧亲者完整地经验哀伤而不被压抑。

我们再来看何女士一家的故事。37 岁的何女士，患胃癌一年，入院时因广泛骨髓转移继发重度再生障碍性贫血，红细胞和血小板重度减少，预期生存期很短。

安宁疗护团队与何女士的丈夫沟通后，了解到他俩有一个5岁的女儿丽丽。心理师立即介入丽丽与母亲的告别准备。在与丽丽见面时，丽丽非常拘谨，甚至排斥。医生、社工、心理师和丽丽只是单纯地画画、翻看绘本，一小时后丽丽逐渐放松，活泼起来，心理师开始谨慎地通过绘画作品试探触碰关于母亲的话题。丽丽的绘画主题基本都是“打妖怪”。心理师告诉丽丽，妈妈很快会死，但那不是妈妈愿意的，是因为疾病的原因，妈妈不得不离开她，妈妈会永远爱着她，我们一起想一想用什么样的方式来永远留住妈妈的爱，以后想妈妈的时候，就可以体验到那份爱。爸爸、姥姥、姥爷、奶奶和爷爷也会一直呵护你，我们大家都爱你。

入院四天后患者陷入昏迷，丽丽在家人的陪同下把为妈妈画的画送给了她，并每天都来看望妈妈，直到三天后患者离世。

在安宁疗护团队的指导下，丽丽在家人的呵护下全程参加了妈妈的告别仪式。其后丽丽和爸爸之间可以自由地表达对妈妈的思念和情感，她更依赖爸爸了，而且总是兴致勃勃，还学习了很多新本领。

四、尾　语

我国目前的临床实际情况十分严峻。一方面现有按疾病分类的条块式医疗管理体系在应对以慢病为主，尤其是同时患有多种疾病的老年群体时明显捉襟见肘。目前的二、三级医院都是以急性病抢救为工作目标来设置的。另一方面是社区基层医疗网络尚未完善，大批需要医疗护理的晚期病人无处可去，不得已只能挤在各大医院急诊。这种错位造成了严重的医疗资源浪费，并不能使这些患者得到高质量的专业医疗照护，并且大量的无效医疗还会给患者带来更多的痛苦。

在当前社会老龄化和家庭空心化的现实压力下，建立社会善终保障体系已经迫在眉睫。虽然我们目前尚处于起步阶段，但在政府职能部门的主导支持和全社会的共同努力下，我们相信中国的安宁疗护事业会有一个欣欣向荣的未来。

参考文献

1. Fairview Hospice Fairview Health Services, *The Family Handbook of Hospice Care,* Fairview Press, 2008。

作者简介

秦苑，北京市海淀医院安宁疗护病房主任，肿瘤科主任医师，曾从事肿瘤血液临床工作 33 年。任中国老年保健医学研究会缓和医疗分会副主任委员、中国老年学和老年医学学会安宁疗护分会副主任委员、中国抗癌协会安宁疗护专业委员会常务委员、北京医师协会安宁疗护专业专家委员会常务委员、北京抗癌协会康复与姑息治疗专业委员会常务委员、北京医学会老年医学分会缓和医疗学组副组长、中英全民生命末期品质照护培训师培训项目（QELCA）讲师。荣获 2019 年度北京市“孝顺榜样”、2020 年度全国“敬老爱老助老模范人物”。

/ 第十一讲 /

安乐死面面观

刘端祺

一、引 言

人的死亡及死后的遭遇是一个超验的问题——活着，无法经历真实的死亡；死去，更不可能言说死亡的过程及死后的体验。

因此，对那些生命体征消失后复苏成功，“死过一回”的偶发个案，人们都非常好奇，希望当事人讲讲“死亡”那一瞬间究竟发生了什么。但是，这些“在鬼门关走过一遭”的人毕竟还不是真正死过的人，他们的所谓“死亡体验”常与个人经历、学识、性格、信仰等密切相关，主观色彩浓厚，五花八门，并不靠谱，难以得到普遍认可。

既然无法理解具有超验特质的死及死后的世界，人们自然会对死亡时的痛苦感到担忧、焦虑并对安乐死产生臆想或追求。伦理学、法学、医学、哲学、物理学等学科领域知识的研究与普及，提高了人类对死亡的认知水平，使当代人对生命、死亡的态度发生了微妙而深刻的变化，“我的死亡我做主”已经开始成为人们常态化的权利诉求。

安乐死作为一种死亡方式，因其事关生命的终止或存续，是一个公众话题，既复杂又敏感，各方都很慎重。所以，眼下对安乐死的探讨、研究仍处于各抒己见的讨论阶段。

二、安乐死溯源

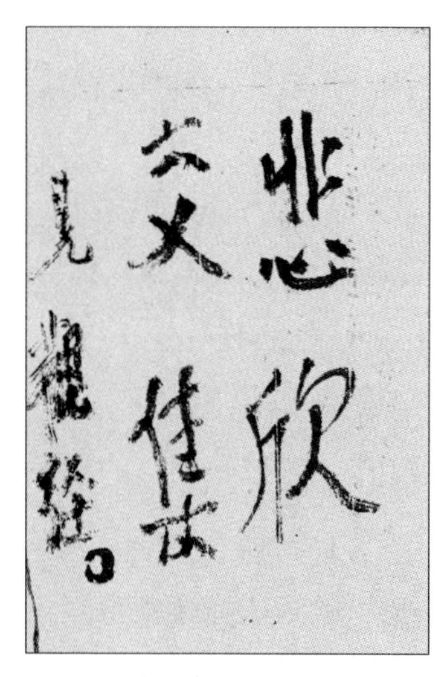

李叔同临终绝笔

一个人的死亡，一般来说总是件悲痛的事情，起码对死者至亲而言应该如此。

弘一法师李叔同先生，是个前半生豁达狂放、后半生潜心佛学，对死亡看得极透的一代宗师。他离世前三天留下的绝笔“悲欣交集”，是他临终时复杂心境的写照。后人对其理解尽管有所不同，但基本没有否认其中的“悲”字确有对生命不舍、对人生不甘的凡情。“悲”，应该是死亡即将来临时，所有人的基本情感，“乐生拒死”是人类共有的天性，大师也不会例外。

不管安乐死被描写得如何浪漫美妙，它毕竟是死亡，是人类对生死规律不得不做出的妥协，是当事人与亲友和过往人生的诀别，可以无遗憾，但肯定有不舍。因此，悲痛不可避免。对安乐死过分赞誉和美化，甚至心向往之，有悖于人之常情和伦理，也使安乐死从命名时即歧义多多、延续至今。

安乐死一词源于希腊文 euthanasia。“thanasia”指死亡，前缀“eu”是“好”的意思，后引申为“幸福”“快乐”之义，于是

euthanasia 便被望文生义地翻译成了“安乐死”，但无论中外，学者们往往认为其词义不够准确。对处于濒死期的病人而言，安静无痛苦或许还能做到，“乐”就不一定“乐”得起来了；对医生而言，安乐死指的是结束一条生命的系列技术操作，此时如果“乐”，岂不是幸灾乐祸、有失本分？此外，在不多的允许安乐死的几个国家和地区，实施安乐死时都有严格要求，以不违反当下法律为前提，“事前请示，事后报告，否则入刑”，岂容视法律为儿戏，轻易谈“乐”？

近来，传统的对于安乐死（euthanasia，“好死”）的理解已经逐渐被 mercy killing（怜悯杀死，无痛苦致死）取代。这种理解强调了 killing，即“主动杀死和致死”，而非含义模糊的“好死”。

人类社会早期，因社会生产力低下、资源贫乏，不足以养活所有成员，只好遗弃发育不良或先天畸形的婴幼儿以及体力衰弱的老人，任其死亡。随着社会生产力水平的提高，人类摆脱了野蛮和陋俗，逐渐进入了敬老爱幼的文明社会。照护幼小、尊敬长者、期盼长寿已经成为当今社会的共识。

宗教对人类历史进程和精神文化生活产生了巨大影响。尽管教义有别，信奉的神灵各异，但大多数宗教都认为人的生命是神赐予的，并给自己所信奉的神赋予了执掌生死的大权，而死亡前的痛苦则被看成是神对人生罪恶的“总清算”。这种“来自神的惩罚”不允许任何人逃避，自杀与安乐死被理所当然地视为对神权的僭越和不敬。因此，在很多宗教的教义中并没有安乐死的位置。

尽管史上也有过年事已高的文人雅士“以醉酒（酒精中毒）求死”的个别记载，但纵观历史，我国传统文化中几乎没有所谓安乐死的话题。历代君王皆怕死，常有迷信术士、寻药炼丹以求不死之举；而百姓往往以“好死不如赖活着”为精神慰藉，口口相传，形成了一种在苦难中活命的哲学，以求生生不息、传宗接代。

欧洲文艺复兴开始后，特别是16、17世纪后，“天赋人权”的理念在西方蓬勃兴起，宗教对人的主宰地位下降，人们从神权的长期精神桎梏中挣脱出来，思想获得极大解放。弗朗西斯·培根等著名学者曾经从提高社会运作效率和节约资源的理性思考出发重提安乐死，但因与当时刚刚兴起的人本主义的热潮不合拍，很不合时宜，响应者寥寥无几。此后，关于安乐死的讨论被冷落了相当长的时间，直至20世纪初，安乐死才在英、美等国再次被提起。

使安乐死走上邪路的应数纳粹德国，其始作俑者是希特勒的一个崇拜者。为了维护“雅利安人种优势”，他写信要求对自己脑瘫的儿子实施“安乐死”。此举正中希特勒下怀，他立即给予批准，并以此为发端，在所谓安乐死的名义下开启了对残疾人和病弱儿童的迫害，接着便是纳粹分子对非雅利安人特别是犹太人实行的种族灭绝。

殷鉴不远，世界各国在讨论安乐死时总是小心翼翼、有所忌惮。有一个著名的事例。20世纪80年代，有“危险哲学家”之称的生命伦理学家彼得·辛格（Peter Singer）提出，对患有严重残疾、无法医治的新生儿，为避免其在苦难中度过人生，应允许其父母用安乐死的方式结束其生命。他认为，这对长大后注定要过苦难生活的严重残疾儿、畸形儿，其实是一种人道主义的解脱。但是，对纳粹高度警惕的欧洲、澳大利亚人（辛格居住在澳大利亚），几乎在提议曝光的第一时间，便给辛格妥妥地戴上了“反人类”的帽子。虽然辛格仍然坚持其立场，但对安乐死的讨论基本中止了。

一晃三十多年过去了，面对大量生活质量极为低下的严重残障者及畸形人，冷静下来的人们开始意识到，对历史教训的警惕归警惕，难题却还是难题。那些在肉体和精神双重折磨中艰难度日的人们及其家庭，究竟该怎么办？至今似乎也没有一个万全之策。

三、安乐死的必备要素和特定内涵

安乐死事关生命，问题重大，实施必须慎重。关注的人多就难免理解各异，形成众说纷纭、各说各话的局面。

综合目前报章上的各种表述，实现安乐死至少应完全具备如下六个要素：①实施对象为不可治愈的垂危病人；②存在精神和躯体的极端痛苦；③本人及其至亲再三请求；④不违背事件发生地的法律；⑤经过谨慎的医学判断；⑥用可以被接受的人道方法在无痛苦状态中结束生命。也有学者把安乐死分为被动与主动两种，尽管被动安乐死也争议不少，因其在临床实践中普遍存在，有其合理性，故在本文中多有提及。

所谓被动安乐死也称“消极安乐死”“间接安乐死”，英文表述为“letting die”，意为“放手生命”或“听任死亡”。意思是，对于生命垂危、即将不久于人世的病人，不采用或停止采用种种实际上无效的、“来不及”的医疗措施，也不再用诸多检查化验打扰病人，力求使其在尽可能舒适和平静的状态下，无痛苦、有尊严地自然死亡。那些中止的医疗措施包括：抗菌、抗癌、输液营养支持、气管切开插管、辅助呼吸、电除颤或心脏按压等；中止的检查化验则包括：各种腔镜、穿刺抽血取样等侵入性检查，以及超声、CT、PET-

CT、核磁共振等影像学检查。这是一种医患双方直面病人个体即将离世的现实，顺应疾病发展规律的死亡方式。

那种不分青红皂白，对临终病人无差别地坚持“生命不息，抢救不止”“生命不息，抗癌（抗炎、抗菌、输液等）不止”的做法，常常演变成过度治疗、过度抢救，既延长了病人的痛苦，又浪费了卫生资源，引起了社会的广泛质疑与业内的深刻反思。这种质疑和反思不能不说是一种观念的进步，体现了社会对生命规律的尊重。事实上，以医患共识为基础的被动安乐死，非常接近自然死亡，近年来已经存在于我国对生命终末期患者照护的临床实践之中。

主动安乐死也称“积极安乐死”“直接安乐死”，常用的对应英文词语即 mercy killing，指的是难以治愈的重症病人不堪忍受精神和躯体的极端痛苦，在意识清醒的状态下，有意愿采用口服或注射致死性药物等方式，在死亡还没有来临时即提前无痛苦地结束生命。提出希望接受主动安乐死的多为恶性肿瘤晚期、慢性神经元疾病晚期、重要生命脏器产生难以恢复的衰竭的患者，以及植物人、严重失能失智者患者本人或家属等；而先天性畸形及严重残障的儿童则需监护人主动提出要求。

主动安乐死是在病人尚可能延命较长时间的情况下，用合乎人道的手段提前结束其生命。因为其目的属故意杀人范畴，反对者众多。在绝大多数国家（包括我国），帮助实施主动安乐死属于犯罪行为。

即使在极少数允许主动安乐死的国家和地区，对实施安乐死的细节也都有严格的法律规定和实施细则，一般要由安乐死需求者本人完成最后一个致死步骤（自行口服药物或按下药物注射的按钮）。因此，主动安乐死又称为“外力辅助下的自杀”或“辅助自杀”。

由于在允许主动安乐死的国家和地区中，许多医生并不愿意参与其事，“辅助的外力”常常来自亲友或志愿者而非医务人员，故不宜泛称主动安乐死为“医生辅助下的自杀”。

安乐死既然有其特定内涵，就不能泛化使用。有媒体曾报道，子女在老人的强烈要求下，将身患晚期癌症、不堪忍受剧痛的老人推到河里溺亡；也有子女应病笃老人要求，将棉被浇上汽油，由病人自己点燃；还有丈夫在长期瘫痪妻子的反复要求下，用被子闷住妻子头部，造成其窒息死亡。这些都实际构成了在安乐死名义下，简单粗暴地杀人，是名副其实的犯罪行为。

使安乐死得以实行的条件是多重的，仅仅符合“病人自愿和在其要求下实施”这一个条件远远不够。至于让病人死前痛苦挣扎、“自行了断”的做法绝对为法律所不容，即使在允许安乐死的国家和地区，也会被认定是谋杀，不能称为安乐死。同样道理，对死刑犯执法只能定义为“注射死刑”，将其称为“安乐死”是不准确的。至于纳粹分子使用毒气或注射毒药杀害平民，只能视为法西斯反人类的暴行，与我们讨论的安乐死有天壤之别，风马牛不相及。

现实中有人将对宠物的非痛苦致死（目前主要是口服或注射药物）称为安乐死，这只能算是一种“拟人”的表达，比较“文艺化”，不能和人类的安乐死混淆。

四、转了个“圆圈”的安乐死

事情发生在1986年的陕西汉中。王明成是邻里公认的孝子，他想以“安乐死”方式帮助因患晚期肝硬化，腹水如鼓、痛不欲生的母亲尽快摆脱痛苦，以对母亲最后一次“尽孝”。主管医生蒲连升经不住王明成及其妹妹的跪求，在处方上注明“家属要求安乐死”后，给其母注射了复方冬眠灵。十余小时后，病人死去。

事后，病人的大女儿将蒲医生告上法庭，原本希望获得一些“赔偿”，却搞成了我国首次进入司法程序的安乐死事件。案件审理近6年，在最高法院表态后，蒲连升被关押490多天后最终被宣布无罪释放。境内外媒体对此案做了持续追踪报道，此案甚至吸引了正在准备为安乐死立法的荷兰的专家的目光，他们专程到事件发生地进行了实地考察。

2003年，这个曾经要求为母亲实施安乐死的孝子王明成，自己得了胃癌，“瘦得完全走了形，浑身干枯，眼窝深陷，胡乱喊叫疼痛”。王坚决要求实施安乐死，但被已有前车之鉴的医院多次拒绝，最终在癌症折磨中痛苦地死去。事情过了17年，安乐死似乎走了一个“圆圈”，又回到了原点。

此案的积极意义在于，它让安乐死进入了我国公众的视野，引起了全国性的关注，30多年来势头未减，光是全国或区域性的安乐死研讨会就已经召开了多次。这从一个侧面说明，我国民众在物质生活实现小康以后，精神追求开始丰富多元，重视死亡选择权，提高死亡质量，实现优逝，已成为民生刚需。

我国强调优生优育已有40多年，现在重点讨论“优逝”恰当其时，“优逝”应该成为正在做重大调整的人口政策的有机组成部分。

如此看来，时光没有虚度，承载着安乐死的“圆圈”是在螺旋中上升的，并非回到了原点。

五、域外形形色色的安乐死

2018年3月27日，一对携手走过73年人生道路的加拿大老人，95岁的丈夫乔治和94岁的妻子雪莉，听着他们喜爱的音乐，在接受药物注射后平静地在自家的卧室里辞世。这是加拿大自2016年允许安乐死以来，被批准同时接受安乐死的第一对夫妻。

这对夫妻非常恩爱，有很多子女，四世同堂。老人们离世前一个星期，这个幸福的大家庭拍了张告别照。孙媳甚至怀抱着还在襁褓中的重孙前来与曾祖父母告别，合影上所有人都微笑着给两位老人“送行”，没有丝毫悲悲戚戚的哀伤气氛。两位老人家还为从世界各地赶来的晚辈们举行了一次家宴，他们边吃边聊，分享着过往的点点滴滴。老祖母平和从容地对儿孙们说：“死亡并不可怕，死亡只是生命的一部分。更何况，我们度过了幸福而完整的一生，直到死，都不曾觉得孤独。”老爷爷说：“十多年来，雪莉因为类风湿病关节变形，不能扣扣子、握汤匙，离不开我的照顾。但是，我的心脏病已愈发严重，被急救多次。我们彼此牵挂，又不能互相帮助，于是商量着一起走。开始，只有她一个人获得了批准，但是让她孤身一人上路怎么成？我身体衰弱得很快，现在申请终于获得了批准。非常感谢大家，能让我们这么体面地和你们道别。”

两位老人准备得十分充分，甚至没有忘记给每周二卖打折票的电影院打个招呼，微笑着告诉他们：“我们下周二不会来了，以后也不会来了。”

这是一个关于爱情的浪漫故事，也是一个关于死亡的动人故事。正是安乐死给这个故事平添了几分玫瑰色，画了一个圆满的句号，鲜亮而又温馨。

但是，下面说的这个故事听起来就不是那么轻松了。这是一个“身体还说得过去”的老人，在孤独中求死的故事。

戴维（David Goodall）教授是澳大利亚的一位生态学家，对自己所热爱的科研工作孜孜以求，直到102岁还能风雨无阻地按时上班，甚至能登上无人小岛进行生态考察。他乐于帮助年轻人，为他们出主意解决难题，无偿地为学术刊物审改稿件，认为“只有如此，才能对得起生命”。他的事迹登载于当地媒体头条，成为青年们的人生楷模。但是，在这一切光鲜背后被人们忽略的事实是：老教授曾3次试图自杀，但都没有成功，他最后的希望是“有专业人员帮助死亡”。

他的同龄伙伴都先后离世，家人分散在世界各地忙着自己的事业，没有人陪他聊天；他已不能自行驾车，但是拒绝了好心的同事们轮番陪他上下班，认为这会增加年轻人的负担；研究所给他就近安排了工作地点，但与同事们的接触机会减少了，他为此十分苦恼。更要命的是，在104岁生日的前几天，他在自己的公寓内跌倒后爬不起来，“叫天天不应，叫地地不灵”，声嘶力竭地求救也无济于事，竟然在冰冷的地板上躺了两天两夜。没有喝水吃东西，无法处理大小便，生不如死，毫无自尊可言。最终还是一位送邮件的工人偶然发现，伸出援手救了他。他非常沮丧地哀叹道：“我心依然年轻，却被躯壳禁锢了。”家人为他庆生，面对生日蛋糕，他一点也高兴不起来，许下的愿望竟然是：“我不想再继续活着了，明天如果就能够结束我的生命，我会很开心。”

当时，澳大利亚对安乐死还没有立法，但老人参加了一个安乐死组织，这个组织帮他发起了一个众筹活动，目标是15000美元，结果很快就筹集到了20000美元作为他赴瑞士接受安乐死的经费。他去瑞士时路过了法国，很多亲友聚集在那里与他见了最后一面。他不无感慨地说：“如果不是这次安乐死，也许这辈子都没有机会和大家欢聚一堂。”他穿着印有“因活得太老而羞耻”（Ageing Disgraceful）字样的文化衫出现在众多记者面前。他饱含深情，底气依然很足地唱了《欢乐颂》作为对生命最后的赞歌。在注射药物等待死亡时，他留给这个世界的最后一句话是：“这真是个漫长的过程。”（This is taking a long time.）

老人实现了自己的愿望，走的时候非常安详。但他的孙子面对记者的采访却充满惆怅，几度哽咽说不下去，因为祖父生前说过，他“并非没有遗憾，有很多事想做，但还是晚了”。是的，这样的安乐死按事件发生地的法律程序似乎没什么毛病，但总让人感觉缺了点儿什么……

这个背景色调多少有些冷暗的故事，让人不禁掩卷深思：如果我们对老人做得足够好，这个热爱生活，渴望对社会做贡献、也能够继续做贡献的老人，会选择安乐死吗？即使他不能对社会做贡献了，就只能选择死亡了吗？我们就不能够再为这样的老人做些什么了吗？安乐死应该包括这样身体状况还说得过去、没有什么痼疾的生命吗？哪怕他是一位百岁老人？

六、绕不过去的法律门槛

这是一个轰动一时的“孝子杀母案”。2011年，邓明建带着中风瘫痪18年的母亲从家乡到广州去打工。他对母亲一直悉心照料，是众人眼中的孝子。然而，长期卧床的老母一心求死，不断哀求儿子让她“自己了断”。经不住饱受病痛折磨的老母亲的再三哭求，邓最终将买来的农药端到母亲床前，看着母亲喝下后死亡。法院以故意杀人罪判处邓明建有期徒刑三年，缓刑四年。这是故意杀人罪判处刑罚的底限，因为法院必须认定其犯罪性质，从而体现法律的严肃。

发生在东莞的“亲母杀子案”的情节与上案相似，不同的是，慈爱的母亲用安眠药毒杀了自己一对先天性脑发育不全的双胞胎。13 年来，为了侍候这对双胞胎，她辞掉了一份很不错的白领工作，为孩子们付出了一切；其丈夫也是为了挣钱养家，日夜加班、疲于奔命，生活变得杂乱无章、了无生趣。几经折腾，本来拥有一套宽敞住宅、比较殷实的家变得一贫如洗，全家人不得不租住在一间斗室里。终于，母亲精神崩溃了，对自己的亲生儿子下了狠手。在给他们服药前，她还让每个儿子都喝了一点酒，因为书上说酒可以让安眠药更快地发挥作用，她希望让两个亲骨肉走时不感到痛苦，实现安乐死。事后，这个绝望的母亲也吞服了预先准备好的安眠药企图自杀。还好，她被救了过来，但面临着“故意杀人”的控告。

这两个真实的故事让人痛彻心扉，简单的情节揭示的是并不简单的沉重的社会问题。中国有成千上万这样的不幸家庭，他们因病因残致贫，因病因残返贫。沉疴在身的病人生不如死，而难以治愈的疾病使整个家庭陷入困境。如果社会不伸出援手，任何家庭都难以独立面对这样的窘况。然而，对社会而言，怎么做才能承受起这么多家庭的需求？这种杀父母、杀亲子案，给安乐死涂上了一层幽暗冷峻的底色，是一个几乎无解的世界性难题。

上述各例亲情仍在，人们尚能理解；但如果亲情淡薄，使安乐死掺杂进利益因素，情况将会复杂得多。

常言道，“久病床前无孝子”，即或是至亲，在长年照护患者的情况下，也难免会出现焦虑沮丧的负面情绪，并可能有意无意地让患者体味到一种“你若早死，我便早解脱”的“话外音”。有的患者虽然仍有求生欲望，但不得不屈从这种现实，表示“希望”安乐死。此时应该如何判断、由何人判断病人的真实意志？还有，安乐死实施后客观上会产生节约社会及家庭医疗资源、减轻亲人经济负担的利他结果，如何判断这不是利益相关人主张实施安乐死的目的？此外，疾病能否治愈有时与患者所处地域的医疗水平有关，医疗资源分配不平衡会使安乐死的实施形成地域差距，这显然为一个公平社会所忌惮。凡此种种，都是当前我国乃至世界各国推行安乐死时绕不过去的门槛。

生命五光十色，死亡也可以形形色色。安乐死背后隐藏着人类自身道德困境的深层矛盾，这决定了安乐死只能是一种万般无奈情况下的个别选择。它究竟应该是什么“底色”？温馨的玫瑰色当然很好，但可遇而不可求；人们不得不直面的，更多的还是冷峻背景下的灰暗。

七、各国对安乐死立法的探索

2015 年，全球著名的个案市场研究公司益普索（Ipsos）对以欧洲为主的 15 个国家的医生及病人进行的一份调查显示，除俄罗斯和葡萄牙外，13 个国家的医生和病人均认为政府应允许医生帮助病人死亡。呼声最高的是比利时，然后依次为法国、荷兰、西班牙、加拿大、德国、澳大利亚等国家。

据现有资料，目前全世界仅荷兰、比利时、瑞士、卢森堡、美国俄勒冈州等 5 个州、澳大利亚某些地区、加拿大魁北克省、西班牙、新西兰、哥伦比亚等地允许在严格条件下实施安乐死。

作为世界上最早将安乐死合法化的国家，荷兰法律对安乐死的实施有相当严格的限制，包括：①病人必须在意识清醒的状态下，多次提出自愿接受安乐死的请求；②在当前医学条件下，确证病人所患疾病无法治愈，病人遭受的痛苦和折磨被认为是难以忍受的；③主治医生必须与另一名医生进行磋商，获取其独立意见；④医生在实施安乐死后向当地政府报告。

比利时较荷兰晚一些通过了与安乐死相关的法案，但实行得更激进，允许个别身体健康的成年人和未成年人选择安乐死。近年来，比利时有精神创伤者（如具有严重自杀倾向者）申请安乐死，竟然也获得了批准。

虽然早在 20 世纪 30 年代英国即成立了“自愿安乐死合法化委员会”，但对安乐死的看法一直存在分歧。一个名为“关怀而不是杀生”（Care Not Killing）的权益组织持坚决反对的态度，称“如果安乐死法案通过，这将是危险的，在社会是否尊重和珍惜弱势群体生命的议题上，将传递出一个令人颤栗的信息”。而另一个权益组织“有尊严地死亡”（Dignity in Dying）则支持安乐死法案，理由是民意调查证实，70% 的民众都赞同“在医生帮助下的安乐死”。而英国医师工会却表示，坚决不背这个“锅”，“反对一切形式辅助结束生命”。2015 年 9 月，在仍然存在争议的情况下，英国议会下议院对“求死权法案”（俗称“安乐死法案”）进行表决。这项法案建议，因患绝症而预期只能存活不到6个月的成年人，可以获得一剂足以致命的药物处方。但处方需经两名医生具名，还要由一位高等法院法官逐案审批，前提是患者必须能够自己服药。法案不允许非致命残障患者或阿尔茨海默病患者在他人协助下结束生命，并规定医务人员有权拒绝任何人协助求死的要求。虽然实施条件如此严格，法案仍未获通过。

法国民众对安乐死也有许多不同意见，民众尤其担心老人和儿童的生杀大权掌握在别人手里，甚至为此在巴黎市中心举牌游行。但和英国不同，法国下议院还是通过了相关议案，允许医生“以通过提供镇静剂或停止向病人供应饮食”的方式帮助其安乐死。

美国在第二次世界大战后即恢复了关于安乐死的讨论，其进程可以分为争取死亡权利和商讨如何实施两个阶段。1986年，美国医学会伦理司法委员会正式宣布，对于晚期癌症患者和植物人，医生可以根据伦理决定停止包括食物和饮水在内的“所有维持生命的医疗手段”，这实际上是对被动安乐死的认可，对美国医务界产生了深刻的影响。21世纪以来，俄勒冈、华盛顿等5个州的州法律在不同程度上认可了属于主动安乐死的“医生协助自杀”，但绝大多数州没有通过安乐死法案。

在日本，尽管至今也没有形成明确认可安乐死的法律，但名古屋高级法院早在1962年即针对一件个案，发布了《安乐死必备的六个条件》，该文件至今仍被广泛引用。其内容为：①依现代医学知识和技术认定病人患不治之症并有临近死期的证据；②病人极端痛苦，不堪忍受；③以解除病人死前痛苦为唯一目的，而不是为亲属、国家、社会利益而实施；④必须有病人神志清醒时的真诚嘱托或同意；⑤执行的方式必须是伦理上可接受的；⑥原则上必须由医师执行，特殊情况下无法找到医师时才可以由其他适当的人来执行。

半个多世纪以来，对这六项条件的争议主要集中在：①医学诊断的不确切性（是否为不治之症，死期是否已临近）；②病人要求进行安乐死的真诚性（是否为一时冲动或病态心理）；③病人自身痛苦的程度（是否为亲人不忍，而非病人不能忍受）；④医疗条件、外界环境对病人的影响以及亲属的动机等。

韩国保健福祉部宣布，从 2017 年 10 月 23 日至 2018 年 1 月 15 日将试行《维持生命医疗决定法》（也称“安乐死法”）。规定年满 19 岁的成人，不论是否患有疾病，可通过填写《事前维持生命医疗意向书》和《维持生命医疗计划书》，明确表明不接受维持生命的治疗。签署人患病后，如被判定无治疗意义、即将死亡，这两个文件可作为拒绝维持生命治疗的资料使用。这更像我们理解的生前预嘱，而非安乐死。

1983 年 10 月在意大利威尼斯举行的第 35 届世界医学协会联合大会上，来自世界各地的医生提出了关于被动安乐死的正式意见，认为对救治无望的病人可以撤除生命支持。世界卫生组织 2002 年也提出，对不可治愈的濒危病人，不主张主动结束其生命，也不提倡单纯依靠药物和器械延长其生命。这些表述无疑对被动安乐死的临床实践发挥了积极的推动作用。

八、伦理困境中的安乐死

生命终末期的人在死亡过程中如何避免痛苦，既是一个迫切的医学问题，也是一个现实的伦理问题。

从伦理学角度看，安乐死应该是个中性词，不应被污名化，也不应刻意美化。赞同安乐死未必是思想开放、观念先进的标志，不赞成安乐死也并非思想保守、观念落后的表现。

对安乐死，特别是主动安乐死的认识，一直存在许多争论。赞成安乐死的观点可以概括为：①每个人都有自主选择死亡及死亡方式的权利，这是对人权的尊重；②帮助病人及早结束死亡过程的痛苦，使当事者得以善终，在本质上符合人道原则；③避免过度治疗，节省卫生资源，减少社会及家庭负担。反对安乐死的意见则认为：①安乐死的权力一旦被滥用，就有可能被人钻法律空子，使病人错过救治的时机；②医生的天职是救死扶伤，安乐死尤其是主动安乐死与杀人无异，背离了医生的职业要求，既不合法，也不人道；③目前医学水平有限，还不能准确判定生命的延续时间，安乐死将打击医务人员救治危重病人的积极性，妨碍医学进步。

21 世纪初，荷兰刚刚准备将有关安乐死的法案付诸表决，就出现了老人们出于恐惧而集体“出逃”到邻近的法国的事件，引发了广泛的对安乐死的伦理思考。近年来发生在比利时的一系列安乐死事件，更是引发了欧美国家的负面评价和争议，人们认为这些事件超出了人们对安乐死的传统理解，提出了对安乐死的伦理拷问。

在比利时，一对 45 岁未婚的双胞胎兄弟马克和埃迪，因先天疾病从小失聪，二人相依为命。在医生告知他们，疾病的进展又即将使他们失明后，两人十分绝望，担心再也无法看见对方，便要求一起安乐死。历时两年，他们寻找到了愿为此担责的医生并完成了相关法律程序，成为世界上首对一起接受安乐死的双胞胎。

24 岁的比利时姑娘劳拉身体健康，没有任何器质性疾病，由于“从小生活就很不开心”，住过精神病院，长期存在自杀倾向。她申请安乐死并获得了批准，采用注射方式结束了自己的生命。

据统计，2015 年有 2023 人在比利时实施安乐死，这个数字是 5 年前数据的两倍。布鲁塞尔的一家医疗机构接待的 130 例安乐死咨询中，有 40 例是法国人，占比近三分之一。法国人在比利时接受安乐死的最多。这一切对比利时及其邻国，特别是法国，形成了巨大的心理冲击。

2014 年年初，比利时众议院高票通过了一项名为“让重症患儿享有安乐死权利”的法案，成为全球首个对安乐死最低年龄不设限，对儿童也可以实施安乐死的国家。民调显示，约 75% 的比利时人赞成此法案。法案投票通过时，旁听席就有法国人大声谴责“这是杀人”；其实，即使在比利时国内，也有老年人在接受记者采访时表示担心：“在安乐死的名单上，下一个可能就是我。”

类似的情况也发生在荷兰。2010 年，荷兰实施了 3800 例安乐死，其中竟然有 72% 的病例事后被指“涉嫌杀人”，比例之高令人咋舌。医学上不易判定的“精神痛苦”，往往成为安乐死实施者被投诉最多的理由。2013 年，荷兰有 42 名精神病人和 97 名痴呆症患者据称“选择”了安乐死。不少荷兰人认为，安乐死标准过于宽松造成安乐死人数逐年上升，并开始担心如局面失控会导致严重后果。

在瑞士，安乐死的人均花费大约是 4000 欧元（约合 3 万元人民币），再加上随行亲友的旅途、食宿费用，将是一笔不小的开支，寻求安乐死成为一次“奢侈的死亡之旅”。瑞士的安乐死执行机构是两个民间团体，既不属医疗机构，也没有政府背景。人们认为这种运作模式很容易失控，演变成一项纯商业操作的、只赚不赔的营利项目。英国媒体披露，瑞士一家名为“尊严诊所”的机构，专为绝症病人提供安乐死服务，自 1998 年建立以来到 2015 年，已经帮助1905名患者实施安乐死，其中1749人（比例达91.8%）为外国人，这似乎佐证了人们的怀疑。

与上述国家不同，加拿大为安乐死立法地区的民众的主要诉求是：目前对安乐死的规定过于严格，审批时间过长，使其失去了人道价值，往往成了一份“迟来的爱”，没有充分体现对请求安乐死个人的体谅和尊重。

2007年，我国宁夏一位28岁的女青年李燕因患有进行性肌营养不良症，逐渐丧失了几乎所有的自理能力，全身只有头和几根手指能动。她致信全国人大，请人大代表为她提交一份议案，请求安乐死。此事在互联网上披露后，引起了网民的关注，甚至成了一份高中试卷中的选择题。对这样一位思维清晰、性格坚强，理论上可以像著名物理学家霍金那样，还能继续生活好多年的女孩实行安乐死，明显违背我国法律。但李燕毕竟不是英国的霍金，她承受着巨大的肉体痛苦，无人可以替代；她的家人承受着巨大的经济和精神压力，也无人可以替代。类似的由后天伤病造成重度残疾的问题广泛存在，其患者数量远超过那些罕见先天异常或畸形的个体，给我国以及大多数国家在生命伦理上提出了重大挑战。

九、医学不应为安乐死“背锅”

现代医学技术高度发达，理论上可以使人的生命在外力的干预下得到超乎想象的延续。有的学者提出，既然安乐死问题没有一个可以“一刀切”的万全良策，就应该开启新思路，对个案区别对待、逐个解决。在此过程中，假以时日积累经验，人类会逐渐提高并加深对安乐死的认知能力，有望形成比较成熟的共识。

近年来，很多在过去难以长期存活的植物人、严重失能失智者、晚期绝症患者、严重畸形残障的婴幼儿，在生命机械系统的支持下可能长期存活。但生命延续了，痛苦也在延续，病人没有或只有非常低水平的思维能力，身体遭受着病痛的长期折磨，生活质量极为低下。全靠药物和器械的操控维持生命动作（呼吸、心跳、管道输排等），病人成了装着药物的容器和医疗器械的“延长部件”，彰显的只是“科学发达的淫威”。从本质上看，这些个体可能不能算是独立的生命个体，实际处在苟活和死亡之间的灰色地带。当前，人为续命已经使科学“手段日臻完善，但目标日趋紊乱”（爱因斯坦语）。这是现代社会对政府改善民生能力的考验，也是发达的生命科学给滞后的法律提出的新课题。显然，这已经超出医学范围，不宜套用医学伦理原则进行量度。

既然安乐死已经超出了医学的边界，就不应“被医学化”，因为医学不能承受其重。医生只是在执法机构批准当事者的请求后，受邀进行停止生命维持系统的操作。在此过程中，医生无须站到安乐死的第一线，而只是作为患者、家属和法院共同邀请的专业人员提供技术服务。

由此看来，《大英百科全书》将“安乐死”一词划归于法学卷而不划归医学卷是有道理的。

十、安宁疗护与被动安乐死

2016 年 4 月，全国政协在大量调查研究的基础上征求专家意见，就安宁疗护工作召开了双周座谈会，专门研究终末期病人的关怀照护。会上指出，安宁疗护主要是为患有不可治愈疾病的患者在临终前提供减轻痛苦的医疗护理服务。也就是说，安宁疗护大体上相当于过去人们耳熟能详的临终关怀，即对病笃患者在临近死亡时（一般不足6个月）的一系列医疗护理操作。会议特别强调，安宁疗护“关乎患者的生命质量，关乎医学的价值取向和社会的文明进步，是一个重要的民生问题”。安宁疗护以悉心陪伴和专业帮助的方式使医务工作者完成人道使命，改变了人们对医学“救死扶伤，治病救人”的传统理解，强调医疗服务更应具有“陪伴帮助，安宁疗护，生死两安”的丰富人文情怀。

安疗疗护强调让病人尽可能“安乐活”，而不是着眼于安乐死。其内涵比“临终关怀”更丰富，更给人以希望与温暖。安宁疗护持续的时间可能较长，可以是数日，也可以是数月。因此，尽管原发疾患不会治愈，但部分病人仍能无痛苦地存活一段时日，与亲友度过最后一段温馨时光。果真如此，医护人员会和家属一样乐见其成，并从中获得职业成就感。

由此可见，安宁疗护不是安乐死，不是停止或放弃治疗，相反，是一种尽量减少病人痛苦、调动一切力量对病人负责到底的舒适治疗，是病情发展到最后阶段，延命已无意义时，在医疗照护及药械使用方面不得不做“减法”，中止或撤除某些对病人无实际意义的“动作”，最终实现病人在生命尽头无痛苦的自然死。

安宁疗护与被动安乐死必然发生交集，二者殊途同归，一切都在尊重生命的自然法则中发展，不违背任何法律和伦理原则，实现了将痛苦减少到最低程度的自然死亡。如此看来，安宁疗护的推广已经使被动安乐死成为安宁疗护的一个部分，被动安乐死可能是一个将被放弃的称谓。

由于安宁疗护强调守护医学的边界线，强调中止无效的“抢救治疗”，对当前广泛存在的过度医疗和过度抢救是一种有效的扼制，一经提出即受到了广泛的肯定。经过几年的努力，安宁疗护在我国已经由后台走上前台，由配角成为主角，由边缘走到中心，而且不可避免地与被动安乐死越走越近，甚至可能部分破解安乐死这个难题。

十一、劝君缓提安乐死

笔者作为肿瘤科医生，经常遇到病人提及并要求安乐死。他们或坚决或犹豫，或冲动或深思熟虑地要求安乐死。理由大概可以归纳为：不堪病痛的折磨；不堪巨大的经济压力；患病后遭遇“世态炎凉”和家庭亲情关系的破裂等。

其实，绝大多数人对安乐死只是道听途说，并不真正了解安乐死的含义。不少人要求安乐死是出于对死亡的恐惧与焦虑，其背后的潜台词是：请重视我遭受的痛苦，帮帮我。医护人员和亲友应该读懂这个潜台词，及时与病人沟通，伸出援手。经验证明，在实际问题解决后，病人往往会打消求死念头，重拾生活信心。

在所有理由中，以经受不住让人生不如死的病痛折磨而产生安乐死念头最为多见。在我国，止痛观念与二十余年前相比，已经发生了颠覆性变化。止痛药物的使用理念和研发也取得了巨大进展。国家针对疼痛特别是癌痛病人的止痛问题颁布了一系列法规，以确保 90% 以上病人的疼痛能获得基本满意的解决。实际上，在镇痛做得比较充分的地方，因难以耐受疼痛而提出安乐死要求的病人已经大为减少。

既往不少重症病人及其家庭经常在经济拮据的状态下勉强维持生存，近年来，大病治疗费用纳入医保报销的范围逐渐扩大，国家针对重症及慢性病症病人家庭也落实了诸多政策，使其在治疗上有了更大的选择空间。此外，多种途径的慈善供药使符合条件的病人能够免费或低价获得价格昂贵的治疗药物，使大多数人就医负担有所减轻。所以，因经济压力而要求安乐死者，必然会日渐减少。

对“世态炎凉”的负面心理感受往往使病人及其家人万念俱灰，成为要求安乐死的重要原因，这点非常值得注意。

曾有一位患有癌症的老工人，其不争气的小儿子在得知一直宠爱他的父亲患了不治之症后，竟然带上父亲的救命钱一走了之。老人迅速陷入抑郁乃至绝望，多次向医生护士要求实施安乐死，甚至偷偷积攒药物准备“一睡方休”。医护人员只能严加防范，同时晓之以理，积极治疗他的抑郁，帮他寻找儿子，终于打消了他求死的念头。

曾有一位资深老医师长期重病卧床，他的老伴已经去世，女儿远嫁国外，老人十分孤独，整天闷闷不乐。有一天他发现新来的主管医生是他熟悉的学生，本来满怀期待，但在例行查房时，学生并没有表现出对曾经的老师应有的热情，一副公事公办的神态使他感到尊严顿失，这几乎成了压趴他的最后一根稻草。他找到科主任透露了“虎落平川被犬欺”的悲凉心态，希望尽早接受安乐死。科主任了解情况后得知，原来是因为年轻医生考虑到，“工作时不宜对老师表现得过于熟络，否则会使其他患者感到不公”。下班后，年轻人带上老师喜爱的书报杂志和食品，专门探望了老师。在以后的接触中，年轻医生对病笃的老师做了很好的安宁疗护，解决了不少实际问题，使老师顿时感到了人间真情，再提起曾经要求安乐死都有些不好意思。

十二、安宁疗护宜优先立法

近年来，国外一些民意调查显示大多数民众赞同安乐死，国内赞同安乐死的舆论也非常强大，不少热心人士在积极推进安乐死的立法。但在安乐死的相关知识远未得到普及的情况下，受调人群可能并不是在同一个维度下理解、谈论安乐死。所以在一些匆忙的调查中，“即兴”的成分多，理智的思考少，其真实性要大打折扣。实际上，笔者认为，真正了解并要求安乐死的人远没有人们想象的那么多；具体实行安乐死也远没有想象的那么简单。

众所周知，英国民众针对安乐死立法讨论了近 90 年，但立法至今仍然遥遥无期。英国多次在国际死亡质量调查中排名第一，是公认的世界安宁疗护发源地，其安乐死立法尚且如此艰难，遑论其他国家和地区。发人深省的是，尽管安乐死没有立法，但英国作为安宁疗护首善之地的地位却没有动摇。

以上经验说明，安乐死的立法及推广与死亡质量的提高并无必然联系。与安乐死相比，自然死有着天然的优势。自然死又被称为尊严死，这种比较“文学性”的叫法更容易为社会接受和理解，有利于摆脱当前关于安乐死讨论的困境。

一部良好的“安宁疗护与自然死法”将使我国每年近千万的逝

者在死前尽量减少痛苦并获得应有的尊严，权益得到保障，从而使人们对笼统的安乐死的提出日渐减少，对安乐死的选择也会越来越少。这方面可资借鉴的有《患者自决法案》（美国，1991年）、《患者身份和权力法案》（芬兰，1992年）、《预先医疗指示法令》（新加坡，1997年）等。

当前比较有现实操作可能的是，推进安宁疗护和自然死的立法；备受争议的、以“主动安乐死”为主要立法内容的议题，不妨先放一放。

总之，关注安宁疗护，缓提安乐死，将更好地体现医学的使命与本质，有利于医学的发展。

方兴未艾的生前预嘱推广是安宁疗护的序曲，提倡并推广生前预嘱，有利于人们逐渐放弃对安乐死的诉求，使生命的“句号”画得更圆满。

此外，还建议读者登录北京生前预嘱推广协会的“选择与尊严”网站，它可以帮助大家在死亡问题上进行更多思考。

参考文献

1. 陈小鲁、罗峪平主编：《中国缓和医疗发展蓝皮书（2019—2020）》，中国人口出版社，2020。
2. G. 德沃金、R. G. 弗雷、S. 博克：《安乐死和医生协助自杀：赞成和反对的论证》，翟晓梅、邱仁宗译，辽宁教育出版社，2004。
3. 宫本显二、宫本礼子：《不在病床上说再见》，高品薰译，世界图书出版公司，2019。
4. 刘易斯·M. 科恩：《死亡的视线：医学、谋杀指控与临终抉择争议》，孙伟译，北京时代华文书局，2018。
5. 倪正茂、李惠、杨彤丹：《安乐死法研究》，法律出版社，2005。
6. 莎伦·考夫曼：《生死有时：美国医院如何形塑死亡》，初丽岩、王清伟译，上海教育出版社，2020。
7. 舍温·B. 努兰：《死亡之书》，杨慕华译，中信出版社，2019。
8. 舍温·纽兰：《我们怎样死：关于人生最后一章的思考》，褚律元译，世界知识出版社，1996。
9. W. M. 斯佩尔曼：《无人返回之路：参悟生死》，李楠译，中国人民大学出版社，2019。
10. 王云岭：《现代医学与尊严死亡》，山东人民出版社，2016。

作者简介

刘端祺，中国人民解放军北京军区总医院（现中国人民解放军总医院第七医学中心）肿瘤科原主任、主任医师，教授。任中国抗癌协会监事会监事、全军肿瘤专业委员会原副主任委员、北京生前预嘱推广协会专家组成员。

/ 第十二讲 /

生命末期的苦难认知与干预

陈 钒

作为一位资深的安宁疗护和缓和医疗大夫，相较于一般人，我对于生命末期的苦难有着更为丰富的观察与更为彻骨的共情。但是，与其他临床专业相比，安宁疗护专业的医护人员在书写日常面对的疾苦、死亡的故事时，不免觉得沉重、沉痛，甚至不忍回望。毕竟那些发生在身边的故事，多数都会给我们带来“物哀”与“心忧”。过来人都明白：安宁疗护的前提是医护人员（扩大到所有的在场者、参与者）内心拥有“宁静”与“和缓”。曾记得，安宁疗护事业的开创者桑德斯医师曾提出“安宁伴行者”（不限于医护人员，还包括心理抚慰师、社工、志愿者、亲属）的八个特质：其一，拥有正向思维；其二，情绪成熟，能自我反省；其三，能与人合作；其四，喜爱学习，有成长动机；其五，有生命（存在）的意义感；其六，对别人的苦难与需要敏感；其七，拥有喜乐秉性；其八，敬业、尽责、有热情，且重视工作伦理。唯有这样，才能如《陪伴生命》作者辛格医师那样，穿越安宁疗护的长河，获得一份“灵然独照”的人性成长。

下面我跟大家聊聊自己在安宁疗护服务中所获得的苦难认知与境界升华。

一、穿越苦难峡谷，我们需要强大的正能量

对于生命终末期患者来说，死神、苦难都无法征服，但可以豁达、释然、缓解、超越。面对肿瘤末期患者的临终痛苦，实施积极、有效的干预与抚慰是安宁疗护专业人员的本分。每当你面对着处于临终痛苦当中的患者和他们的家属的时候，全身心地投入与患者及其家属的同理沟通当中，是你的职业操守和信念的要求，但过多的投入会很快让你沾染诸多负面情绪，产生所谓的“职业耗竭感”。如果你“铁石心肠”到已经“见怪不怪”了，这对你自己来说是一种心理的保护；但是对于病人和家属来说，你的情感投入也就有了“衰减”，沟通也变成了程序化的“职业套路”。这似乎成了一个怪圈，同时也对安宁疗护专业的人员素质提出了要求，就是“正向思考”的能力要相当强。简单说，要学会多寻找“正能量”！

所以我们就从能够带给我们力量的那些真实的故事讲起。

我曾经做过多年居家安宁疗护的工作，在我们的病人中，终末期病人占绝大多数，有些病人我们照顾的时间不长就离开了，因此能够与我们建立较长时间联系的病人家属并不多。虽然哀伤辅导也是安宁疗护的内容之一，但在病人去世后，多数家属对医院还是抱着“敬而远之”的态度；我们也接受这样的社会习惯。但凡事总有例外，例如我们也会在病人去世后收到家属送来的表达感谢的锦旗等，当然上面绝不会写上“妙手回春”之类的话。最令我惊喜的是这封迟到的来信。

陈大夫：

你好！

最近一直有特别强烈的感觉，想让你知道你在宁养院的工作对于我的帮助是何等巨大。时间已经过了十年，我现在想起来依然感到非常温暖，你和你的团队为病人和家属所做的不仅仅是医生对病人的治疗与帮助，更是播撒爱的种子。我们家真的很幸运在最艰难的时候遇到了你和你带领的团队。

我还记得第一次来我们家出诊，你们一共三个人。除了你以外，还有一位女医生给我的印象特别深，我感觉她是心理医生。那时的我有很多的抱怨和委屈，她把我的手和我丈夫的手拉到一起，然后她的手放在我们俩的手上面，说我们一起努力。她的声音特别温和，但是特别能带给人力量。她还告诉我们癌症病人到最后不急救。我那时顾虑重重，我怕不好和丈夫的家人交代，她给了我很多疏导。后来，她又和我丈夫谈通了。之后去医院取药，我们也多次见过她，她都能给我极大的安慰，只是我一直不知道那位美女医生的姓名。

我记得你来出诊的许多情景，那些画面特别清晰地在我眼前播放。许多次你们是在冬天的傍晚来，离开时候天已经很黑了。患者不用去医院，而是医生冒着寒冷与黑暗给我们送来温暖与关爱。还有的时候，宁养院的司机去其他的患者家，你自己开着车过来，你又是司机又是医生。（我写到这里，眼泪就止不住地流。）到后期我丈夫腿上的肿块已经散发出难闻的气味，你进门后没有任何嫌弃，而是照常问诊，指导我们护理。我知道他的生命进入了倒计时，面对亲人的离去，除了我的信仰，你们也是我的倚靠。我的家人、朋友、同事，都不能在精神层面上帮助我，但是你们做到了。我还记得你那么忙，还抽出时间和我儿子交流。甚至在我丈夫去世后，我不知道如何处理儿子的心理问题，你都耐心倾听并给予我帮助。你所做的这一切足以给失去亲人的家庭永远的温暖。我没有见过灵界的天使，但是你让我遇见了人间的天使。“白衣天使”在你这里得到了最好的诠释。

我不知道有多少病人家属还和你们联系，但是我相信他们会和我有同样的感受的。或许不是所有的患者及家属都愿表达，但是他们的内心和我一样都曾被安慰。那时候我就告诉自己，每年我都要去看望你。除了感谢，还想让你知道你所做的工作是多么有意义。不仅让临终的人得到善终，也让活着的人生活得更好。你们所做的是无法用金钱衡量的。你们的付出与帮助，也一直鼓励我在回归学校后更努力地工作，做一个爱的传递者，不仅帮助学生，也鼓励和安慰学生家长。你们播撒的爱的种子，已经发芽了！

永远感恩！

×××

2019 年 × 月 × 日

十年前正是我在李嘉诚基金会北京肿瘤医院宁养院从事居家安宁疗护的时期。当时我们接手这位患者 G 先生时，他的疼痛十分严重，患者妻子也非常焦虑；他们是由外院的同行转介到宁养院接受服务的。好在我们当时有些其他医院没有的辅助药物，患者的疼痛得到了控制。记得当时最令我焦虑的事情是，由于药品供应的问题，一种主要的辅助用药后来断药了；而缺药后如何调整镇痛方案考验着我们的临床能力。好在患者给力，家属配合又好，让我们一起渡过了这一道难关。在增加了药物的种类和剂量后，疼痛重新被控制，直到患者去世。可能是因为曾经共同经历过困难和挫折的缘故，在患者去世后，他的妻子仍然会不定期地过来看我们，甚至在宁养院建制取消后，仍与我保持着联系。这封来信之所以让我感到意外，是因为很少有患者家属如此正式地向我们医护人员表述他们在接受安宁疗护过程中的感受，尤其是时间已经过了这么久。应该说，在医患关系如此紧张的今天，这封信带给了我们力量。正能量是促使我们前进的动力。

二、初识安宁疗护

随着肿瘤发病率和死亡率的不断增高，癌症患者生活质量受到广泛重视，以人为本的治疗理念的普及，使得缓和支持性治疗作为肿瘤治疗的主要部分的时代已经来临！随着生活水平的提高，人们对于死亡质量的重视程度也在不断加强；临终关怀服务的水平成为衡量一个地区文明程度的标准之一。患者接受的缓和支持性治疗以往被称作“姑息治疗”，现在叫作“缓和医疗”；对于终末期患者所进行的姑息治疗，以往被称作“临终关怀”“宁养医疗”等，近期则又被称作“安宁疗护”。缓和医疗应该是从患者被诊断为恶性疾病开始介入的，直到患者康复或者死亡，贯穿全程；而安宁疗护只是其中对于终末期患者的照顾阶段，因此，可以说，“缓和医疗”包含了“安宁疗护”（临终关怀）。但无论是缓和医疗还是安宁疗护，都是以提高患者整体生活质量为目的；其首要任务就是去除患者的疼痛等不良症状！要知道，同样是疼痛，日常疾病和创伤的疼痛，与临终的痛苦绝非一类，照桑德斯所言，后者是一种“整体疼痛，躯体剧痛”，伴随着失能、失智的无力感，心理上的沮丧、恐惧与绝望，社会关系崩解带来的失意与失落，还有身后灵魂无处安顿的落魄感、漂泊感，因此，仅有止痛术是不够的，还需要身、心、社、灵综合施策的“抚痛术”，才能让患者抵达安宁、安详、安顿的彼岸。

安宁疗护（临终关怀）一度被称为宁养医疗。1998年，李嘉诚先生把宁养医疗服务的理念与程序从香港引入内地，创立了“李嘉诚基金会全国宁养医疗服务计划”，并先后与全国各地医院合作建立了几十家被称作“宁养院”的福利性医疗机构，免费为晚期癌症患者提供疼痛控制、心理辅导等临终关怀服务。在当时，社会医保体系尚未健全，安宁疗护服务机构极少，医护人员的缓和医疗专业能力差，该计划为内地缓和医学的发展传播了火种。本人有幸曾在其中之一的北京肿瘤医院宁养院中工作了十年。这对于我在安宁缓和医学领域的成长帮助巨大。

在此，我也要明明白白地正告国人，“姑息”的意思并非“妥协”“退让”，安宁疗护也不是撒手不管，让患者等死，而是将目的疗愈转型到过程疗愈，有所作为，却不乱作为，徒增患者的痛苦，安宁疗护追求的不是长生不死，而是生命终末期尽可能高的生命品质。

三、更上层楼，安宁疗护是对传统诊疗整体意义上的超越

要帮助患者在临终时达到安宁的状态，首先是要帮患者解除疼痛等躯体症状，但只是解决躯体的痛苦往往是远远不够的。安宁疗护的基本观念和主要内涵包括：

- 为不能治愈的病人提供积极的、全面的照顾；
- 肯定生命的价值并承认死亡是人生的一部分；
- 不会提早结束生命，也不会勉强延续生命；

- 肯定疼痛和其他症状控制的重要性；
- 提供身（身体）、心（心理）、社（社会）、灵（精神）的综合照顾；
- 协助病人积极地活到最后一刻；
- 帮助患者家属度过丧亲痛苦；等等。

安宁疗护与传统诊疗模式有着明显的区别。首先，从医疗的模式上，注重患者身、心、社、灵整体的照护，着重帮助患者触及自己的内心深处，肯定自己的人生价值；其次，从态度上，强调每个病人的每一天都是有意义的，每个病人都是值得尊重和关心的，在承认疾病不能治愈的情况下仍要照顾病人，提高他们的生活质量，尊重病人的隐私和决定自己治疗方案的自主权，并要与病人及家属建立良好关系。

安宁疗护的目标是：有效地控制疼痛及其他症状；提供心理支持以帮助病人缓解情绪压力；尽量帮助病人过有意义的生活，重拾自尊；支持家属并指导他们照顾病人，以及为其提供哀伤辅导。

要想提供良好的服务，一定要以团队的方式去照顾患者。安宁疗护队伍成员（主要针对肿瘤患者）包括：医师、麻醉师、心理师、社会工作者、护士、哀伤辅导员、志愿者（义工），等等；另外，病人家属也对病人起极大的支持作用。对患者的社会支持往往能够给患者带来极大的安慰。

安宁疗护团队作为与患者相关的社会支持团体，也可以为患者解决不少实际困难以满足他们的要求。比如Z先生的例子。

患者Z先生，患病前在某贸易公司工作，1999年9月不幸患上直肠癌，经过手术治疗后翌年复发，骶骨转移，经化疗、放疗后肿瘤不能完全控制，第二年出现双肺转移，声音嘶哑，骶尾部肿物突出不能平卧和正坐，结肠造瘘术后，左肾中度积水，重度疼痛。由于他原工作单位效益差，不能保证公费医疗，加上妻子下岗，儿子在上初中，他本人的退休金很少，家庭经济十分困难，属于北京市最低生活保障家庭。2001年7月他48岁，为了控制疼痛，来到北京肿瘤医院宁养院接受免费宁养服务。

入院时他声音嘶哑、呛咳、吞咽困难、咳嗽严重、左下肢水肿、阴囊水肿、腰骶部有肿胀感、重度疼痛，骶部肿物使其不能平卧，只能坐在一个充气的汽车内胎上，侧身或趴着睡觉。睡眠过程中经常疼醒，食欲很差，情绪也时好时坏。

他原本是个乐观好动的人，可以说是心灵手巧，认识他的病友都说他是乐于帮助别人、善于为病友解除烦恼的人。疼痛给他带来的负面影响很大，使他无法平静地生活，自信心受到伤害。经宁养院一段时间的治疗后，疼痛基本得到控制，咳嗽、水肿等方面症状缓解，食欲增加。自信的神情又回到他的脸上。

在与他和家属的接触中，医护人员发现他的家庭有许多实际的困难和不如意，由于他病倒了，原本支撑这个家庭的主要经济来源减少了，经济拮据使得他原本乐观的妻子经常愁眉不展，上初中的儿子不再有心思上课，总想早些打工赚钱。我们宁养院的医护人员就尽量多与他的妻子交流，倾听她的苦楚，尽量为她出谋划策，并给予饮食、护理指导和心理安慰。

我们了解到，他家现在居住的平房即将拆迁，而最困扰他的也就是拆迁的问题。他家住在城里交通比较方便的地区，但拆迁后可能要搬到郊区很远的地方；为了上学的孩子和下岗的妻子的将来，他想拆迁后还住在交通发达的地区。但回迁要交一大笔钱，他根本没有，拆迁补偿金也不够在城里买新房的，所以他想到买便宜点的二手房，但消息闭塞，不知道是否有可能，也不愿麻烦别人，所以就会自己生闷气。我们了解到这一情况后就发动志愿者上网查询、打电话联系中介机构，帮他联系好了离他家最近的机构，由他妻子前去咨询。

Z 先生得病后的最大心愿就是为自己的妻儿安排好一处满意的栖身之地。为此，他曾亲自去远处看房子，不满意时竟会伤心落泪。宁养院的医护人员一方面为他控制症状，一方面给他出主意想办法，全力支持他达成心愿。2002 年 1 月他病情加重，体力越来越差了。这时，宁养院的志愿者和当地拆迁办提供帮助，为他们找到了一处比较满意的房子。这时他已经不能自己去看房了，就委托其哥哥带着他儿子前去。

2002 年 1 月 16 日，就在他哥哥与儿子看完房子回来告诉他比较满意的当天晚上，一丝久违的笑容挂在了他的脸上，Z 先生就这样平静地去了。他的妻子这样形容当时的情形："当天晚上他吃完药后，歪在床上休息，我在收拾一些东西为搬家做准备，他已经很虚弱了，话都很少说，忽然我听到他的嗓子里有声音，以为他要说话，我一看，他正冲着我笑呢，他已经好多天没笑过了，然后他就闭上了眼睛……"

临终患者的安宁来自其身体、心理、社会和灵性需求的满足。身、心、社、灵缺一不可。了解患者的愿望，帮他们达成心愿，让他们感到自己不是无助的，而是对事情有控制权的；这是对人性的宣扬，是人道的具体体现。

四、洞悉临终患者的需求与祈望，展开灵性照顾

安宁疗护的观念都是基于临终患者的需要产生的。因此，我们

一定要了解临终患者都有哪些需要。根据以往的研究，大多数临终患者的需要有：

- 对死亡有心理准备；
- 对所发生之事可以控制；
- 拥有尊严和私人空间；
- 可以控制痛楚和不适；
- 可以选择死亡地点；
- 可以拥有知情权及适当的医疗照顾；
- 得到心理、心灵照顾；
- 得到各种善终服务；
- 可以选择谁来陪伴最后一程；
- 能够立下遗言，并得以实现；
- 能够和挚爱亲友作最后告别；
- 当时候到了，就安然离去，不作无谓抢救。

根据病人的需要，安宁疗护服务人员要做到：让病人在较少的症状下感觉生活得有目的、有能力和有尊严；改善病人的活动和工作能力、维护其生活角色和专长；教导病人、家属或照顾者，并为病人提供其所需要的援助和支持；协调环境资源帮助患者达成遗愿。我们必须做到：

（1）肯定生命的意义。①建立自信：通过病人教育、活动能力训练、物理治疗、使用轮椅等辅助用具、居室改建等方法辅助病人活动，提高病人自理能力，增强自信心。②让病人正常生活：鼓励病人购物、外出拍照、下厨、与亲友团聚等。③倡导病人自主行动：选择手工艺品制作等爱好作消遣、自己穿衣服、出去吃饭点菜、用电动轮椅等。

（2）使病人能够面对死亡。①安全照顾：包括对病人的照顾者进行教育，提供社会团体的支持和其他服务。②帮助病人去表达自己的心愿：通过有意识的聊天、放松方法、个别辅导、共同祈祷等帮患者表达自己。

（3）帮助病人平静地走向完结。帮助病人与家人团聚、享受其喜爱的活动、做一些纪念品等，平静地度过临终时刻。

当然，地域及文化背景、宗教信仰等不同会导致患者需求略有差异，但了解了临终病人的需要，我们就可以通过灵性照顾的方法更好地帮助他们。

另外，临终病人家属的心理压力也是我们要重视的。他们要面临的压力可能会更大；家属在失去亲人后的悲伤更要妥善处理，否则会给他们带来长期严重影响，甚至因此诱发疾病。关注患者家庭也是患者社会支持不可或缺的内容。在经济上为患者提供支持，虽然是社会工作的内容，但安宁疗护服务本身就是针对社会问题的社会工作。

C奶奶是一名虔诚的佛教徒，无儿无女，没有经济来源，多年来与她的干孙女一家共同生活，家庭并不宽裕。在一年前老奶奶被发现腹腔转移癌，已无法医治，伴有重度疼痛，痛苦万分。在外院接受疼痛治疗效果较差，又无力负担镇痛药物的费用，于2001年6月北京肿瘤医院宁养院成立后转到宁养院接受宁养服务，当时她98岁了。

宁养院工作人员刚开始入户探访她时，她的情况较差，症状较多，疼痛明显，行动困难，情绪低落；当她和家人听说宁养院免费治疗、免费给药时，起初并不相信；但当看到我们免费提供药物、整个过程未收取任何费用时，老奶奶连声念佛，说："我净遇上好人了！佛祖保佑你们！”当她知道是李嘉诚先生推出的这一公益事业时，连说：“谢谢！谢谢！替我向他问好！”经过宁养院的精心治疗，她的情况明显好转，生活完全自理，疼痛等症状基本得到控制。

老奶奶耳背，要他人大声说话才能听到，她自己说话声音也很大。每次宁养院工作人员入户，她都会大声念佛，说：“谢谢！”一有不适总是让家里人问问宁养院的大夫怎么办。当老奶奶听说北京市政府将出台补贴99岁以上老人的政策时，老奶奶对家人说：“我还差几个月就到99岁生日了，我要活到那一天，你们帮我领补贴去！”

老奶奶的干孙女一家也与宁养院建立了良好的关系，心里有什么不痛快都愿意说给宁养院的工作人员听；而我们再忙也会抽出时间仔细地聆听他们的述说，安慰和支持他们，使他们的心态保持平和。

老奶奶最终没能过她的99岁寿辰，在她接受宁养服务11个月后，她带着些许的遗憾，平静地走完了人生之路。老奶奶去世后，她的干孙女带着锦旗和糖果来到宁养院，宁养院工作人员劝说她带走礼物，她说：“奶奶生前多次要送礼物给你们表示感谢，你们都拒绝了；现在奶奶走了，这是她的遗愿，我是一定要完成的；否则，奶奶不会安心的。再说，病人都走了，这决不算是贿赂吧？”

五、安宁疗护是一项高度社会性的系统工程

安宁疗护服务涉及整个社会的福祉，因此它是重要的社会工作内容之一。安宁疗护对患者个人而言最好是免费的，服务的费用（至少大部分）应由社会承担，如果完全靠个人承担，难免会有贫困和无助者无辜遭受病痛的折磨。安宁疗护服务反对过度治疗等不

必要的医疗行为，推行安宁疗护是对社会资源的合理使用，可以减少不必要的医疗资源浪费现象。

安宁疗护服务工作者需要学会的事情包括：对病人身、心、社、灵问题的诊断和处理；了解症状控制的方法和其局限性；了解家属的期望，对复杂家庭关系进行评估和处理；处理哀伤情绪；掌握良好的沟通技巧和心理支持方法；了解文化和宗教对病人的影响；了解安宁疗护中伦理学的实践与应用；正确处理安宁疗护团队中的压力，为其他成员提供支持和协助；等等。只有这样才可胜任安宁疗护的工作。

安宁疗护是以生活质量而非生存时间为第一目的，所面对的患者不同，在治疗目的和方法上与传统医疗有较大差异。如治疗药物及使用方法上存在差异，传统医疗中可能是禁忌的药物（如既往肠梗阻病人禁用吗啡等），对于终末期患者，此时为舒缓患者痛苦，可能会被普遍使用。

六、观念迷失是安宁疗护事业的最大罩门

观念迷失是安宁疗护事业发展的最大罩门。首先，我们社会中有一些比较常见的观念：听说宁养院搞安宁疗护与临终关怀，不少人就感觉到晦气，避之唯恐不及。这一点患者家属尤甚，他们时常纠结于亲人之爱与尸体之怖的矛盾之中。在人们传统意识中，死亡是与恐惧、神秘相联系的，宗教信仰在我们这里是较少的，不同的人对死亡的理解差异也较大，所以很多人对死亡问题讳莫如深，公开谈论死亡似乎是不吉利的、不含蓄的。而安宁疗护把死亡看作是

自然规律，鼓励社会开放讨论死亡问题。还有不少病人家属因为害怕病人知道自己患有肿瘤后产生死亡的恐惧，向病人隐瞒，进而拒绝安宁疗护。其实，安宁疗护是非常注重患者心理的保护和调节的，这种担心根本没必要。

其次，对安宁疗护理念的误解导致一部分患者和家属，甚至是安宁疗护服务工作者本身不能完全接纳死亡。临终关怀理念的核心在关怀，人们却纠结于临终的不祥与不安，且时常被一些旧观念束缚。加之目前医患关系紧张，不少医生觉得“多一事不如少一事”，对临终患者症状处理不积极，或用药不到位，不能把患者生活质量放在第一位。其实，沟通才是解决所有矛盾和顾虑的办法！患者的需求应该受到重视。

再次，社会上对镇痛药物尤其是阿片类药物的错误观念很普遍。许多医务工作者本身对镇痛药就存在着错误认识。有些人甚至认为吗啡是毒药！这大多源于对阿片类镇痛药副作用的恐惧。实际上，合理及正确使用镇痛药能有效控制临终患者的疼痛。存在错误观念的患者常常表现出依从性差，不肯按要求用药，导致疗效很差；这种情况需要不断宣教才能改善。

事实上，我们从事安宁疗护的专业人员最为头痛的事情就是遇到对镇痛药物存在强烈错误观念的病人和家属。因为我们会看到他们因此受了更多的痛苦。

我的一位中学老师，现在已经退休，她罹患癌症，经过治疗后肿瘤得到了一定的控制，但是疼痛的问题一直没有得到解决。她来找我接受疼痛治疗，但是一直不肯把药物用够，总是会故意少吃药或忍痛。我发现她是对镇痛药存在顾虑，就和她讲道理，告诉她忍痛会导致疼痛加重并会影响到她的生存质量，形成恶性循环。但是我的话在她那里收效甚微，她还是会故意少吃药。果然，疼痛在不断加重，我们只好让她增加镇痛药的用量，但是她总是拒绝，甚至我们每次让她增加哪怕一片镇痛药都要反复地劝说，直到疼痛实在太重，超过她的忍受度，她才会被动地加药，但是这时我们发现，只增加一两片药还是远远不够帮助她止痛。就这样，她的用药量很快就增加到了很高的剂量。虽说镇痛用的阿片类药物是没有极量限制的，但是如果是每次都要吃进几十片，对她来说无疑是个不小的负担。而且伴随着她忍痛时间的增加，她的身体状态越来越差，多个脏器出现衰竭。就在我们打算让她通过椎管内给药的方式镇痛的时候，她因为衰弱而离开了我们。

这件事甚至给我造成了心理阴影，我会因为看到有病人不肯加药而联想到她的悲惨结局，并产生明显的焦虑等情绪反应。

我们的社会中广泛存在这类错误认知，但是改变人的想法是世界上最难的事，不是一朝一夕或一两句话就可以解决的。所以安宁疗护团队都是以疼痛管理的模式，通过团队的集体努力和反复的沟通来帮助病人。这也是安宁疗护的服务模式与既往的医疗模式的最大区别。

因此，医患的良性互动，以生死观的转变为标志的全社会的共同进步是改变错误社会观念的根本之法。近年来，安宁疗护发展很快，但在推广的过程中，遇到了很大的阻力；其中很多问题都可归结到观念的差异上。安疗疗护的使命是：推行新的价值观；促进社会对临终病人的接受；鼓励社会开放讨论死亡问题；增进公众对安宁疗护的了解。

我们有义务呼吁社会大力普及安宁疗护的观念，推行死亡教育，提高群众的整体素质。最近，社会上对安乐死谈论得较多，虽然我们坚决反对安乐死，但公开谈论死亡的风气应该提倡，应该多谈论“安乐活”——安宁疗护服务，因为这才是真正人道的事业！

要让全社会知道，安宁疗护中最重要的是控制患者的症状，这是其他一切服务的核心、基础和保障。只有在有效减轻患者痛苦的前提下，患者的依从性才能提高，心理支持等工作才能顺利进行。很难想象一个坐立不安的患者能够有心情接受心理辅导！所以我们要不断提高自己的能力，更好地解决患者痛苦。

在安宁疗护服务过程中，与患者的交流十分重要，要了解患者的想法、对使用药物的态度和反应等，要消除患者对药物的抵触等影响疗效的心理负担，这样才能保证症状的控制效果。在疼痛管理过程中，很多患者症状控制不好的原因并不是医生用药问题，而是患者根本未遵医嘱！也许有人会对此难以理解，但事实的确如此，而且发生率极高！每个患者都会有他自己的想法，如果医生只是简单开药而没有及时与患者沟通，就会想当然地觉得症状控制不好是药物的问题，而不能发现患者的错误想法并加以纠正。因此，医生对症状控制的成功率往往并不全在于他的用药水平，肯花时间与患者沟通也很重要！

七、肿瘤末期受罪并非天经地义

人们常常不理解，癌症终末期病人为什么会全身剧痛。作为资深临床大夫，我们早就发现大部分晚期癌症患者不仅有局部病灶部位的疼痛，还会出现全身疼痛，其原因比较复杂。其一，晚期的扩散导致全身多发性转移，转移到其他部位后会引起一系列的症状，如局部压迫，侵袭周围组织等，从而导致疼痛；其二，肿瘤会释放很多对身体有害的物质，身体在刺激下产生疼痛反应；其三，晚期患者的身体处于恶病质状态，极度衰弱、代谢紊乱、有害物质残留导致机体出现疼痛；其四，肿瘤侵犯神经系统，出现顽固性和剧烈的疼痛。但一般人都以日常生活中遭遇的疼痛来推测，认为“得病了哪能不受罪呀！”这是很多人深信不疑的“常识”。是吧？生病后要打针、吃药、开刀等，哪个不得受罪？得病后身体会有不舒服，心理上会有焦虑，影响了工作会减少收入，会影响家庭关系，甚至会让我们质疑人生的意义。你看！得病不但会让我们身体受罪，心理、精神的痛苦也都来了！这些痛苦好像都是“躲不开”的，所以我们生病后会被别人鼓励说“要坚强”，而“能忍痛”似乎也是咱们中国人的传统美德之一。

既然“受罪是应该的”，那会不会有人像我一样问病人这样看似显而易见的问题：我们去看病是为了什么？或者我们换个问法：看病是为了“和疾病做斗争”，还是为了“人能活得好、活得长”？这样一问，多数人会选择后者，似乎癌症或其他疾病并非重点，而人活得好坏才是根本！这样就造就了医疗要“以人为本”的理念，患者的生活质量在医疗中所受的关注也越来越多。这样问题出来了：虽然多数人都觉得得病就该受罪，但是病人到底该不该受罪呢？结论似乎是“不该”！

对于罹患恶性肿瘤这样可能致人死亡的疾病患者来说，死亡的威胁也许并不是他们最恐惧的，死亡可能伴随的痛苦才是他们从心底里最害怕的事情。那么疼痛到底能不能控制呢？癌症末期患者已经不能治愈肿瘤了，他们是不是“该受罪”呢？结论似乎也是“不该”！慢性疼痛是恶性循环、必须尽早控制的观念应该被广泛推广。

正确的观念是：癌痛是完全可以控制的！用阿片类药物治疗癌痛是安全的！只要我们重视药物副作用的预防，患者是完全可以接受的。

下面，我谈谈晚期癌症患者疼痛和药物副作用的管理。

首先，疼痛必须干预。癌痛的治疗和其他症状的控制作为肿瘤治疗的主要部分的时代已经来临！疼痛的恶性循环链条必须尽早打破，及时控制疼痛是对患者生活质量的最大改善，要知道长期的慢性疼痛会形成“痛觉过敏”并导致难治性的神经病理性疼痛出现，为疼痛治疗带来更大的困难。因此疼痛必须尽早控制，以减少镇痛药物的总体剂量和副作用的强度。有些患者认为，少用药物使疼痛有所缓解就行，但结果往往是产生了难治性疼痛，使得镇痛药物不得不加量很多才能控制疼痛，这样反而增加了副作用的强度并增加了费用支出。而一开始就把疼痛控制得很好的患者，镇痛效果往往很平稳，药物增加也会很缓慢，反而副作用低且节省了费用。

镇痛的重要药物是阿片类镇痛药，同时，联合用药很重要：对于内脏痛、神经病理性疼痛等难治性疼痛，除了使用强阿片类药物外，疼痛辅助用药必不可少：NSAID、曲马多、三环抗抑郁药（去甲替林、多虑平等）、抗惊厥药（卡马西平、加巴喷丁），等等；这些药物与强阿片类药物的联合使用可以大大提升镇痛的效果。

其次，对于阿片类药物成瘾的担心是镇痛的最大障碍。有缓解躯体痛苦的需要不是“成瘾”，心理依赖才是“成瘾”，吸毒者不是因为疼痛才用阿片。同样，疼痛的人合理地使用阿片类药物来镇痛并不会成瘾。目前由于对阿片类药物成瘾的恐惧，大量癌痛处理不规范，使很多癌痛患者的治疗不充分。世界卫生组织推荐的癌痛的三阶梯止痛原则并没有过时。而处理疼痛不规范的现象在包括肿瘤专科在内的各科室医生当中仍然存在，这使我们反思：很多医生对于患者疼痛的重视程度仍需提高。

再次，在使用阿片类药物的过程中，要预估和及时处置各种副作用，譬如呼吸抑制等次生问题。临床上，阿片类药物导致的呼吸抑制表现为呼吸次数减慢（少于 10 次 / 分钟）和“针尖样瞳孔”；疼痛是呼吸抑制的“兴奋剂”，强刺激也可诱发呼吸。吗啡严重过量的解救药是纳洛酮：0.1 ~ 0.2mg静注，如无效倍增剂量，直至2.0mg，6 小时需重复一次，加吸氧、人工通气。由于疼痛是呼吸抑制的天然拮抗剂，只要患者存在疼痛，没必要过分担心药物过量导致呼吸抑制问题。

临床上，患者在使用阿片类药物过程中还会出现恶心、呕吐，这是阿片类药物的短期可耐受副作用，就是说，连续用药这种副作用就会自动消失，一般不会超过一周就会消失。类似的副作用还包括头晕、嗜睡等。可做预见性处理：胃复安、氟哌啶醇、地塞米松、格拉司琼或恩丹西酮、氯丙嗪等，饭前按时服用。

便秘在癌性疼痛的治疗中发生率较高，应对便秘的方法很多，贵在预见性处理，即在使用阿片类药物治疗的开始，同时给予通便治疗，这比便秘形成后再做处理效果要好得多。且不要长期应用一种通便药，要在润滑性（乳果糖、山梨醇）、容积性、离子性（氯化镁）、胃肠动力性（番泻叶、脾约麻仁丸、比沙可啶）等通便药物之中交替选择，交替使用。重视非药物性通便措施，如：鼓励患者运动、进行腹部按摩、多进食粗纤维食物、多饮水等。

排尿困难是一种中等耐受的副作用，一般一个月内可以耐受。可给予平滑肌解痉药物、流水诱导、膀胱区按摩，必要时给导尿。

最后，一定要重视患者的睡眠质量，理想的止痛应使患者有充足的睡眠，保证患者在睡眠中不致被疼醒，这往往比清醒时给患者止痛更重要。从开始止痛治疗到患者睡眠时也不感到明显疼痛，有一个药物选择和剂量摸索过程。应尽量缩短这段时间，力争使患者在 24 小时内疼痛明显缓解，72 小时内基本不痛。睡眠质量对患者生活质量影响很大，很多症状如乏力等都与其相关，有些疼痛控制好的患者也会存在睡眠障碍，所以需要格外重视，认真处理。

八、说说安宁疗护服务中令我感动的病人

做安宁疗护工作虽然看起来是医疗团队对患者及其家庭提供帮助，但实际上，在工作中，经常会有患者以自己的行动，在如何做人、如何看待生死等问题上教育我们这些“帮助者”。这样的患者会被我们称为“老师级的病人”，毕竟没有人真正地死过再回来告诉你死亡是什么，又该如何面对。L 先生就是其中之一。

L 先生，曾在出版社做了十余年编辑工作，1999 年辞去公职赴美国攻读 MBA，2001 年 1 月在即将毕业之际诊断出右肺上沟癌晚期，只好终止学业回国治疗。经化疗、放射治疗后肿瘤仍不能完全控制，先后出现骨转移、脑转移、右臂神经受压、肌肉萎缩、右手不能动，重度疼痛。由于他没有工作和医疗保障，经济十分困难。听说李嘉诚先生在北京办宁养院的消息后，他抱着试试看的心理，于 2001 年 9 月来到北京肿瘤医院宁养院接受免费的宁养服务。当时他 45 岁。

入院时他有如下症状：恶心，呕吐，便秘，右上肢重度疼痛，不能平卧、只能坐着睡觉，经常因疼痛无法入睡或疼醒，每天只能睡 5 个小

时，食欲很差。他是个很好强的人，疾病使他角色改变很大，可他仍然想多做些事情来回报社会，以推进社会的进步，但疼痛使他无法安心做事。在宁养院接受治疗后，他的疼痛基本得到了控制，各方面症状大为缓解，食欲增加，睡眠改善。

他是个乐观向上的人，因为右手活动受限，他每天用左手在电脑上工作，设计了有关社会宏观管理的许多计划，说要献给国家，希望能对社会有所贡献。他说："我是学习管理的，我有许多社会管理方面的想法，如果能够实现，应该对社会发展有益。"

在当年电视台举办的"真情互动"栏目中，他还被选为"真情人物"，受到了大家的赞赏。他说："我这个人是透明的，有什么话可以直接和我说，关于我的病情我自己知道。"他感到时间不多了，所以更珍惜每一天的时间。还给李嘉诚先生写信，感谢他的奉献精神和一片爱心。

我们宁养院的医护人员对L先生的精神都深感钦佩，尽力帮助他克服困难。像多数患者一样，开始时他对镇痛药有顾虑，有时疼痛加重也不敢加药，我们医护人员就反复为他解释镇痛药的安全性和疼痛控制的重要性，解除他的思想顾虑。在控制他的症状的同时给予他必要的饮食、护理和心理指导。

患者在生活上需要帮助的地方很多。而他是凡事不愿麻烦别人的人。一次他的电脑出现故障又无法及时修理，正好我出诊到他家，看到后就主动找自己朋友帮忙，当天就帮他修好了电脑。

得病前他兴趣广泛，阅读、运动、上网他都喜欢。他还是打桥牌的高手，曾自己翻译出版过桥牌方面的书。但生病后行动不便，很多爱好都放弃了。为了增加他的生活乐趣，我会利用业余时间上网陪他打桥牌，让他感到回到了以往的日子。

他与我们宁养院的医护人员的关系很亲近，会把一些手稿给我们看，让我们提意见。现在回想，他当时设计的信用体系、社保卡、一卡通等现在很多都实现了。他说："是宁养院给了我很大的支持，否则我不可想象我的日子会是怎么样的，感谢李嘉诚先生做了这样一件大好事。"

2002 年 2 月春节前，他的病情进一步恶化，椎体转移导致下肢瘫痪。我们努力为他止痛，希望他能无痛地走完人生的路。除夕那天，我们还专门去看望了他。在新春钟声敲响的时刻，第一时间给他拜年，因为知道他的家人春节当天因故并未陪伴在他身旁，担心他会有失落感。

就在农历大年初三，当大家还沉浸在节日的气氛中时，L 先生安静平和地离开了这个世界。对我来讲，拜年变成了和他的道别。他积极的生活态度让我至今记忆犹新。对于我们这些从事安宁疗护工作的人来说，他就是"老师级的病人"。

总之，安宁疗护是医学模式由单纯生物医疗模式向生物—心理—社会—灵性模式转化的必然产物，是医疗服务中最富有爱心和最人道的一环，它从侧面反映了社会经济和文明发展的程度，显示了未来医学发展的方向。"以人为本，全人服务"也将是我们整个医学界未来的发展方向。让我们共同努力，完善教育，纠正安宁疗护中的常见错误观念，把我们国家的医疗服务水平推上一个新台阶。

作者简介

陈钒，北京大学肿瘤医院中西医结合科、疼痛门诊副主任医师。任中国医疗保健国际交流促进会肿瘤姑息治疗与人文关怀分会常委、北京肿瘤防治研究会缓和医疗分委会常委、北京乳腺病防治学会姑息与康复专业委员会常委、北京肿瘤学会缓和医疗专业委员会常委、北京抗癌协会癌症康复会常委等。

长期从事肿瘤精神心理康复与姑息医学研究、教学与实践，致力于临终关怀、生死教育、患者生活质量提高等姑息医学理念与服务模式的推广和实践。

/第十三讲/

精神抚慰

——终末期患者的心灵加油站

谌永毅　刘翔宇

每个人除了有一个物质体，还有一个情绪体、心智体与精神体，疾病很多时候源于精神层面。疾病提示身体需要疗愈，疾病症状在某种程度上也可以说是“灵魂的语言”，表现出患者精神层面可能存在的问题。精神抚慰可以帮助患者审视其内心，使医生与其精神世界沟通，为其心灵加油鼓气，抚平其情绪反应，并帮助终末期患者安宁平静地走到生命的终点。

近年来，越来越多追求精神健康的人向心理健康领域寻求帮助，精神抚慰与心理咨询的结合越发紧密，精神抚慰的应用范围也从特殊群体扩展到普通群体。因此，“精神抚慰”一词在我们的视野中出现得越来越频繁。

一、相关概念

（一）精神（spirit）

“精神”的拉丁文是 spiritus，意指生命状态的形象展现，呼吸，风及空气，还指人类生命的力量，以及人类存在的本质及活力。“精神”激发人类去发掘生命的意义及目的。尽管各领域学者从不同角度对“精神”进行了大量的研究，形成了对“精神”的多种不同描述，但其概念目前尚未有统一的界定。许金生指出“精神”意指追求、表达、实现自我，是终极关切的一种能力。Catanzaro 等人认为“精神”可以定义为各种道德规范或宗教传统，通过个人与他人、宇宙的互动等，个体可以获得自我实现的成就并达到和谐的状态。英国护理学者 Dyson 从个体与自我、他人、上帝的关系，以及意义、目标、希望、联系、信念等方面界定“精神”。Narayanasamy 认为“精神”根植于每个人的意识之中，表现为内心平和，以及从与上帝或者个人崇拜者之间的关系中获取力量。心理学家 Sermabeikian 和 Carrol 则认为“精神”意指个体与上帝的关系，或者是个体与任何能够为其带来生命的意义感、目的感、使命感的终极力量的关系，这种关系会在个体身上产生可见的影响。在我们看来，赋予生命目的与意义、引导价值取向、帮助实现自我超越为人类“精神”的三个表现方面。

（二）精神需求

精神需求是指个人寻找人生意义、目标和价值观的需求及期望，这种需求可以与宗教相关，也可以与宗教无关。一般而言，人的精神需求有：①追寻有意义的人生目标的需求；②被爱及联系的需求；③被谅解和宽恕的需求；④对希望的需求；⑤寻找超越途径的需求。精神照护的先驱者伊丽莎白·库伯勒－罗斯从以下几个方面概括临终患者的精神需求：寻求生命的意义、自我实现、希望与创造、信念与信任、平静与舒适、祈祷获得支持、爱与宽恕等。Hermann 通过对 19 位晚期癌症患者进行半结构式访谈，发现患者有六类精神需求，即宗教需求、陪伴需求、参与与控制需求、完成事业的需求、体验大自然的需求、需要正向能量的需求。Taylor 通过对 28 位癌症患者及其家属进行半结构式访谈，总结出七类需求，即与“至高者”相关的需求，对希望、感恩的需求，给予及获取他人爱的需求，重新省思信仰的需求，创造意义、寻找目标的需求，宗教的需求，以及准备死亡的需求。日本安宁疗护之父柏木哲夫教授在谈论晚期癌症患者照顾的主题时说道：“死亡确定是躯体变性的一种结果。然而，死亡过程不仅是一种肉体的变化，如血压下降、尿量减少；它同时也是一种心理历程，如产生焦虑、愤怒、忧郁和孤独；它也是一种社会过程，如不能再工作，必须向家人告别；最后，它也是一种精神过程。晚期癌症患者有许多精神上的痛苦需要接受适当的照顾。”终末期患者在临终前会经历各种不同的痛苦。除了身体上的病痛，患者还可能面对社会、伦理的纷扰、压力（家人长期照顾的疲惫、未解的恩怨、经济消耗等）和心理问题（应付身体症状不断改变而产生的压力、未了的心愿等）。社会角色与价值的脱离使终末期患者失去自我认同和精神上的依靠，这些问题交杂在一起构成了其临终阶段整体性的处境。这里显露出来的是终末期患者在精神上的需要，他们的心灵在漂泊，在寻找依靠，“心灵的安置”成为照护终末期病人的关键点。

（三）精神健康、精神困扰与精神照护

精神健康（spiritual health）是指精神的健康状态。Fisher 等人指出精神健康是人们健康与幸福的“根本层”，用以整合其他的健康层面，如生理、心理、情绪、社会及职业的层面。Ellison 指出精神健康是个体拥有发展精神本质的一种潜能，精神健康的个体能确认自己的人生目的与生命意义，好好地活在当下，可以感受到爱、喜悦、平静与成就感，也可以成就他人与自己，并与自我、他人及外在环境建立互动关系的核心，形成一种强烈稳固的价值与信念系统。

至于精神困扰（spiritual disorder），北美护理诊断协会（North American Nursing Diagnosis Association，NANDA）将其定义为：一个人长期形成的、凌驾于他的躯体与心理社会本能之上的，因生活的主要原则被打破而产生的痛苦感受。简单说：一个人遭逢变故，并惊觉原本深信不疑的事情或道理现在已经不再是“真理”了，并因此产生“我的世界垮了”“我不知道还能相信什么了”的痛苦感觉。所谓“生活的主要原则”或令人“深信不疑的事情或道理”包括善有善报的信仰、“只要努力一定有收获”的信念等，也包括“我一定要活着”或是“我一定会活着”的想法（即便每个人都知道人终将一死）等。

精神照护（spiritual care）旨在消除患者的精神困扰，包括帮助患者在病痛中寻求生命的意义，帮助其完成自我实现等。许多著名的理论家都对精神照护有较多研究。Henderson 提出的 14 项人类的基本需求即包括身、心及精神上的需求，她指出，护理是在患者缺乏所需的体力、毅力与精神安适时，帮助他们做对健康有益的事情，并通过这个过程让他们迅速恢复自主性。

二、临床实践

（一）精神抚慰——为生命终末期患者做好心灵补钙

精神抚慰是精神照护中的重要方面，目的是缓解患者的精神困扰。大多数人不是试图否认死亡就是处于死亡的恐惧中，连提到死亡都觉得是一种忌讳。很多患者对于生命的整体意义和与生存息息相关的主题茫然无知，对生命的精神层面极少关注。实际上，很少有人教导我们死亡是什么，以及该如何面对死亡。所以，在所爱的人濒临死亡时，我们也常常束手无策，不知道该如何帮助他们走完生命最后的旅程。终末期患者需要爱和关怀，也需要了解死亡和生命的意义。精神抚慰可以帮助他们真正了解和面对死亡。

下面，我将通过几个案例来说明精神抚慰的意义和价值。

案例一

陈女士，45 岁，6 个月前被诊断为 IV 期卵巢癌。一周前，她因肠梗阻、脱水、恶病质住进了安宁疗护病房。过去两个月内，这已经是她第三次出现相同症状了。她有一个刚上初中的儿子，她和前夫已经离婚多年，但他们依然是朋友，现有一男朋友对她关爱有加。被送往医院后，陈女士说："过去 4 个月我体重已经轻了 20 斤，我现在 100 斤。我还有儿子需要抚养，我很希望自己能顺利恢复，但是这个愿望显然无法实现。我接纳这个现实情况，我想顺其自然地死去。我希望孩子的父亲能好好培养孩子，这是我唯一的愿望。"前夫温柔地告诉她，他会竭尽所能将孩子培养成才。孩子来到医院，和她分享了学校的成绩以及对妈妈疾病的担忧与难过，并和她回忆一起度过的美好时光，表达对彼此的爱念。孩子和妈妈一起探讨，如果妈妈离世，他将如何保持对妈妈的思念并活得坚强美好。男朋友也表示会视孩子如己出。几天后，陈女士平静离世。

在该案例中，陈女士一开始内心有许多牵挂，精神世界无法平和，通过与家人进行有效沟通，在达成统一认识后平静地离开人世。终末期患者的内心需求不仅需要被看见还需要被满足，方可实现其生命最后的安宁谢幕。我们要帮助患者认识到死亡可以是安详的，他们可以心平气和地将每一秒看成是改变和准备死亡的契机，认知到生命的深层意义。

《中庸》云："君子素其位而行，不愿乎其外，素富贵，行乎富贵，素贫贱行乎贫贱，素夷狄，行乎夷狄，素患难，行乎患难。君子无入而不自得焉。"说的是君子只求就现在所处的地位，来做他应该做的事，不去做本分以外的事。处在富贵的地位，就做富贵人应该做的事；处在贫贱的地位，就做贫贱时应该做的事；处在夷狄的地位，就做夷狄应该做的事；身处患难，就做患难时应该做的事。寓意君子能安心于道、乐天知命、知足守分，故能随遇而安，无论在什么地方，都能悠然自得，随时随地能掌控自己的心境。陈女士的疾病和死亡也是她必须面对、逃无可逃的事，她最终明白与其做无谓的挣扎，还不如放下心来，与家人分享更多爱，她也最终懂得，每个人的存在就像秋天的云那么短暂，生命时光犹如空中闪电，匆匆消逝，应以坦然的心态去应对。

孟子云："先立乎其大者，则其小者不能夺也。"护士为陈女士提供的精神抚慰取得非常好的成效。首先，护士帮助陈女士静下心来思考人生的意义，细细揣摩自己未了的心愿：儿子能由父亲抚养和被善待。其次，协助她专注于完成自己的心愿，鼓励和协助她与前夫积极沟通，向前夫告知她的心愿，而不是让悲伤、自我怜悯等情绪扰动内心。再次，让她积极接受身体无法康复的现实情况。同时，护士也了解到她想顺其自然地死去的愿望。在这个过程中，陈女士保持着非常平和、现实的心态，放弃对世界或他人的抱怨，让对解决问题毫无用处的怨恨、焦虑等负面情绪平息下来，再以一种积极、冷静、乐观的态度去应对所遇到的一切事情，明白生命的无常，让内心迸发出巨大的能量，从而心平气和地面对死亡，并在终末期努力做自己应该去做的事：她和前夫沟通，希望他能将孩子培养成人，前夫告知她，他对过去的事早就释怀，对孩子会用心培养。她和男朋友表达爱，感谢他的坚守与陪伴，在最困难的时候不离不弃、鼓励支持，遗憾这一辈子不能和他幸福到老，希望下辈子还能成为知心爱人。男朋友和她说会永远守护她，认识她是此生最幸福的事。儿子说要妈妈放心，他会好好成长，会永远想念她，想她时会抬头看天上那颗最明亮的星星，他相信那是妈妈在守护他。患者安宁平和离开人世时，亲人们没有过分悲伤，他们都因为这样有效的沟通而将悲伤与不舍转换为另一种永恒的守候。这就是精神抚慰达到的最高境界。

（二）精神抚慰——激发终末期患者内心的光芒

精神抚慰通过帮助患者与他人交心及改变关系，使患者有能力将爱传达给他人，达到真正的觉醒，重新认识生命的意义和目的。

案例二

患者张女士，插队返城知青，在宝鸡结婚生女。丈夫是铁路工人，她大多在家照顾丈夫和孩子，身体好时也曾干临时工以补贴家用。2018年罹患肺癌后开始由丈夫及女儿承担大部分家务，渐渐地，她成了家中的主要经济负担。

患者的社会关系网主要表现为：（1）夫妻之间关系紧密，卧床期间主要是丈夫照顾陪伴，疼痛或情绪波动时特别依赖丈夫的陪伴与支持；（2）母女之间关系亲密，患者女儿始终如一地依恋、关怀、照顾母亲；（3）患者与婆家关系疏离，婆家在农村，婆婆来她家时相处不愉快，来往较少，得病期间基本没得到过婆家实质上的帮助；（4）患者与娘家关系尚紧密，患者母亲2007年去世，父亲患帕金森综合征，生活不能完全自理，需要人照顾，患者和父亲及妹妹同在一个小区居住，妹妹照顾父亲的生活，每天来看姐姐，随时给予姐姐帮助；（5）患者没有经常互动的亲密朋友，邻里关系尚可，有邻居来看望。其家庭经济来源主要是丈夫的退休金，女儿大学毕业后干一份临时工作补贴家里，妹妹和老父亲也尽力给予经济援助。

本案例中，张女士存在一些困惑：一是认为“自己不能动、不能吃，每天都很难受，自己受不了，还要拖累别人，活着没意义！早点死了就都解脱了”。二是女儿三十岁了才找对象，准备“五一”结婚，如果她坚持不到“五一”，女儿就得守孝，推迟婚期三年，她担心耽搁女儿的婚姻。三是觉得自己没害人，也没得罪谁，为什么生活贫困还疾病缠身？四是与婆家之间存在很深的隔阂，觉得有愧于丈夫。而且，原本想尽力做一个好妻子、好母亲、好女儿，可得病多年多次住院治病，家里经济早被她拖垮，丈夫和女儿负债累累，多年没过上正常家庭生活；对自己的父亲也没尽到做女儿的责任，因此存在内疚情绪，对家庭放不下。

医护人员为患者提供精神抚慰，不断调整患者的意识及理念，改变其认知体系，帮助她进入一个宁静、舒适、空灵的“境界”，提升其洞察力，加深其对世间事物的关系以及对生死的理解和认识，坦然接纳自我与现状。

1. 寻找生命意义

意义中心疗法（Meaning-Centered Psychotherapy，MCP）是精神抚慰的一种手段，是一种适用于晚期患者的心理治疗方法，通过重塑晚期患者的“意义感”，帮助患者应对死亡即将到来时由于意义、价值和目标缺失而感受到的绝望和无助等情绪。意义中心疗法可以帮助进展期患者维持或增强感受生命意义的能力，有助于他们提高生活质量、减轻心理痛苦。意义中心疗法的哲学基础是：人的存在有肉体、精神及心灵三个层面。精神层面是一切意识之本源，一切良心、爱、美感都由此引发出来。人拥有自由，可在各种境遇中选择自己的态度，可超越生理、心理及社会情境，甚至在残酷的环境中，内在精神也是自由的。本案例中的张女士觉得因自己生病拖累别人，觉得活着没有意义，怨恨命运的不公。我们通过意义中心疗法帮助张女士了解生命的意义，自己对家人的意义。意义中心疗法不强调过去，而是努力向前，注重此时此地，向着有价值之目标迈进：在疾病中发现生命的价值，从而找到有意义、有较高的自我价值的目标。我们告诉张女士，生病给家人机会一起面对困难，让家人可以陪伴自己度过生命的末期，不留下永久的遗憾。而且，和家人一起共同抗击疾病的精神将永远激励下一代。换一种心境，张女士的不安内疚减轻不少。

2. 宽恕与和好的需要

临终患者若心怀怨恨，就没有心灵安宁可言了。此时他需要宽恕及和好，将过去恩怨作一了结。张女士与婆婆关系不好，于是，我们帮助她回想一家人之间和睦相处的时光、他们度过的相互扶持的日子，引导她放下心结。患者与家人和好之后，心中无比轻松，不管他人如何对待自己，她的内心深处都保持仁爱之心，她知道她与家人是相互依存的，内心沉浸在一种温柔、温暖和力量之中。

3. 回顾生命的历程

人在临终时往往会回顾他的一生，企图从自己的人生经验中发觉生命的意义，也希望在最后这一段日子里能留下些什么。本案例中的张女士曾经下乡插队，她最后的愿望是再见一面知青队的两个好队友，这两个曾经给予她很大帮助的人。在多方努力下，她的愿望最终实现，三位姐妹一起回忆美好的知青岁月。那段时光有艰辛有甜蜜，有挫折有成长，在回顾的过程中，久违的笑容出现在张女士的脸上。

在进行生命回顾的过程中，照护者可以协助患者从另一个角度去解读自己的人生经验。例如，张女士回忆起小时候一家人为改变家庭困境而齐心协力的情景，回忆起她的妈妈在其生日时偷偷在面条中加了一个鸡蛋，回忆起自己对女儿的照顾、女儿对她的关心，以及与丈夫之间很多美好的时光……在回忆的过程中，在医护团队及家人的引导下，张女士打开了心扉，产生了一种温馨而强烈的感受：一路走来，家人之间相互扶持，自己生病被照顾，不是家人的负担，而是爱与责任，换成亲人生病她自己也一样会尽己所能。张女士不再觉得自己是拖累而感到内疚，而是感谢家人对自己的不离不弃，从而让自己的内心平静而踏实。

4. 喜悦 / 希望

喜悦即一个人内心的一种欣喜快乐的感受。快乐和喜悦有何不同？在我们看来，快乐是短暂的、心里感到欣慰的感受，会消逝；而喜悦则是内心一种丰富和满足的状态。精神抚慰可以让患者心中喜悦，达到舒服、轻松、自在、愉快、没负担、没压力的状态。

人活着的动力在于对未来的希望和盼望。歌曲《有一天我会回来》中唱道："时间会过去 / 一切会散去 / 当我再回到当初我唱歌的地方 / 我们的爱一定会在 / 寂寞不会更改 / 但有梦想和期待"。歌词里清晰地表达了"希望"对一个人的重要性，它是一个人活着的动力。几米在绘本《我的心中每天开出一朵花》中也表达了"希望"的美好。在书中"心中的花"单元，几米告诉我们，人的心中若是每天都能开出一朵花，其生命将充满了期待。在"希望井"单元，几米描绘了一位掉落井中的人，他大声呼喊，期待救援而不得，直到夜晚黯然低头，忽然看到"水面满是闪烁的星光"，而这成为他的一丝希望："我总在最深的绝望里，遇见最美丽的惊喜"。

内心充满喜悦、满怀希望能让一个人的生活更有激情和期盼。张女士喜悦的动力来自未来家人幸福，相互思念，这也是她的希望所在。通过与家人的充分沟通，张女士实现了心愿，解开了心结，内心充满喜悦和希望。

5. 内在信仰的需要

信仰是一种坚实肯定的人生观与价值观，通常包含对终极意义与死后生命的回答。患者在信仰、信念的指引下，能获得精神平静。某些仪式如祷告、念佛、唱诗、礼拜等，能给予患者很大的精神支持。

以中国传统文化为例。儒家讲"立德"，就是在讲一个人与其他人或者与社会的关系，追求的是"中庸"的境界。在道家文化中，一个人通过修道，使自己参悟本质以"得道"，并以此方式来生活，这是自我与道的关系。而佛教则强调两个世界，一个是精神世界，另一个是身心世界。前者强调的是"空"，后者强调的是"有"。对于精神世界而言，当一个人参悟到"空"时，世上的烦恼、痛苦、恐惧等便不复存在。正如佛家经典《金刚经》中的一句偈语："一切有为法，如梦幻泡影，如露亦如电，当作如是观。"

对于本案例中的张女士而言，一定的信仰、信念有助于她获得精神世界的安宁，照护者可以从这方面对患者的精神压力予以疏导。

（三）精神抚慰——唤醒终末期患者内在的情感

案例三

在安宁疗护病房，护士小张查房时发现10床陪护的张阿姨在默默流泪，而患者躺在病床上，似乎烦躁不安。于是，小张静静地陪伴着张阿姨，直到她情绪平稳。小张问张阿姨发生什么事了，下面是她们之间的对话。

张阿姨：“他［患者］不是一位好丈夫。”

护士小张（体会着张阿姨的感受）：“为什么这么说？”

张阿姨：“他安静不语，我们几乎没有任何交流，我不清楚他的任何想法，这让我很抓狂。”

护士小张（继续体会她的感受）：“你想帮助他却无能为力，你担心他？”

张阿姨（哭了起来）：“是的，我真的很害怕！”

护士小张：“你很害怕失去他？”

张阿姨：“是的。我们一起生活了一辈子。”

护士小张（注意了解她的其他感受）：“你担心，如果有一天他走了，你将无依无靠？”

张阿姨：“我无法想象没有他的日子，没有他，我怎么活下去？他一直在我身边。”

护士小张：“所以，想到自己一个人生活，你感到很凄凉。”

张阿姨：“除了他，没有人会和我生活在一起。他是我的全部，他照顾了我一辈子，包容我，理解我。我女儿甚至都不和我说话。”

护士小张：“想到你女儿，你似乎就很伤心，你希望你们的关系能好些吗？”

张阿姨：“是的，但她很自私。我不知道我为什么要生孩子，生孩子有什么好！”

护士小张：“在你先生病重的时候，你希望能有亲人在你身边和你一起面对吗？”

张阿姨：“是的，他病得这么重，我不知道该怎么办才好……除了你们医生护士，我家人没有办法来帮助我……而他总是沉默不语……你看看，他一句话也没有！”（她先生继续保持着沉默。）

本案例中患者通过保持沉默来掩饰自己的心理状态，事实上，患者内心非常不安。因此，陪伴终末期患者时，照护者应该尽量保持自然轻松。终末期患者常常不轻易说出他们内心真正的想法，或者自己也不清楚自己的想法；而他们的照护者也常常不知道该说些什么或做些什么，不知道患者想说什么，或者说隐藏了什么。本案例中，患者太太张阿姨困扰不安的原因是患者不言不语。护士小张用简单而自然的方式，缓和紧张的气氛，试图营造一种和谐的氛围。最终，张阿姨和患者都打开了心扉，患者在充满信任和和谐的环境中把他真正想说的话说出来了。

精神抚慰中一个非常重要的事是做好陪伴者的角色。在本案例中，护士小张引导张阿姨把对丈夫的担心、对女儿压抑已久的不良情绪倾诉出来，并通过合理的情绪疏导，唤醒患者内在的情感。张阿姨无法和丈夫坦诚沟通，丈夫一直沉默不语。此时，应设法单独和患者沟通，了解其心愿。通过沟通，护士小张了解到，患者担心他去世后太太一个人生活，希望女儿能和太太和解，以后承担起照顾母亲的责任；希望女儿能够在他去世前来到病房，一家人和美地照一张团圆照。在了解到患者的担心和愿望后，护士小张单独联系其女儿，将父亲的心愿告知女儿。护士了解到女儿与父母之间的问题，最终让女儿放下了对父母的偏见，来到病房向父母坦诚地表达自己的情感，并向父亲承诺她会照顾母亲，请父亲放心。沉默不语的父亲终于释然，开始和太太说话。他担心太太因为他离世而悲伤过度、不能好好照顾自己，希望太太明白，她好好活着他才能安心；他也感谢太太在自己生病时不弃不离，精心照顾，体贴入微，告诉她自己很感谢她。患者和太太的心结都得以纾解。我们可以看到，精神抚慰可以唤醒患者内在的情感，使其审视自己的情感世界和精神世界，鼓励患者珍惜余下的时间。

每个人都有精神需求，这是人性的一部分。我们不能把精神问题片面地理解为宗教或心理问题。精神健康可以帮助个体拥有更有意义和价值的人生，它是健康的重要组成部分，尤其在罹患疾病（如癌症）的时候，精神健康的维护显得更加重要。古希腊的哲人曾经指出，人间最最幸福之事不在于肉体感官的享乐，而在于灵魂的无痛苦。已有的研究表明，精神健康即个人对目前及未来的生活感到有目的与有意义，是人类求生存的原则。当这个生存原则遭到破坏时，就会干扰个体原有的价值与信仰系统，导致精神困扰。如果精神困扰得不到舒缓，则可能影响到患者身体症状和心理方面的治疗效果，甚至产生精神痛苦。当患者面临威胁生命的疾病时就会表现出身心的痛苦，其精神需求明显增加。当精神需求得到满足时，个人也就得到了精神的健康。

参考文献

1. W. McSherry, *Making Sense of Spirituality in Nursing and Health Care Practice: An Integrative Approach*, Jessica Kingsley Publishers, 2006.
2. C. M. Puchalski, "Spirituality in the Cancer Trajectory," *Annals of Oncology*, 2012, 23(suppl3): 49-55.
3. Donia R. Baldacchino, "Teaching on Spiritual Care: The Perceived Impact on Qualified Nurses," *Nurse Education in Practice*, 2011, 11(1): 47-53.
4. J. M. Salsman, K. J. Yost, D. W. West, et al., "Spiritual Well-Being and Health-Related Quality of Life in Colorectal Cancer: A Multi-Site Examination of the Role of Personal Meaning," *Supportive Care in Cancer*, 2011, 19(6): 757-764.

5. K. F. Wong, L. Y. Lee and J. K. Lee, "Hong Kong Enrolled Nurses' Perceptions of Spirituality and Spiritual Care," *International Nursing Review*, 2010, 55(3): 333-340.

6. M. J. Pearce et al., "Unmet Spiritual Care Needs Impact Emotional and Spiritual Well-Being in Advanced Cancer Patients," *Supportive Care in Cancer*, 2012, 20(10): 2269-2276.

7. 陈丽云等编著:《身心灵全人健康模式:中国文化与团体心理辅导》,中国轻工业出版社,2009。

8. 杜明勋:《灵性照顾之临床运用》,《内科学志》2008年第4期。

9. 范彼德、郁丹、梁艳:《现代社会中的灵性》,《西北民族研究》2012年第1期。

10. 宇寰、曹梅娟:《空巢老人灵性照护现状及研究进展》,《护理学报》2012年第8A期。

11. 郑晓江:《宗教之生死智慧与人类的灵性关怀》,《南京师范大学文学院学报》2005年第4期。

12. 郑晓江:《宗教与灵性关怀》,《中国民族报》,2012年10月9日,第6版。

13. 丁丽君:《灵性及灵性干预的扎根研究》,硕士学位论文,苏州大学,2013。

14. 乌媛:《现代灵性的发展及其转向》,博士学位论文,中国社会科学院,2013。

15. 张丹凤:《〈庄子〉灵性关怀研究》,硕士学位论文,福建师范大学,2008。

作者简介

谌永毅,公共卫生学博士,主任护师,中南大学护理学院硕士生、博士生导师,湖南省护理学科领军人才,湖南省肿瘤医院副院长,享受国务院政府特殊津贴。专业特长为护理管理、肿瘤护理与安宁疗护。任国际肿瘤护理学会理事兼宣传主席,组建亚洲肿瘤护理协会并曾任执行秘书,任中华护理学会安宁疗护专业委员会主委、中国抗癌协会肿瘤护理专业委员会副主任委员等。担任 *Asia-Pacific Journal of Oncology Nursing*、《中华护理杂志》《中国护理管理》等期刊编委。

刘翔宇，主任护师，硕士生导师，湖南省肿瘤医院健康服务中心主任，中华护理学会安宁疗护专业委员会秘书，湖南省青年骨干学科人才。参与国内外学术会议 30 余次，并受邀在 MD 安德森全球学术会议、AONS、ICCNS 会议多次发言，曾在美国洛杉矶加州大学、约翰·霍普金斯医院交流访学。以第一作者和通讯作者身份发表科研论文 40 余篇，出版或参编多部专著。

/ 第十四讲 /

心灵的歌唱陪伴你安详地走向远方

——音乐治疗在安宁疗护中的应用

刘明明

音乐治疗（Music Therapy），看到这个词很多人容易望文生义，将其理解为像开药一样列出许多音乐曲目来治疗身心的各种不适，其实这种拿乐曲当药物来使用的“音乐处方”的理解是种误解。除了一些副作用，药物对我们人体的影响和作用大略是一致的；而音乐对我们的影响，则与每个人的成长背景、所处的文化环境、音乐喜好密不可分。音乐承载了我们的情感、关系、信念，承载着我们的生命印记，是一种非常个性化的存在。一首乐曲，也许蕴含了你与一个深爱的人“在一起”的美好情感，这首乐曲不仅让你想到他 / 她，还会让你体验到想着他 / 她时心中溢满的轻盈喜悦，体验到呼吸通透、顺畅。而同一首乐曲，当你失去他 / 她时再听到，心中涌起的可能是失落、伤痛，体验到呼吸不畅、胸口憋闷。仍是这首乐曲，当时光抚平心痛，再听到它时，你也许会觉得释然、欣慰、怀念，也许仍有淡淡忧伤，而呼吸是平静从容的。音乐带给我们身心的影响不同于药物，它对我们的影响取决于它对于我们的“意义”。

这个解释你也许认同，也许会觉得它过于强调个性化，音乐引起的感受总有共性，否则人们怎么能在餐厅、候机大厅的背景音乐中感到轻松惬意，而在听着耳机跑步的时候感到“给力”？是的，音乐的确能给我们这般共同的感受，这部分对音乐的使用称为“功能音乐”[①]。就像医生建议你“多吃蔬果，保障睡眠，加强锻炼”一样，是一个保障健康的最广泛的建议，并非针对性的建议，并非“治疗”。

音乐治疗是由受过专业训练的音乐治疗师，有目的地使用各种音乐体验，在治疗过程中与受助者形成治疗关系，帮助受助者在身体、心理、认知、情绪、沟通、社会性等方面保持和恢复健康。作为一种“以人为中心”的关照，音乐治疗可以应用在人之生命全程的各个阶段和各种情境。

一、音乐治疗与安宁疗护

缓和医疗、舒缓医疗、姑息治疗等是一回事，英文都是 palliative care。根据世界卫生组织的定义，它是指为了改善面临威胁生命的疾病有关问题的患者及其家属的生活质量而采取的一系列疗护手段，以帮助患者缓解疼痛及身、心与精神方面的问题。[②] 临终关怀（hospice）针对被诊断为未来生命不超过六个月的生命终末期病人。可以说，临终关怀是缓和医疗的终端部分，致力于让病人在有限的时间里尽量舒适，提高生命质量；引导病人正视死亡，处理病人相关心理、精神问题；支持、协助家属应对丧亲之痛。

---

① K. Bruscia, *Defining Music Therapy(3rd Edition)*, Barcelona Publishers, 2014:244.

② Palliative care 的定义参见：https://www.who.int/zh/news-room/fact-sheets/detail/palliative-care，访问日期：2022 年 10 月 2 日。

我国将舒缓医疗、姑息治疗、临终关怀等统称为“安宁疗护”[①]。安宁疗护的工作人员多由医生、护士、心理师、营养师、社工组成工作小组。在欧美国家，安宁疗护工作小组中往往还有音乐治疗师或其他艺术治疗师。以非语言为媒介的音乐治疗可以给病人及其家属提供其他干预方式无可比拟的心灵抚慰。

据美国音乐治疗协会的不完全统计，2000 年对 747 名注册音乐治疗师的调查显示，有 4% 的治疗师在安宁疗护领域工作。2015 年对 1494 名注册音乐治疗师的调查显示，有 8% 工作于安宁疗护领域。可以看到，工作于该领域的音乐治疗师人数在增长。在欧洲、北美洲、澳大利亚和亚洲，都有音乐治疗师工作于安宁疗护领域。

二、安宁疗护中的音乐治疗实例

音乐治疗为病人提供非言语表达的载体，是对病人心理、情感的支持。尤其是对那些无法进行言语交流的病人和难以使用言语表达自己的人，比如婴幼儿，音乐治疗可以提供表达的媒介。音乐治疗可以鼓励、促进病人与家人或照料者之间产生交流，使得病人与家人或照料者之间产生紧密联结感，还可以将病床周围的氛围营造得更舒适。

案例一 比利和他的小兄弟们[②]

比利是个 6 岁男孩，他的白血病治疗没有成功，生命没有多少

① 国家卫健委官网，http://www.nhc.gov.cn/wjw/jiany/201712/3a814f3f0ce8469d9719f246dee29e43.shtml，访问日期：2022 年 10 月 2 日。

② K. Lindenfelser, “Re-creating Music in Pediatric End-of-Life Care,” in A. Heiderscheit and N. Jackson (Ed.) *Introduction to Music Therapy Practice*, Barcelona Publisher, 2018:67-68.

时日了，他决定出院回家与家人一起度过最后的时光。为此，安宁疗护的护士致电音乐治疗师，说：“你最快什么时候能到？我们已经无法帮他什么了，但愿音乐治疗能帮助他和他的家人应对他的疼痛和愤怒。”镇痛需要的大剂量药物让比利常处于昏沉沉、无精打采的状态，而当他清醒过来时，则会表现出对疼痛和恐惧复仇般的愤怒。当音乐治疗师走进一个安宁疗护对象的家时，经常需要面对愤怒、不信任等情绪。音乐治疗给这些伤痛的家庭带来一把打开心门、释放情绪的钥匙。

比利有两个小哥哥，他们都很紧张、害怕，看着比利经受痛苦不知所措，不知道接下来会发生什么。比利的父母又正处在决定离婚的艰难过程中，这一点对家庭造成的影响也很明显，比利经常粗暴地乱吼乱骂。他会乱扔手边够得到的任何东西，会撕打家人，这是他在释放愤怒和内心的痛苦。音乐治疗可以给比利这样的病人及其家人一个释放情绪的更好的新的方式。

音乐治疗师到的时候，比利正躺在客厅的沙发上午睡，即将睡醒。安宁疗护志愿者提醒音乐治疗师：“当心，他每次醒来的时候都很不高兴。”音乐治疗师小心地坐在比利的旁边，很轻地拨动吉他，轻声唱起一首《小白鲸》，歌词换成“比利正在深深的海洋里游着，游着”之类。比利慢慢清醒过来，听到了音乐，扭头对音乐治疗师说：“这首歌我知道，我可以来弹吉他。”他饶有兴趣，治疗师协助他按和弦，比利懒散地拨动吉他弦。两个小哥哥听到琴声悄悄过来观望，随着比利拨动琴弦，他们俩不知不觉地离沙发越来越近。当音乐治疗师与比利唱起更多熟悉的歌时，两个小哥哥也加入进来。

音乐治疗师、比利、两个小哥哥继续唱歌弹琴，又加入了敲鼓。

开始时，男孩们争抢着这个声音最大的乐器，敲打得又响又快。逐渐地，音乐稳定下来，形成了安稳、舒服的即兴演奏。妈妈激动地看着眼前的这一幕，看着三个孩子这么和谐愉快地一起玩耍。音乐治疗师邀请妈妈也加入，孩子们对妈妈的加入感到很新鲜，他们一起开心地笑着。即兴演奏持续着，治疗师协助大家创作歌词，唱出他们的欢笑、他们的哭泣、他们的担忧和恐惧，用音乐表达着他们的真实感受，表达着对家人的爱与不舍。

为熟悉的歌曲旋律配上新的歌词，音乐治疗的这一方法给比利带来了安慰，也给了他一个新的方式表达和释放自己。歌曲创作和即兴演奏创造了一个安全的空间，让比利与两个哥哥和妈妈重新作为家人亲近地靠在一起。

可以看到，在安宁疗护中，音乐治疗的目标包括：身体上，缓解疼痛等躯体不适，改善睡眠等；心理上，为患者提供情绪表达的机会，缓解焦虑、恐惧、悲伤情绪，促进患者与家人间的沟通、联结，提高家属的应对能力；精神上，提升患者的自我价值感，帮助患者与家属重新获得“控制感”，帮助患者完成未尽的心愿、回顾人生历程、形成对生命的省思，在生命的最后时光安排、设计一些重要活动，包括生日庆祝、婚礼、结婚纪念、葬礼。

案例二 留给爱人的最后礼物[①]

克劳迪是一位 42 岁的女性，被诊断为转移性脑瘤，这导致她半身不遂，要靠枕头的支撑才能坐立。克劳迪曾接受手术，但癌细胞已扩散，术后半身不遂蔓延至几乎整个右半身。克劳迪苦于越来越频繁的疾病发作、疼痛和平衡失调，为此大剂量服用镇痉剂和类固醇。

① J. Whittall, “Songs In Palliative Care: A Spouse’s Last Gift,” in K. Bruscia(Ed.) *Case Studies in Music Therapy*, Barcelona Publishers, 1991:603.

18 个月后，她开始接受安宁疗护，与此同时，克劳迪决定与同居多年的男友结婚。

克劳迪看起来能开朗地面对她的病情，积极地进行病床上可行的各项活动，保持社交，这些对她维持积极平稳的情绪很重要。她接受美术治疗，但克劳迪未将其定位为“治疗”，她很清楚她的需要，只是将绘画作为娱乐。由于疾病发作和大量用药，克劳迪极易疲劳，所以音乐治疗限于每次 20 到 30 分钟，每周两次。同样，克劳迪认为她不需要“音乐治疗”，只是将其作为可以在病床上进行的活动。

音乐治疗师（以下以第一人称叙述）以非正式的方式与克劳迪建立关系：

我和她一起为她的婚礼安排音乐，在她的床边放一个小收音机。她让我相信她一切都很好。尽管她喜欢跟我谈话，但她真正的兴趣是听广播和音乐，我尊重她的要求。

婚礼如期举行，场面非常感人。婚礼是克劳迪最重要的事，以致在此后的一周里她筋疲力尽。当婚礼的兴奋过去后，我注意到克劳迪开始更多地问起我作为音乐治疗师在治疗中起的作用，她也会向别的病人提起我。婚礼后的几个星期，她多次向我问起一首叫作“小教堂里的爱”的歌，我找到了，歌词如下：

“在这个春天，天空湛蓝，鸟儿欢唱，它们知道就在今天我们将说‘我愿意’，从此不再有孤单，因为我们就要步入教堂，举行婚礼。”

我给克劳迪录了这首歌，给了她曲谱，她一遍遍练习。她说这是一首纯美的歌，正如她的婚礼。她还要求美术治疗师在她的日记本上画一幅以“小教堂里的爱”为题的画。

第一阶段

克劳迪问我能否找到另一首爱情歌曲《爱是……》，她依然没说它有什么重要意义，只是说很好听，想让我听听。它的歌词很动人：

“爱是小鸟，来自很远的地方。知道吗？你的存在对于我就像太阳的升起。爱是个孩子，你给了他一切，而他长大后依然会离开。爱是夏天，我们要用秋天去想念它。”

我把这首歌录在《小教堂里的爱》后面，给了她曲谱。我们一起看曲谱，她更多地注意歌词的浪漫而没有注意到其中的含义——爱情是易逝的。她要我也给她丈夫一份歌词。

随着我们的关系进一步发展，克劳迪开始说起她跟丈夫的关系，她想要找另一首歌——《印度之夏》：

“如今，我离那个秋天的早晨已非常遥远，如果依然在那里，我会想念你。你在哪里？在做什么？是否还属于我？你看，我就像那海浪，汹涌激荡；我就像那海浪，静卧在沙滩。我记得那潮汐、太阳和海边的幸福，在一年、一个世纪、一个永恒之前。”

我也把这首歌录在那盘磁带里，我们一起讨论歌词，她谈到歌中的失落与向往。她开始更多地谈到她生病后发生的变化，并且不再向我保证她一切都很好。听歌的时候她经常哭泣，她说：“他（她丈夫）觉得，如果这些歌使我难过就不要听了，但我想听。”

我问她有没有注意到这些歌的共同点，在我的鼓励和引导下，她认识到这些歌反映的正是她近来的生活和未曾表达过的失落感，并且在了解到别人也有这些情感时感到一些慰藉。

第二阶段

随着病情的发展，克劳迪变得更加疲乏虚弱。她叫我再找一首歌加在她的磁带和歌本后面——《再见我的爱人》：

“我想我们爱得还不够，因为不能再继续共同生活……我们的心靠得很近，没有一点距离，我们有千言万语要说，而你却不得不离开……我们将分离，尽管很难说再见，但我很清楚，今天，明天，总有那么一天，亲爱的，我们必须离去，离开这里所有的记忆。”

同样，克劳迪一开始只知道歌名和旋律，并不知道歌词。当她见到歌词时非常震惊：“为什么我会选这么一首压抑的离别的歌？”我们讨论她内心深处对这首歌歌词的感受。我肯定了她的进步，以及伴随她的病情一起发展的，来自音乐的、内心健康的部分。她说她从未说过这么多话，因为她不想给丈夫增添忧愁。我建议她用一本小册子记录下她选的这些歌，和磁带一起作为遗物留给她的丈夫。

克劳迪越来越虚弱，我无法经常去看她。她想要找另一首歌——《亲爱的我想你》：

“我回到家发现她正在哭泣，在那个午后。那是在早春，花儿盛开，知更鸟在唱，她就那么走了……我不在家的一天，她孤独一人时，天使来了。现在我拥有的只有关于她的回忆。多少个夜晚从梦中醒来，叫着她的名字。我爱的人生活过的地方，爱情生长的地方，现在只剩我一人空荡荡地站在那里。亲爱的，我想你。如果能够，我想跟你在一起。”

克劳迪再一次为她选择如此压抑的歌而感到震惊，她自己从未意识到这些歌词如此压抑伤感。这是克劳迪选择的最后一首歌，她在之后的一次严重发作中逝世了。

死亡如同生命本身一样，千千万万人有千千万万种不同的体验，不要用我们的观点去评价别人，不要忽视病人的感受。在这个例子中，音乐治疗师只是给克劳迪充分的空间、满足她的需求。选歌的过程和歌曲出现的顺序反映了克劳迪内心由否认逃避到清楚面对的变化，这使她在面对离开爱人的悲痛时变得坚强。在丧葬过程中，这些歌曲对那些为失去克劳迪而难过的人也会起到安慰作用。

音乐治疗包括音乐的互动、言语的沟通、音乐体验的梳理等。音乐治疗师根据受助者的能力、精力和意愿，对音乐活动和体验方式进行各种针对性的改变、剪裁。用于促进沟通的音乐治疗手段包括：音乐聆听与讨论、乐器演奏、歌唱、歌曲写作、音乐同步、音乐放松、音乐想象、音乐遗赠，等等。工作于安宁疗护领域的音乐治疗师还会协助安宁疗护中的其他工作人员和病人家属了解如何使用环境音乐。

案例三　请记住我

嘟嘟是笔者陪伴的一个 5 岁小男孩。他 4 岁时诊断出丘脑恶性肿瘤，未经手术、放化疗，而采取吃中药、针灸等中医方式保守治疗。半年后，他的运动功能丧失进而卧床，四肢僵硬，大小便失禁，失明，不能言语，不能吞咽，反复高烧，凌晨两点到四点处于疼痛高峰而不能入睡。

这是个三代同堂之家，爷爷奶奶照看嘟嘟长大。一家人已经接受孩子即将逝去的事实，努力给予孩子有品质的最后时光。嘟嘟开始接受周翾医生儿童舒缓治疗团队的照护，接受音乐治疗。在专业帮助下，嘟嘟开始使用吗啡和抗痉挛药，疼痛很快得到有效缓解。音乐治疗师为嘟嘟及其家人制定的工作目标包括：①嘟嘟和家人一起度过愉快的音乐时光；②回顾美好的生活记忆；③完成告别；④对家人进行抚慰。

第一次去嘟嘟家，我看到，嘟嘟家的房间很宽敞，大窗户透进明亮的光。一家人都在，嘟嘟被病痛消耗得非常瘦弱的小身子静静地躺在沙发上。家人每天早上把小嘟嘟挪到宽敞客厅的沙发上，晚上再把他挪回卧室，这样在白天方便照料，也给孩子一个最基本的生活作息规律。房间里很温暖、安静，静悄悄的没有一丝声响。这次评估之后，我建议家人可以根据孩子的作息，在房间里播放些或清新或舒缓柔和的音乐，如无词的乐曲，音量若有若无。背景音乐的使用可以保持安宁的氛围，又像是给房间“换换空气”。

对于孩子而言，重病让孩子脱离了游戏、上幼儿园这些普通儿童的正常生活，病情的恶化、身体的失能又使得孩子丧失了自主控制和参与能力。音乐游戏、音乐演奏可以创造性地让孩子参与其中，分散对疾病的注意力，专注于与家人一起娱乐的时光，带给孩子和家长愉快的情绪体验。①

参与

我们见到嘟嘟的前两次，嘟嘟的手由于痉挛呈握拳状，但可以在家人协助下握住鱼蛙、打棒这样的乐器，和家人一起合作奏响这些乐器。后来使用了抗痉挛的药，嘟嘟的小手完全松软地摊开了，我们就用沙蛋、卡巴萨、木鱼这些不同材质、温度、形状的乐器在嘟嘟手心上摩挲，听它们发出的不同声音，把它们分给身边的爷爷、奶奶，用在不同的歌中进行伴奏。

嘟嘟最喜欢玩具小汽车，小汽车摆满了一书架。妈妈了解它们与嘟嘟之间的故事，知道哪个小汽车是嘟嘟最喜欢的。我们拿来放在嘟嘟身边，我唱着“小汽车来看望嘟嘟了”，用音乐描述着这辆车的样子，然后把小汽车放到嘟嘟手心里，让他感受这辆车的特征，猜是哪一辆，然后我拿着小汽车向嘟嘟道别说再见。这样，嘟

① Clare O’Callaghan, Lucy Forrest and Yun Wen, “Music Therapy at the End of Life,” Barbara Wheeler (Ed.) *Music Therapy Handbook*, The Guilford Press, 2015: 468.

嘟的小汽车们一辆一辆地来看望嘟嘟，又一一道别。

嘟嘟现在可以交流的方式就是半闭的眼睛微眨一眨，或者眼球在闭着的眼皮下左右骨碌骨碌，妈妈能读懂。为了让嘟嘟更多地参与进来，我们把不同的乐器发给谁，给爷爷还是给奶奶，都来问嘟嘟，让他决定；我们会的歌，先唱这首，还是那首，都由嘟嘟用眼睛示意决定。

乐器演奏

为了能让嘟嘟更多地参与演奏，我给嘟嘟选了一样他可以操作的乐器——按钟。每个按钟颜色不同，简单一按就能发出不同的音，几个人各选不同的音就可以奏响一曲合奏。妈妈说嘟嘟最喜欢天蓝色，我们把天蓝色的“G”音按钟，也就是“哆—咪—嗖”的“嗖”音按钟给嘟嘟，在他软软摊开的小手掌里摆好，妈妈的大手握住嘟嘟的小手，再帮他按响。全家每人一个按钟，合奏《小星星》。按钟音色轻柔明亮，在音乐治疗师的协助下，大人们也像小孩子一样专注地投入演奏，谁按错了音、乱了拍子，大家会自然地笑起来。

嘟嘟拿着按钟

我留下一些乐器好让家人跟嘟嘟一起唱歌、做游戏。但妈妈说，当自己面对衰弱的孩子时，给他讲故事、唱歌都是强作欢笑，没法轻松起来。大人们陪在孩子身边，家里的气氛是哀伤静默的。我们儿童舒缓治疗团队的周翾医生说：“妈妈别难过，孩子会感受到的。就一天天一刻刻不难受，愉快地度过就好。”这就是安宁疗护的宗旨，而音乐治疗的价值即在于此，让一家人放下愁苦忧虑，专注于“此时此地”，沉浸在音乐的“在一起”中。房间里飘荡着轻柔的乐声和家人的笑声，《小星星》中的“嗖”就代表着嘟嘟，我们也把演奏的音乐录制下来了。

音乐回忆与音乐想象

嘟嘟熟悉动画片《小猪佩奇》里的很多歌，我们用其中一首关于火车的歌，回顾了全家人一起去海边玩的愉快旅行。爸爸、爷爷话少，多是微笑听着，而奶奶和妈妈一段段讲起旅行的趣事，我们把这些放进歌词里，聊一聊，唱一唱。我带来一个火车汽笛音效的小笛子。歌词编好了，在完整演唱之前，我跟爸爸悄悄安排好在“火车歌”的什么地方吹响汽笛。那是模仿得非常像的汽笛声，当歌中唱着“轰隆隆隆”的车轮声时，爸爸突然吹出了明亮的汽笛声，大家都被这意外的效果逗笑了，嘟嘟也弯了弯嘴角，露出笑容！这是他现在很难见到的表情。

疾病、困境可以限制、束缚我们的身体、我们的行动，但没有什么可以限制住我们头脑中自由的想象，想象可以实现一切自由。因此，想象对人心理健康的作用已经越来越为心理治疗领域所重视。[①] 与醒觉状态下的回忆、想象不同，在放松状态下有音乐诱导的想象中，我们的视、听、味、触、嗅、运动觉都被充分激活，体验会更真切，如同在实景中，并由此激起身临其境的情绪体验。

在音乐想象中，我们坐在房间里就能体验到光脚踩在沙滩的感受，趾间的细沙、海风的湿润味道、阳光照在皮肤上的温度和心中的惬意，都那样真切。照顾一个越来越衰弱的孩子，一家人是艰辛

① 高天编著：《接受式音乐治疗方法》，中国轻工业出版社，2011。

疲累的，身心憔悴。音乐可以引导想象，让一家人重温一起出游的惬意时光。

歌曲写作

歌曲写作是音乐治疗中常用的一种方法，可以是治疗对象创作出全新的音乐，也可以是给熟悉的歌曲填写新词，表达其心中所感所想。比利和他的小兄弟们用《小白鲸》和其他熟悉的歌表达喜怒哀乐，也是用的“歌曲写作”方法。

《小猪佩奇》里有一首*Hello Kitty*轻松活泼，我们用它写出了《Hello 嘟嘟》作为每次音乐治疗结构性的问候歌。如果是可以进行语言交流的受助者，音乐治疗师会协助对方表达出自己的内心感受。面对不能进行言语表达的嘟嘟，我共情到孩子的感受，代他表达。歌词这样写道：

嘟嘟是个小男孩，他的名字叫 ×××。这个冬天遇见你，现在我们是好朋友。Hello 嘟嘟在这里，我们和你在一起。天天在家睡觉啊，真是躺得闷了，让我们一起吧，来唱歌！

爸爸妈妈别难过，爷爷奶奶不要着急，虽然我不跟你们聊天说话，我的心里有个奇妙的世界：阳光绿草满地鲜花，我和我的小汽车满山跑，跑得我们满头大汗，滚在山坡上哈哈笑！

歌手香香唱的《摇篮曲》嘟嘟很喜欢，妈妈经常唱给他听。唱过这首歌之后，我跟妈妈谈起嘟嘟和家人生活中的趣事，妈妈说到，爷爷跟嘟嘟一伙儿偷偷藏起妈妈不让吃的零食；嘟嘟不肯去“审美”（一个连锁美发厅），偏喜欢在楼里一个小店理发，等等。我建议妈妈跟嘟嘟念叨着这些好玩的事，然后我把它整理成顺口的歌词：

小宝贝安心睡，梦中会有我相随，陪你笑陪你累，有我相依偎。小宝贝安心睡，你会梦到我几回？有我在梦最美，梦醒也安慰。

奶片我最爱，妈妈不让吃。爷爷帮我一起藏，每天一片我偷偷笑。养乐多是我宝，喝了就睡觉。再来一瓶也挺好，不给我就闹。理发在五栋，妈妈常“审美”，经常劝我去那里，可我觉得这儿挺好。

妈妈爱嘟嘟，爸爸爱嘟嘟，不要担心下一秒，我们永远陪着你。明明老师来看你，姐姐也来陪伴你，幸福就像空气，永远围绕你。

一家人陪伴嘟嘟一起度过“音乐时光”

音乐遗赠

把逝者生前在音乐治疗中使用的材料作为纪念品，制作、留给家人、心爱的人，是音乐治疗中的“音乐遗赠”方式，它是对逝者的纪念，也可以对家属起到抚慰作用。克劳迪用小册子记录下她选的那些歌，并将小册子和磁带一起留给她的丈夫，就采用了“音乐遗赠”的方式。

与嘟嘟一起唱过的歌、演奏的曲子，我们都一一录制下来。里面爸爸的汽笛声响起，我们就能想到嘟嘟的笑；小星星的“嗖”音响起时，那就是握着蓝色按钟的嘟嘟，这些记录了一家人最后陪伴嘟嘟的音乐时光。嘟嘟去世后，我将音乐录音整理好，刻录成 CD，用嘟嘟的照片印作 CD 的封面，留给嘟嘟家人。

关于死亡

嘟嘟非常衰弱，持续高烧，我们知道他的时间不多了。一个 4 岁的小孩子，病重一年间小火苗燃尽，幼小的他了解死亡吗？害怕吗？不舍、难过吗？心里有想跟爸爸妈妈、爷爷奶奶说的话吗？家长不曾也不忍与孩子交流这些，有时还会说“等你好了，咱们就能出去玩”这样的话。可是一个四五岁的孩子靠着灵性的生命直觉也能感受到自己的境况。嘟嘟不能言语，即便心里害怕、惶恐、不知所措，都无法表达。作为音乐治疗师的我感受到了这些。

我们讲雪孩子的故事，唱《雪花》。雪孩子冲进着火的房子救出好朋友，自己却被烤化了，化成水，升上天变成云彩，再变成雪花降落人间。我们唱火车歌，唱旅行。我们告诉嘟嘟：嘟嘟从生下来到长大，会说话、能玩儿了，会出门旅行去看海，去更远的地方，有时候跟家人一起，也有时候会一个人出发。我们每个人都是如此成长再离开，像花开花谢，时候到了花就会开，时候到了花就会谢。生命的最后时候到了，身体变衰弱，消逝，灵魂飞去天上，开始一段新旅程，去成为另一个新生命，开始一个新的生活。每个人都是这样，爸爸妈妈爷爷奶奶都是这样的，现在是你要先开始这个旅行了。小嘟嘟的火车要开动了，嘟嘟嘟……带着家人的祝福，去远方起飞的旅程，你怕吗？嘟嘟别怕，记着我们一起唱的歌，一闪一闪亮晶晶，你是咱们家升起的第一颗小星星，家里每个人都将化成星星去你身边团聚，跟你在一起。

从法国电影《潜水钟与蝴蝶》中，我们能感受到，一个身体失能、完全被闭锁在躯壳里无法与世界沟通的灵魂，会经受怎样的煎熬。生病以后身体变得衰弱，不能玩儿、不能讲话、不能动，嘟嘟活蹦乱跳的心和灵魂被困在这里，一定也很难受。《潜水钟与蝴蝶》里，蝴蝶终于破茧而出、自由了。

允许与告别

爷爷奶奶妈妈都在，房间里很安静，吉他声轻柔，我对嘟嘟说着，唱着，关于花开花谢、人的离去和灵魂的自由。"嘟嘟，我们大家都很爱你，也知道你很辛苦，如果你感到累了，想要离开了，就可以离开了……"妈妈低声地啜泣，奶奶真是位慈悲、从容的女性，擦过泪，红着眼睛，平和地望着嘟嘟，对他说："嘟嘟，你听到了吧。"然后俯下身去亲了亲小孙子的额头。珍存在一起的所有美好时光，表达了爱，在这之后，我们可以对心爱的人表达"允许"，允许他们离去。

我代嘟嘟对他的爸爸妈妈说："爸爸妈妈，做你们的孩子，我很幸福，我很爱你们。"唱出嘟嘟心里的歌《请记住我》：

请记住我，虽然再见必须说；请记住我，眼泪不要滑落。我虽然要离你远去，你住在我心底，在每个分别的夜里为你唱一首歌。

请记住我，虽然我要去远方；请记住我，当听见吉他在歌唱，这就是我跟你在一起的相聚，直到我再次拥抱你，请记住我。

请记住我，虽然我即将消逝；请记住我，我们的爱不会消逝。我用我的办法与你一起不离不弃，直到我再次拥抱你，请记住我。

妈妈看到眼泪从嘟嘟眼角滑下来……

在音乐治疗师的陪伴下，嘟嘟走完了生命的最后三个月。

对病人家属的抚慰

音乐治疗在安宁疗护领域中的工作，一方面是陪伴、送走病人；一方面是抚慰病人家属，帮助他们处理丧亲之痛。按照我们团队的分工，心理咨询师接管了抚慰家属的工作，主要是对嘟嘟妈妈的哀伤辅导。嘟嘟妈妈与我一直保持着联系，她说在一次辅导中她痛哭到抽搐不能停止，咨询师带她做深呼吸等干预都不奏效。是妈妈自己想到了播放手机中存的音乐治疗中与嘟嘟在一起时唱的《摇篮曲》，听着听着，感受到那熟悉的安宁的氛围慢慢包裹全身，她的心渐渐平静下来。

我惊喜地收到了嘟嘟妈妈制作的纪念册，里面记录了嘟嘟在音乐治疗陪伴下的那些时光，记录了我们一起唱的歌、我们在一起的照片、我与嘟嘟的通信。在与爸爸妈妈交流制作这本纪念册的过程中，妈妈还是泪水涟涟，但已经不全是悲恸，这个回顾音乐治疗的过程很好地抚慰了妈妈，记录下了家人心中对嘟嘟的爱。

嘟嘟妈妈制作的纪念册

生命的过程本就是从诞生走向消逝，只是那些幼小的孩子，早逝的生命，还没成长、绽放就凋零，太让人难过、不舍。也许真的是上天迫切需要一个天使，一颗星星，迫切地挑去了这个纯美的小精灵。不由得又想起周翾医生说的：“妈妈别难过，孩子会感受到的。就一天天一刻刻不难受，愉快地度过就好。”

从出生到成长的各个阶段，音乐都陪伴着我们的生活。音乐就像朋友，无论快乐与悲伤，只要你不放弃她，她永远都不会离开你。当生命之花凋谢，当我们即将离开这个世界，我们会有太多的留恋、不舍。没说完的话，未了结的心愿，未尽的告别，音乐都可以协助我们完成。不要害怕，不要悲伤，让音乐陪伴你生命最后的时光，与相亲相爱的人安守在一起，用心灵的歌唱陪伴你安详地走向远方……

作者简介

刘明明，中央音乐学院副教授，音乐治疗专业硕士研究生导师。担任《创造性艺术教育及治疗》编委、中国心理学会注册临床督导师、中国心理学会音乐心理学专业委员会委员、中国音协音乐治疗学会理事、美国音乐治疗协会会员、世界音乐想象协会会员、世界音乐治疗联合会会员。

研究与工作领域：音乐治疗在综合医院的应用、音乐治疗在安宁疗护中的应用、音乐辅助分娩、音乐表演焦虑、音乐心理治疗。

/ 第十五讲 /

中医如何透视生死

李萍萍　许轶琛

中医产生于博大精深的中国传统文化。先秦时期诸子百家学说，特别是先秦经典中儒、道两家所共尊的《周易》，对中医的发展有重要影响。“经于四圣则为《易》，立论于岐黄则为《灵》《素》，辨难于越人则为《难经》。”中医重视人的生命，把人置于自然万物之中，因此对待生死，亦有超然豁达的态度。中医经典《内经》讲述的生命之道，体现了中医对待生死的精辟哲理。从《内经》《难经》到历代医论、医案、医话，都不回避死亡并坦然面对。尽管现代医学对死亡的认识和救治技术已很先进，但回溯中医的生死叙事和救治故事，依然有着特别的意义和韵味。

中医对生命的起始、变化、终结及对死亡的判断、预知是建立在中医整体观的理论之上的。中医在数千年的临症中，总结了疾病传变、转归的规律，通过望、闻、问、切，视其外应，以知其内藏，则知所病，病之深浅，是否可救。《内经》中，对如何预知生死，如何判断能治与不治有着详细的描述。如“别于阳者，知病处也；别于阴者，知死生之期”“得神者昌，失神者亡”“夫五藏者，身之强也……得强则生，失强则死”“形瘦脉大，胸中多气者死，形气相得者生”“阴阳离决，精气乃绝”……正是基于精深的理论和丰富的实践经验，历代不乏名医，能辨别人命之寿夭，死之真假之象。

《史记·扁鹊仓公列传》就记载了名医扁鹊快速识别虢国太子的

"尸厥"（假死），并施以针法令其复活的故事。之后扁鹊对虢国的君王说："余非能生死人，因其自当生，余使之起尔。"由此可见扁鹊的医术之高，及其谦逊的为医之道。中医理论中的辩证思维方法也体现在对难治之症的处理上。如大家熟悉的"病入膏肓"，是说病情严重到无法医治的地步。《内经》曰："大积大聚，其可犯也，衰其太半而止，过者死。"其意是说，只顾攻毒不已，就会败损元气，用药攻之过度，元气衰败，就会死。清代徐灵胎言："诊病决死生者，不视病之轻重，而视元气之存亡。"即是告诉我们，诊治疾病，既要看病之轻重，也要看病人元气之有无。其转圜之机，取决于正邪两个方面，为医者需审慎调之，适事为故。

对于临床死亡的征象，中医有着特别的观察，对某些病症生死转归亦总结了预测规律。即使在现代医学高度发达的当下，这些观察与总结也具有不凡的临床价值，譬如中医对死前"回光返照"的描述，"厥汗"的预后，此时的"汗"极具特点，一是大汗淋漓，二是汗出如油。湖南中医药大学彭坚教授在其著作《铁杆中医彭坚汤方实战录》序言中就讲述了他在参悟中医生死学说过程中的一段独特体验。彭坚师承伯父彭崇让学习中医，伯父给彭坚的最后一课就是体验"厥汗"。当时，时任湘雅二院中医科主任的彭崇让老先生已经病入膏肓，气息奄奄，伺候床前的彭坚突然发现伯父眼睛一亮，他抓住彭坚的手，示意彭坚伸进自己后背去抚摸。彭坚伸手一摸，果然就是伯父常念叨的"厥汗"征象，不仅汗多，而且黏糊糊的如油汤一般。一刻钟之后，伯父气绝而亡。从此，彭坚对中医所述厥汗有了深刻的体会。汗者，精气也，乃阳气所化。汗出如油，为精气欲脱、元气衰败之象，也为我们观察病人预后提示了重要临证依据。

一、中医生死学说的文化根脉

以孔子、孟子、荀子为代表的儒家讲重生安死，从生看死，即从生的层面窥视死亡问题，是一种入世的生命观。[①]以老子、庄子为代表的道家对人的生死强调顺其自然，将生死看作自然的客观规律，等视生死、淡视生死。佛家生死观的核心是三世、六道轮回，认为死亡并不是人生的终结，只是暂别人生，人的生死是轮回的；人生是苦的，要觉悟才能超越自我、生死，转化成佛，才能摆脱烦恼和痛苦，自然地生活。[②]人的一生都无法躲避苦难与死亡的突降。遭逢苦难是人类的成年礼。唯有直面、接纳、超越苦难与死亡，心灵才会更加清洁，更加强健。

在上古时代，先人以天地形物之变来体会生命，认为人的生死，与自然万物一样，由生而死，有其变化规律，此为常道。商朝容成公所著《玄隐遗密》畅叙生死乃自然规律："故万物之生，有其数，存有其度。…… 因以之生。生积而成，成耗而消，消极而亡，常哉道也。"《内经》中详细讲述了人之始生的状态，及每十年人的生理变化，展现了人随着年龄的增长，气之盛衰的变化，以至其死的过程。"人生十岁，五藏始定，血气已通 …… 百岁，五藏皆虚，神气皆去，形骸独居而终矣。"表现了淡然看待死亡，把自然老去离世看作是福的生死观。

《淮南子》有言："生，寄也；死，归也。"相传大禹去南方巡视，船行至江心，突然一条黄龙把船托到半空，旁人皆五色无主。大禹

① 路晓军：《中西方传统文化生命观论略》，《哈尔滨学院学报》2005 年第 5 期。
② 廖贞：《浅议中国文化的生死观》，《青海社会科学》2005 年第 5 期。

则大笑道："我受命于天，竭力而劳万民。生，寄也；死，归也。"黄龙便仓皇而逃。

道家生命哲学架构了个体与自然之本我、人性之自我以及神性之超我之间的关系，在"无为而为"的自觉意识中塑造了一个中心圆的世界，以"生"为起点，经历生命历程的跋涉，以"死"为归宿，起点与归宿最终重合。"以卮言为曼衍，以重言为真，以寓言为广"，立论一破论、再立一再破，循环往复，不断重言；看似"谬悠之说，荒唐之言，无端崖之辞"，实则严肃又认真地告诉世人要认识生命之有限和可贵，保全生命，养生尽年，意在实现个体生命之自然价值；在超越个体之外的广莫之野中无待逍遥，旨在达到精神之绝对自由。[①]

作为道家学派的主要代表人物，庄子对于生死的观念是豁达的、虚幻的。庄子与骷髅的对话就体现了其对死后世界的理解。庄子有一次赶路累了，走到路边把马系好后，想找块石头坐下休息，忽见树下草丛中露出一个骷髅来。庄子走近，用马鞭敲了敲，问它道："先生是生病死的么？还是国破家亡、刀斧所诛而死的呢？是因有不善之行、愧对父母妻子而自杀的吗？还是因冻馁之患而落到此地步的呢？或者是寿终正寝？"说完，拿过骷髅，枕之而卧，呼呼入睡。半夜时，骷髅出现在庄子梦中，说道："您刚才所问，好像辩士的口气。您所谈的那些情况，皆是生人之累，死后则无此烦恼了。您想听听死的乐趣吗？"庄子答："当然。"骷髅说："死，上无君主领导我，下无下属需要我管理，也没有四季更替的琐事。我可以从容地在天地间四处游玩。这种快乐即使是当皇帝也不能相比的。"

① 况晓慢:《论庄子的生死观》,《河北大学学报（哲学社会科学版）》2016 年第 6 期。

庄子不信，问："如果司命把您复生，还您骨肉肌肤，还您父母、妻子、乡亲、朋友，您愿意吗？"骷髅现出愁苦的样子，道："我怎么能抛弃南面称王都不换的快乐而再次经历人世的劳苦呢！"

有一天，庄子梦见自己变成了一只翩翩起舞的蝴蝶，非常快乐，悠然自得，忘记了自己是谁。一会儿梦醒了，却是僵卧在床的庄周。不知是庄周做梦变成了蝴蝶呢，还是蝴蝶做梦变成了庄周呢？这个故事称作"庄周梦蝶"。在一般人看来，一个人在醒时的所见所感是真实的，梦境是幻觉，是不真实的。庄子却不以为然。虽然醒是一种境界，梦是另一种境界，二者是不相同的，庄周是庄周，蝴蝶是蝴蝶，二者也是不相同的；但在庄周看来，它们都只是一种现象，是道的一种形态、一个阶段而已。简单的一个故事，既表现了一种人生如梦的人生态度，又把形而上的"道"和形而下的庄周与蝴蝶的关系揭示出来。形而下的一切，尽管千变万化，都只是道的物化而已。庄周也罢，蝴蝶也罢，本质上都只是虚无的道，是没有什么区别的。

庄子曾言："夫大块载我以形，劳我以生，佚我以老，息我以死。故善吾生者，乃所以善吾死也。"在道家看来，活着就像是经受劳苦，死去就像是休息。对于生死，道家一向看得很开，他们认为人生一世，酸甜苦辣都尝过，生命最后的时刻，一切是非烦恼都一起化为尘土，归于天地大道，又有什么不好呢？

传统文化中，对死亡是存在着深刻的理解思考和想象的。

又如，"春花秋月何时了"，春花秋月无尽而永恒，但人生无常。这是每个人都必须面对的。古代诗人用咏花、颂景的方式感慨着天地自然的永恒和人生的短暂。中国古代文人常用咏梅的方式表达对品性高洁、才华横溢、独立傲世的自己的怜爱之情。比如"朔风如解意，容易莫摧残”：梅花这样孤傲地开在严寒的天地之间，已经是非常艰难了，如果北风能够了解其中的含义，就不要再摧残她了吧！在古代传统文化的教育之下，人们不应为了追求功名利禄，竭尽所能保存生命，蝇营狗苟，丧失尊严地活着，而要重视仁、孝、礼、义这些美德。古代才子们之所以选择用梅隐喻自己，大概是因为，与长期的坚持隐忍相比，他们更愿意为了理想和信念，壮丽而绚烂地绽放自己，哪怕这短暂的绽放之后，是生命的终结。这种情怀和态度，正是留给我们当代社会的精神遗产。

在我们看来，传统文化对死亡的思考，一言以蔽之，就是一个“归”字。所谓“殊途同归”“乐不思归”“视死如归”，每个人都是以“归”为终点。既然对于任何人而言，等待在前路的都是同一个终结点，那么平和安静地面对死亡，又有什么困难呢？

古人对死亡有着丰富的想象。在古人的故事中，死亡，并不可怕。梁山伯祝英台死后，少年少女化身为彩蝶，翩翩飞舞；陶渊明《桃花源记》中，那个安宁和乐、自由平等的美丽山谷，有一种说法认为它其实就是作者对死后世界的构想。

二、中医临证境遇中的生死体验

中医注重对死亡的观察和预判，认为死亡是一个过程，这个过程包含的，不仅是肉体行为活动的终止，还有神智的消散，也就是所谓的形神俱灭。从中医的角度，要从胃气、神和阴阳等情况综合患者病情，进行预后判别。

中医重视胃气，认为“得胃气则生，无胃气则死”。如果人的脾胃功能损伤，消化能力丧失，这就是必死的状态。人以胃气为本，所谓“无胃气则死”，是在胃气虚之后，邪气进一步损伤胃气的结果。《内经》说“脉无胃气则死”，也就是从脉象判断有没有胃气，但这在实际实践中很难被大家理解。简单来说，如果患者病得很重，但还能吃东西，就属于有胃气；而不能进食饮水，就是无胃气的表现。

《素问·本病论》说：“得神者昌，失神者亡。”可见“神气”在人生命活动中的重要作用。《灵枢·小针解》指出：“神者，正气也。”“正气”是相对于“邪气”而言的。所谓“失神者亡”是指人体正气极度衰竭，所以，神与气又有密切关系。《类经》曰：“人生之本，精与气耳。精能生气，气亦生精。气聚精盈则神旺，气散精衰则神去。……所以生者由乎此，所以死者亦由乎此。”《胎息经》说：“气入身来为之生，神去离形为之死。”可见，气是神的基础，无气则无神可言。所以，《灵枢·平人绝谷》曰：“神者，水谷之精气也。”但是，单有水谷之精气还不够，必须“所受于天，与谷气并而充身”才行。神又是精神意识的集中表现。有神无神主要体现在眼神上，因“神藏于心，外候于目”。两眼灵活，目光炯炯，神识不乱，则称“有神”，表示正气未伤，病亦较轻浅，病情预后良好；若目光晦暗，精神不振，反应迟钝，表示正气已伤，病势危重，则称为“失神”。也可从脉象判断有神无神：脉的至数均匀，来去清楚谓之有神；脉律不调或快慢不整，或过于迟缓，是为无神。[①]

有一名老教授，肿瘤晚期，在医院做最后的维持治疗。老教授只有一个女儿，多年前就移民到美国生活。得到母亲病重的消息，

① 熊勇平：《浅探中医对死亡的认识》，《湖北中医杂志》2001 年第 12 期。

她跟公司请假回国，一边陪伴母亲，一边安排着后续的事情。一天早上，她突然发现母亲出了一身大汗，伴有目光涣散，反应迟钝，赶忙唤来医生，询问这是怎么回事，是不是母亲的病情有了发展。医生对老教授的生命体征进行监测之后，告诉她，病人的生命体征很正常，出汗不是什么特殊的情况，可以继续观察。听了医生的话，她放心地离开医院，去附近地铁站接来看她的同学。开上车不久，她就接到医生打来的电话，说她的母亲病情突然恶化，正在抢救。那是工作日的上午 9 点，处于北京的早高峰，短短的几百米路程，女儿用了半个多小时。虽然穿越了千山万水，她终是没能在母亲离开的时候陪在她的身边。在临床上，血压、脉搏、呼吸等重要生命体征固然是判断患者情况的重要指标，但是“失神”“亡阴亡阳”等特征，也传递着患者预后不良，逐步走向死亡的信息。目光涣散、反应迟钝是中医讲的失神的表现；在病情危重的基础上，若病人突然汗出，往往是亡阴或亡阳之兆。

在中医看来，生命活动的正常进行必须仰赖体内阴阳平衡，并与外界阴阳统一协调。如若病邪入侵致阴阳平衡失调，出现“阴盛则阳病，阳盛则阴病”，则维持生命活动的精与气便随之绝灭。正如《灵枢 · 根结》所说：“阴阳俱竭，血气皆尽，五脏空虚，筋骨髓枯，老者绝灭，壮者不复矣。”若能调其平衡则可免于死亡。所以《灵枢 · 根结》又说：“调阴与阳，精气乃光；合形与气，使神内藏。”阴阳离决或阴阳俱竭主要是由病所致，如《灵枢 · 本神》说：“是故五脏主藏精者也，不可伤，伤则失守而阴虚，阴虚则无气，无气则死矣。”当然，衰老亦可造成阴阳离决而死。如《内经》曰：“年四十而阴气自半也……年六十，阴痿，气大衰。”《类经》曰：“真阴者，即真阳之本也。”阴气衰，阳气必然也败，所以衰老而死者，多阴阳俱竭。人在危殆之际，多有亡阴亡阳现象，汗稀冷如水或汗黏热如油，便是亡阴亡阳的出汗表现。亡阴是阴液耗竭，亡阳是阳气散越，大都在大热、大汗、大吐、大下、大出血等阴液和阳气迅速丧失的情况下出现。阴液耗竭则阳气无所依附而散越，阳气衰竭则阴液无以化生而枯涸。亡阴与亡阳可相继出现，迅速转化，最后往往是亡阳气脱而死。

我们在临床上曾经看过这样一个病例。有一位姓侯的老先生，不幸罹患胰腺癌，经过几个月的治疗，肿瘤还是迅速进展，某日出现神志不清，深大呼吸，血压下降。经过药物升压等抢救治疗，患者的情况没能改善。老先生瞳孔散大，呼吸停止，血压测不到，心电监护显示心电图为直线，被宣布为临床死亡。此时抢救已经停止，为了等待部分家属，医生暂时没有挪动老先生，依然在病房等候。但大概20分钟以后，老先生居然出现了自主呼吸，随即心跳恢复，这种情况在中医属于“尸厥”。尸厥的最终转归，要么是恢复生命，要么就是死亡，取决于患者的身体情况，但这种现象说明，死亡是一个非常复杂的过程。

三、中医生死观的超然与豁然

早在《内经》中就记载有“死不可治”的证候和一些危证，如：“太阳之脉，其终也，戴眼，反折瘛疭，其色白，绝汗乃出，出则死矣。少阳终者，耳聋，百节皆纵，目圜绝系，绝系一日半死，其死也，色先青白，乃死矣。阳明终者，口目动作，善惊，妄言，色黄，其上下经盛，不仁，则终矣”（《素问·诊要经终论》），明确地叙述了病危的情况。

“天地之大德曰生。”中华民族在长期与死亡、疾病博弈的历史实践中，创立了独特的保养生命、维护生命、防御疾病的生命医学理论。《内经》是一部诠释生命现象的伟大著作，从天、地、人的角度，诠释宇宙、四时、环境、情绪等对人的影响，展现了古人对生命的了解和认识。《内经·素问》的第一篇《上古天真论》，黄帝在开篇就提出了人怎样活着的问题：“余闻上古之人，春秋皆度百岁，而动作不衰。今时之人，年半百而动作皆衰者，时世异耶？人将失之耶？”意思是说，上古年代，人活到一百岁行动能力还未衰退，而今时之人，年半百行动能力都衰退了，这是时代不同造成的呢，还是人违背了自然变化的规律，失道而造成的呢？天师岐伯回答了黄帝的问题，并讲述了人度百岁乃去，法于阴阳，顺应自然，养生防病的道理。足可见中医对生命的重视。

中医重视生命，同时也并不回避死亡。《内经·灵枢·天年》特别谈到“天年”，即人的自然寿命，对人的寿命提出了一个有意义的命题。黄帝问岐伯曰：“愿闻人之始生……何失而死？何得而生？”人失去什么会死，得到什么会生？岐伯讲述了人从生到死每十年的生理变化，以及到百岁形骸独居而终的过程。人的生、长、壮、老、矣，是人的气血盛衰的过程。生命的规律是什么，如何做到在生命终结时“无疾而终”，即没有疾病痛苦地走到生命的终点，正是《内经》要告诉我们的。

《史记·刺客列传》中记载，聂政在办完母亲的丧事后，感于严仲子的器重，慨然叹曰：“老母今以天年终，政将为知己者用。”人能颐养天年，是大幸。聂政侍奉老母尽终天年，体现了“子全而归之，可谓孝矣”的美德，同时也体现了人能尽终天年是福分的思想。唐代柳宗元在《行路难》中写道："啾啾饮食滴与粒，生死亦足终天年"，说的是平安自得地度过一生，生死都是自然的造化，体现了柳宗元"妙万物以达观"的人生态度。生与死是生命起始与终结矛盾的两个方面，是生命的自然过程。中医对生命的态度，不仅体现了顺应自然、了解规律、把握生命的智慧，也体现了达观的思想。特别是"尽其天年"的思想，更体现了对生命认知的一种境界：了解影响生命的因素，觉知身体的变化以及调整的方法，学会如何对付人生的"老"，如何迎接人生的"矣"，修身养性，喜乐到天年。中医从重视生命、保养生命的视角看待生命的全过程，而不仅仅注重在生命末期减轻痛苦。这是《内经》所告诉我们的超然思想。

1. 人度百岁，智生淡死

人只有明白如何生，才能很好地应对死。自古以来，人们都把生命放在第一位，只有重视生命才会琢磨怎样珍惜生命，即使有病、有难，也会活得长久。荀子曰："生，人之始也，死，人之终也，终始俱善，人道毕矣。故君子敬始而慎终，终始如一。"这说的就是古代传统文化中关于善待生命、尊重生命的思想。

医圣孙思邈在《摄养枕中方》里说："圣人安不忘危，恒以忧畏为本营。…… 忧畏者，生死之门，礼教之主，存亡之由，祸福之本，吉凶之元也。"这便是医圣的生死观。传说孙思邈"幼遭风冷，屡造医门，汤药之资，罄尽家产"。他幼年嗜学如渴，知识广博，被称为"神童"，只是后来身患疾病，经常请医生治疗，花费了很多家财。于是，他便立志从医，钻研医术，到了 20 岁，就开始为乡邻治病。当时的朝廷曾经召孙思邈任国子博士，孙思邈无意仕途功名，认为做官会受到很多束缚，不能再随着自己的心意生活，于是坚决不接受封官的命令，一心致力于治病救人。他第一个提出"防重于治”的医疗思想，并创造了“保健灸法”用于健身强体，预防疾病的发生。他的著作《千金要方》在食疗、养生、养老方面做出了巨大贡献。遵循这样的养生方法，孙思邈在唐朝那个缺医少药的年代活到了百岁以上高龄，关于他的年龄，有说102岁的，也有分析说142岁的，传说是“无疾而终”，也就达到了“尽终其天年，度百岁乃去”的境界。

朱震亨是元代著名的医学家，力倡“阳常有余，阴常不足”，创阴虚相火病机学说，申明人体阴气、元精之重要，被后世称为“滋阴派”的创始人。他幼年丧父，三十多岁时，母亲生了重病，看遍周围的名医，都没有办法治疗，这才使得他决心当一名医生。他提倡“动静结合”“寡欲”“避虚”。保养金水（肺、肾）二脏，以防“相火妄动”。他医德高尚，救困扶贫，风雨无阻，对患者有求必应，一生都在救治患者或赶去救治患者的路上。晚年他整理自己的行医经验与心得，写成许多著作，其中就包含“心理、修性、收心、气血、食疗养生”这五种寿养之道。78岁那年他出诊远行归来，感觉疲倦，睡了三天。醒来以后，端坐在椅子上，将随他学医的侄儿叫到面前对他说：“医学亦难矣，汝谨识之。”然后端坐而逝，达到了智生淡死的境界。

2. 生老病死，顺应而对

医生在实践中经常会遇到病人身患重病绝症、痛苦异常，或医生无力挽救的情况。

当出现这些危证的时候，中医又是如何处理的呢？《史记·扁鹊仓公列传》曰：“人之所病，病疾多；而医之所病，病道少。故病有六不治：骄恣不论于理，一不治也；轻身重财，二不治也；衣食不能适，三不治也；阴阳并，藏气不定，四不治也；形羸不能服药，五不治也；信巫不信医，六不治也。有此一者，则重难治也。”那些不懂道理之人、脏气已绝之人，或身体太过虚弱不能进药者、偏信巫术者，扁鹊认为再治疗是很难的了。

宋朝有这样一个医案：一位字毅叔的大夫，医术很高明，名气很大。一日郡守母生病，召他来看诊，郡守说：“要是不能治好我母亲的病，我就治你的罪。”毅叔说：“容我来给老人家看病。”毅叔看了郡守母亲的病症后说：“还是能治疗的。”于是给了郡守母亲丹剂服下，郡守母亲吃了药以后症状好转了很多，郡守便给了毅叔很多酬金，并且送他回家。毅叔到家以后，马上收拾东西，带着全家老小跑掉。不久，郡守的母亲还是病死了。有人问到此事，毅叔回答说：“她的病太重了，根本治不了，我很怕郡守会怪罪于我，所以给她吃了缓解症状的药物，让她暂且活着罢了。”这个病案已经反映出，对没有治疗希望的重病患者，可以采取减轻患者痛苦的方法。当然，毅叔在当时条件下，难以跟做官的郡守沟通，只得远走逃生。

对于早夭等提前死亡的情况，古代以先天禀赋的观点来看待与处置。《论衡·无形篇》云：“人禀元气于天，各受寿夭之命。”《论衡·气寿篇》云：“凡人禀命有二品……二曰强弱寿夭之命……强寿弱夭，谓禀气渥薄也。”禀气厚的人身体好，寿命长；禀气薄的人身体弱，寿命短。《灵枢·寿夭刚柔》中说：“人之生也，有刚有柔，有弱有强，有短有长，有阴有阳……形有缓急，气有盛衰，骨有大小，肉有坚脆，皮有厚薄，其以立寿夭奈何？”那些形与气“不相任”、血气经络“不胜形”、皮与肉“不相果”、“骨小”“肉脆”等的人因先天不足，所以寿命短。一生下来就夭折的孩子，还有没有能够活着出生的生命，都属于先天禀赋薄弱，难以摆脱早夭的命运，即所谓“命当夭折，虽禀异行，终不得长”。《论衡·定贤篇》云：“良医能治未当死之人命，如命穷寿尽，方用无验矣……命当死矣，扁鹊行方，不能愈病。”那些寿数已尽的病患，就算是最高明的医生也无能为力。因此，“人受气命于天，卒与不卒，同也”（《论衡·气寿篇》）。

道家认为，生死在天，人既不必为生而喜，也不必为死而悲，一切顺其自然，如《庄子·大宗师》云：“古之真人，不知说（悦）生，不知恶死，其出不欣，其入不距。翛然而往，翛然而来已矣。不忘其所始，不求其所终。受而喜之，忘而复之，是之谓不以心捐道，不以人助天，是之谓真人。”不管是“不以人助天”也好，还是安于死而无愧也好，都不主张采用人为的手段延长已经不可避免的死亡。这也是中国传统文化中所体现的伦理观。[1]

3. 终极有期，回归本真

记得我刚从事肿瘤科医生工作时，最尴尬的事就是在查房时，看到将不久于人世的患者，躺在床上痛苦的样子，除了问候哪里有不舒服外，很难找到更多的交流话题。随着时间的推移，渐渐地，我了解到，其实每个患者心中都有自己的“不了情”：放不下的孩子、难舍的亲人、未了的心愿……后来，我们帮助他们完成心愿，如最后一次去看大海、参加女儿的婚礼、完成手中的书稿，虽然我们心中感到欣慰，家属非常感激，但我又在反思，难道做到这些，自己就可以满意了吗？一次在门诊，一位晚期肠癌的老人在子女的陪伴下前来就诊。老人面无表情地坐着，好像很不情愿的样子。只听女儿在喋喋不休地说着母亲的症状，因为家人没告诉老人病情，症状也围绕着过去的慢性病描述。当我再次和老人沟通她前来希望得到什么帮助时，她冒出一句话：“我还能活多久？”可见，她已

① 邱鸿钟：《由死而观生的中医学》，《中国医学伦理学》2000 年第 2 期。

猜到自己的病，并在担心自己生命大限的时间了。

这是一个很难马上回答的问题。自古以来，人们一直在追求生命的长久。当患了癌症时，我们首先想到的是还能治吗，还能活多久。死亡的问题自然而直接地摆在患者和家人的面前。除了快速发展的医学进步给患者带来可能的生存获益外，还有很多不确定的因素会影响疾病的控制和存活的时间。不久前，我看到一则报道，讲的是我国台湾地区一位教授患癌后的故事，这个故事引发了我的思考。这位患者 2008 年发现晚期肝癌，手术切下 2 公斤重的肿瘤，半年后肺内多发转移，又进行了靶向药物治疗、放疗和化疗。2012 年，肝脏肿瘤复发，再次手术切除。至今他仍十分健康地生活，并在多个场合分享自己治愈的故事和体会。他精彩的讲演获得了热烈的掌声，也鼓舞了很多患者。是什么使他在肿瘤晚期就要告别人世时绝处逢生？用他自己的话来说，就是改变。他回顾了自己走过的人生历程，总结了“十不”的经验，让生活回归简单。同时，改善饮食结构，放松心情，加强运动，保证充足的睡眠，获得了长期高质量的生存。

翻开《内经》，我们发现古人早就告诉我们应如何保养身体，避免生病和早夭。“上古之人，其知道者，法于阴阳，和于术数，食饮有节，起居有常，不妄作劳，故能形与神俱，而尽终其天年，度百岁乃去。”大道至简，我们要做的就是遵循自然变化的规律而养生。选择符合自己兴趣的工作，顺应节气的变化饮食并有节制，按四季变化规律起居，不过度损耗身体的元气，使你的身体和元神相和，则能尽终天年。这看起来是再简单不过的道理，但我们往往难以做到。李开复在患了晚期淋巴瘤后，在治疗过程中反思自己，在死亡线上进行人生的思考，写了《向死而生：我修的死亡学分》一书。他把自己对死亡和人生的感悟比喻为补修的七个“死亡学分”，其中第一个学分就是“健康无价”，总结了自己违反规律的种种行为，如饮食失节、睡眠不足、过劳。

海德格尔在其名著《存在与时间》里，用理性的推理详细讨论了死的概念，并最终对人如何面对无法避免的死亡给出了一个终极答案：生命意义上的倒计时法——“向死而生”。正因为有死亡的存在，人才懂得要珍惜生命，思考怎样养生，怎样治病。我们应回归本真，至简生活，把握生命本体即身体及其功能、趋向的变化，使身与神相应，“形与神俱”，让生命快乐、圆满。

作者简介

李萍萍，北京大学肿瘤医院教授、主任医师、博士生导师，是全国中西医结合肿瘤、姑息治疗等领域的著名专家。从事中西医结合肿瘤临床及中药药理研究工作四十余年，主持国家自然科学基金、首都医学发展科研基金项目等多项研究，现任中国临床肿瘤学会理事、北京市疼痛质控中心癌痛组组长等职务。

许轶琛，副主任医师。2008年获得北京中医药大学中西医结合临床专业博士学位，现就职于北京大学肿瘤医院中西医结合科暨老年肿瘤科，先后师从中日友好医院李佩文教授、北京大学肿瘤医院李萍萍教授，为北京市第四批老中医药专家学术继承人和第五批全国老中医药专家学术继承人。从事常见恶性肿瘤的中西医结合治疗，对乳腺癌、肺癌、结直肠癌、恶性淋巴瘤等实体肿瘤的常见症状及治疗相关副反应，如放化疗、内分泌治疗及靶向治疗等常见副作用的中西医结合治疗具有一定经验。主持北京市中医管理局等课题2项，参与国家自然科学基金、首都卫生发展科研专项项目等研究10余项。

/ 第十六讲 /

儿童死亡面面观

周　翾

作为一名有几十年医龄的儿科医生，临床上的摸爬滚打，如粼粼波光，映照我心；对生离死别，感悟良多。说实在话，我见惯了儿童死亡，他们来到这个世界的日子不长，于是他们的死亡显得那样残酷、无奈，又是那样安详、纯粹。尤其是这几年，由于专门从事儿童舒缓治疗，我对儿童死亡这一临床事件有了更深的理解与把握，洞悉了儿童死亡背后的人文意蕴，在此与大家分享的不仅是故事，还有故事背后的体验和感悟。

一、初识儿童病房里的临终关怀

从第一天成为儿科医生开始，我就一直记得老师说的一句话："如果想要成为一名优秀的儿科医生，你要先成为一个母亲。"在我成为人母后，我才真正体会了什么是一个母亲的心痛。当孩子受到一点点委屈时你会心痛，那当孩子被诊断为恶性疾病时，你会是什么感受？当孩子被宣判不可治愈时该是何等绝望？正是因为了解这种心痛，在我成为一名儿童血液肿瘤科的医生后，我希望，除了可以帮助孩子们摆脱病魔，还可以让患儿和他们的父母少些忧虑，多些温暖。2011 年的秋天，我们医院主办了一次国际会议，在这次会议上，美国专家带来了一个对我们来讲全新的题目——“Pediatric Palliative Care”。面对这样一个讲题，从题目到幻灯片里的内容，我们几乎都要查字典才能理解那些熟悉而陌生的单词。当时我们把“palliative care”翻译为“姑息治疗”“临终关怀”，听专家们为我们讲解在儿童血液肿瘤性疾病治疗过程中，如何镇痛，如何进行精神抚慰，如何进行临终关怀……我们经历过很多患儿的离去，似乎过程都是一样的。患儿病情危重，我们向其父母交代病情，父母签署知情同意书，患儿转入ICU（重症监护病房），气管插管，心肺复苏，确认死亡，父母撕心裂肺地痛哭，填写各种文书，目送孩子被推到太平间，一切戛然而止。但是专家们的讲述让我们开始反思，除了治疗患儿身体上的疾病，我们是否还关注了治疗过程中孩子的疼、家人的痛？我们是否可以陪伴他们走完那段难以描述的路程？行医过程中，要看病，也要看人。从此，palliative care的理念在我的内心埋下了种子。

这是一个我讲过多遍的故事。一个年仅十岁的美丽的小姑娘被确诊为恶性淋巴瘤，治疗后缓解所带来的喜悦实在太短暂，肿瘤的复发像海啸般无法抵挡，只要我们一起讨论她的病情都会加一句：“再和父母交代下病情，疾病已经无法治愈，看看能否出院回家。”我至今还记得，在拥挤的医生值班室里，我们和妈妈谈病情，妈妈面色苍白，表情木讷，眼神却异常坚定：“我知道我的女儿已经不能被治愈了，但是我们不出院。”我回答说：“如果不出院，我们作为三甲医院，就一定要有治疗，比如化疗，但是用药后，孩子可能会更不好。”妈妈却很坚持：“主任，我同意化疗，我愿意承担一切后果，但我们不会出院。”无意义的化疗就这样一轮一轮地继续，孩子病情持续恶化，化疗后的骨髓抑制还没有恢复，肿瘤就卷土重来。由于当时没有有效的镇痛措施，妈妈用尽各种方法为女儿止痛，护士叮嘱妈妈喂孩子口服药物时，妈妈平静而无奈地一边看着孩子一边轻轻说：“孩子，你什么时候才会走，太遭罪了，算了，就不吃药了……”早晨交班，医生们见面时询问的第一句话总是“孩子还在吗？”一个月后，当我再次见到孩子时不禁吃了一惊，原本白净漂亮的孩子已经变得皮肤黝黑、瘦骨嶙峋，并且为了护理方便几乎全身赤裸，头发因为化疗而脱落，每天除了虚弱地躺在床上呼吸以外已经没有其他任何力气，睁眼、说话、喝水、吃药，甚至身上的衣物和被子对她来讲都是沉重的负担，一个生命就这样在眼前慢慢消逝，治疗已经无益，所有人都在等待。直到一天深夜，女孩终于走了，妈妈对在场的每一位医生和护士都深深鞠了一躬，感谢他们在最后时间还收留了她的女儿。虽然经历过很多孩子的离去，但是这次经历的种种场景却在我心中挥之不去，我内心总是有种冲动。终于有一天我和同事说：“我希望自己可以建一座儿童临终关怀医院！温总理说要让中国人有尊严地活着，我们为什么不能让我们的病人有尊严地离开？”

国际会议的专家为我们带来了新的理念，而 2013 年 10 月在美国的进修则彻底为我打开了“palliative care”领域的大门。进修仅为期 4 周，但我还是挤出了 1 周的时间专门进行了该领域的学习，虽然懵懂，却做出了一个看似疯狂的决定：回国后，我也要做临终关怀。我问和我一起进修的护士是否愿意和我一起，她对我说出了结婚誓言般的“我愿意”，就这样，我们两个人携手走上了一条充满未知的道路。

要做工作必须进行理论学习，我至今还记得刚开始看文献时的生涩感，每个单词都认识，其意义却让人难以捉摸，需要反复阅读。同时，我也到国内有经验的机构进行访问学习，然后才开始慢慢理解 palliative care 的真正含义。

palliative care 多被翻译成“姑息治疗”“临终关怀”等，现统称“安宁疗护”。在儿科领域，我们更愿意称其为“舒缓治疗”。舒缓治疗，顾名思义就是让患儿舒适，缓解他们和家人的痛苦，提高患儿的生活质量。当患儿被诊断为可能无法治愈的疾病或生命受限的疾病时，需要多学科团队的支持以评估患儿及其家人的压力与痛苦，减轻他们在生理、心理、社会及精神层面的痛苦。专业团队的帮助使可被治愈的患儿生活质量更高，不可被治愈的患儿走得更有尊严。

二、危症患儿的尊严

尊严是指人和具有人性特征的事物拥有应有的权利，并且这些权利被其他人和具有人性特征的事物所尊重。简而言之，尊严就是拥有权利和人格被尊重。作为儿童，有尊严吗？一定有，而且必须得到我们的尊重，无论是襁褓中的婴儿，还是已经具有独立人格的青少年，所以，在死亡即将来临时，我们要让孩子们更有尊严。

让孩子在临终时减轻身体的痛苦是在维护他们的尊严。记得刚开始做儿童舒缓治疗时，一位妈妈找到了我。她的儿子两岁，被确诊为神经母细胞瘤已经一年了。在他短短两年的生命中，有一半的时间都是在医院中度过的，对医院的恐惧已经让孩子只要一听到去医院都会哭闹不止。当医生告诉妈妈，她的孩子已经无法治愈时，妈妈选择了带孩子出院好好陪伴他。随着肿瘤的浸润，疼痛逐渐明显，疼在孩子身上，痛在妈妈心里，无休止的疼痛让妈妈最终不得不选择返回医院。很庆幸，那时我们已经开始了舒缓治疗工作，已经开始对病人进行疼痛管理。经过用药，孩子的疼痛很快得到了良好的控制，他原本已经几乎滴水不进，腹胀如鼓；镇痛后，不仅可以少量进食，腹胀也有缓解，而且可以排便。当妈妈兴奋地向我描述孩子的情况时，一时间我很恍惚，我面对的是临终患儿的妈妈吗？不久后，孩子就去世了。两周后的一个中午，结束门诊的我拖着疲惫的脚步走在长长的走廊里，虽然人头攒动，但我还是一眼就看到了站在走廊尽头的孩子的妈妈，心头不禁一紧。以前，我们一旦送走了一个孩子，和这个家庭的关系就彻底断开，这可能也有医生的挫败感存在，我们大多不愿意提起他们，而且，在孩子去世后再看到家长，多半不是什么好事情。我硬着头皮走完那段路，来到了她的眼前，令人惊讶的是，妈妈脸上带着淡淡的笑容和淡淡的妆容。她告诉我："孩子已经走了，走得很平静。其实我们早已经接受了孩子不能治愈的现实，但是他没日没夜撕心裂肺地哭，我们家人真的要崩溃了。特别感谢周医生在最后时刻拉了我们一把，孩子没有再受罪，我们全家都很感激。"当医生以来，我一直都把治愈患儿当作目标，第一次因为孩子的离去而受到感谢。减轻疼痛只是舒缓治疗中的一小步，但也是最基本的工作，仅仅是一些小小的药片就可以让患儿获得尊严，家人获得安慰。现在还有很多人，包括不少医务人员，对于阿片类药物的使用仍有误解，在传播正确应用镇痛药物理念的道路上，我们任重而道远。

在一般人眼中，孩子就是白纸，他们的内心只有快乐，不会对痛苦和死亡有认知。实际上，无论年龄大小，孩子们都有自己对死亡的看法，也有对生命的渴望，而充分了解孩子们的意愿也是对他们的尊重。

一天，我的门诊来了一位焦虑而悲伤的父亲，他本人是一名口腔科医生。我面对过很多家长，但每每遇到同行，总是希望可以多帮帮他们，因为医务人员大多把精力放在治疗病人身上，而常常忽略了家人。这位爸爸也是带着无尽的内疚，内疚没能早些发现女儿的疾病，内疚女儿病了自己却无法医治，唯一能做的就是尽可能让女儿住到他们心中最好的医院。然而现实总是很残酷，经历了化疗和一次大手术后，孩子的肿瘤仍在迅速长大。这时我们已经开始尝试和孩子讨论疾病和死亡的问题，团队成员也在陪伴中提醒孩子父母注意孩子关于死亡认知的一些话语。于是，从陪伴的志愿者和妈妈口中，我们得到了一些信息。

一天晚上，妈妈和女儿依偎在一起，女儿说："妈妈，我说如果，如果，是如果……"妈妈说："你说吧！""如果，我有一天走了，妈妈你是愿意跟我一起走呢，还是好好地活着？""你希望妈妈怎么做？""我希望妈妈可以好好地活着。"当听到一个13岁的女孩说出这些话时，妈妈一阵唏嘘，我们知道，孩子已经准备好接受死亡了。在征得父母同意后，我搬了一个小凳子坐在了女孩的床边，我想和她谈谈她的病情和身后事……难，真难，我第一次知道什么叫"欲言又止""话到嘴边又咽回去"，几经挣扎，终于开始了谈话。"你想让周阿姨和你谈谈病情吗？""想。"……"你有想过自己的病有可能治不好吗？"孩子突然没有预兆地哭了起来，声音很低、情绪猛烈，但是又有种如释重负的感觉。"你害怕吗？""我不怕。"哭泣突然停止，孩子流露出坚毅的眼神："我就是担心……""可以跟阿姨说说你担心什么吗？""我怕爸爸妈妈会伤心，我姥爷身体不好，我怕他难过，血压又会高。”……

无论生命的道路多么短，孩子们都需要我们的尊重和守护，让每个即将逝去的小生命获得应有的尊严是儿童舒缓治疗的宗旨。2017年10月底，我们建立了第一个家庭式临终关怀病房——“雏菊之家”，与其说是病房，不如说是一个有更多人守护的家，希望在这里飘走的每一朵雏菊都会被爱意滋养。

三、一位患儿的告白：“来生我还要做你的儿子……”

大多数人没有经历过失去孩子，也不知道孩子们在临终前都在想什么。由于中西方文化的差异，西方国家更主张告知孩子病情，中国家庭则更加内敛，家长们愿意承担所有的苦难，只希望孩子生活在幸福甜蜜中，从不愿意和孩子谈论生老病死。在我们国家，儿童接受的生命和死亡教育还远远不够。当面临即将丧子的境遇时，父母往往左右为难，与孩子讨论死亡就像隔着一层水做的窗户纸，看着柔软却难以突破，父母担心孩子一旦了解病情就会崩溃，不如让孩子在希望中度过最后时光；但是当孩子离世时，父母又充满了自责，因为没有告知病情而让孩子充满恐惧，没有机会做自己想做的事情，没有机会再和父母说爱你。在我看来，在是否与孩子讨论死亡这件事上，没有对与错，只有是否心安，当父母和孩子都有需求时，我们要指导家长如何与孩子沟通，而父母已经做好不沟通的决定时我们也要尊重。事实上，孩子们远比我们想象的要坚强，而且他们需要被尊重，不愿意被隐瞒和欺骗。当他们准备好——比如他们的行为和语言已经提示我们，他们在思考自己的病情时，我们就可以与他们认真和诚实地讨论病情甚至死亡，有时他们会有情绪波动，但通常很快可以恢复平静。

孩子们是一个神奇的群体，小小的躯体中不知蕴藏着什么力量，似乎可以洞察一切，即使是婴儿也会感知到周围环境的变化，年龄越大，对自身的感知越多。不用试图隐瞒，孩子只是不愿意让父母伤心，但当他们了解了病情，他们往往可以和父母平静地谈论生死。

九岁的顺顺在病房住了3个月后进入了临终状态。在反复纠结之后，妈妈终于在一天夜里和孩子说起他的病已经非常严重，也许不能好起来了。孩子只是跟妈妈说："周阿姨什么时候来，我要问她问题。"第二天，我如约而至，坐在他的身边。孩子面如白纸，双目紧闭，此时连呼吸都是需要很努力才能完成的一件事，更别提说话了。我坐了几分钟，轻轻和孩子说："周阿姨先到外面坐一会儿，一会儿再回来。"粗重的呼吸突然停了一下，顺顺努力睁大了双眼："周阿姨！我要问你个问题！""好，你问吧。""我的腿多久可以好？"我尝试着回答，然后只听他问我："你说的多久是多久？"即使做好了迎接这个问题的准备，话到嘴边，我还是无法说出再也治不好了。顺顺带着期盼，缓缓说道："多久都好，只要能好……""可能很久都不能治好了"，我说着，有些紧张地盯着顺顺，不知道孩子还会问什么问题，即使是自认冷静、专业的自己，似乎已经无力再回答任何问题了。顺顺的大眼睛望着天花板，似乎用尽了力气，缓缓闭上双眼。"你还有什么问题要问周阿姨吗？"顺顺轻轻摇了摇头，房间一片寂静，只有顺顺粗重而缓慢的呼吸声。我轻轻摸了摸顺顺的手，说："你先休息，周阿姨先出去。"走出卧室似乎是逃离，坐在客厅，我有种如释重负的感觉，也有惴惴不安：孩子会有什么反应？在我走后，孩子大哭了一天，情绪很差，志愿者阿姨静静地陪伴在孩子和妈妈身边，这时的语言是如此苍白，我们只需要让他们知道，他们需要时我们在。经历了备受煎熬的24小时，顺顺不再哭泣，开始操心家里的每一个人："爸爸，你不用总陪着我，还是出去找个工作吧，我们在这里每个月花费也有几千块，你可能要打两份工才可以啊……""妈妈，谢谢你，你辛苦了，来生我还要做你的儿子……"顺顺自己感受到身体状态逐渐衰弱，从试探到最终确定，内心也一定经历了很多次冲击。一旦接受了不能被治愈的事实，即使是九岁的孩子也有自己要说的话、要做的事，我们能做的也许就是帮助他们减少遗憾吧。

四、信仰的力量无所不在

孩子的病情进入终末阶段，我们和家长的话题就更多在如何准备后事上了：如何通知其他家人，通知哪些家人，骨灰如何处理……你可能会觉得很惊讶，在我们的"雏菊之家"，我们和孩子家人可以围坐在桌旁，面带笑容地讨论孩子的身后事，好像在说别人家的事情。临终关怀中，灵性关怀是一个重要的环节。一提到灵性关怀，很多人首先想到的就是宗教信仰。在我们的日常生活中，很少会有人自问"我是谁""我从哪里来""我要到哪里去"，但是当生命遭受巨大打击时，很多人都会呐喊："为什么是我？！""我生为何来，死将何去？"如何解答这些问题？

我们在对丧子父母进行访谈时，一位父亲对我说："我没有宗教信仰，但是在我儿子重病时，我曾经试图向他讲解死亡的问题。我跟他说，每个人都会死，就像树叶会掉落一样，人死了就会去另一个世界，爸爸也会死，到时可以去到那个世界见面。但是我儿子一下子打断了我，他说，人都死了，怎么还能去另外一个世界！后来他再也不和我谈这个话题了，我也不知道怎么和他谈了。这时，我想如果我们原本就有宗教信仰，谈论死亡是不是更容易些？”我们陪伴的家庭大多数都没有宗教信仰，但是当遇到丧子的巨大悲伤时，宗教似乎可以让父母心灵上有些安慰。一位妈妈对我们说：“我本身没有宗教信仰，但我真希望我有，如果我有信仰，我就真的相信我女儿是去了一个美好的地方，我还有机会看见她，不像现在，我觉得她就是灰飞烟灭了，我再也见不到她了，我的生活再没有意义……不管什么信仰都可以，只要能让我女儿好的，我都可以信……”在我们的团队中，有很多志愿者是有坚定的宗教信仰的，他们信仰的坚定表现在可以无条件地为患儿及其家人付出自己的爱心和时间，在患儿及其家人需要信仰的引导时提供支持，而不是宣扬自己的宗教信仰。

在我们接触的家庭中，孩子的家人接受或接触宗教信仰，更多的是希望多些精神寄托，并不是真正信仰，因此很容易因为一件事、一句话打破自己所谓的“信仰”：“那天我和师父约好了要去放生，可当我到了约定的地点，发现师父没有来，我顿时觉得被骗了，他们就是想骗我的钱，我再也不相信他们了。”“那天楼下的几个师父过来看孩子，一个师父说如果做了助念，孩子就不会疼了，我马上非常讨厌他，难道不通过镇痛药，只靠说几句话孩子就不疼了？！”所以在灵性关怀中，除了借助宗教信仰的力量，死亡教育以及其他专业人员的介入也是必不可少的。我所理解的灵性关怀是帮助临终的患儿及其家人了解生命的意义，各种可以帮助家庭减轻悲伤的方法都应该被包容。

五、死亡并不是终点……

林肯曾经说过："只有站在孩子的墓地前，你才知道什么是悲伤。"一位妈妈在孩子去世后三个月在朋友圈发了一张图片，是一个穿着黄色棉衣、背着红色小书包的男孩的背影，他在一片白雪皑皑中，孤单而静默地前行……妈妈写道："孩子，如果我们的缘分这样浅，你为何不早点讲，让妈妈好好地耐心地慢慢细品，我们在一起的九年时光；你胆子小，那么怕黑，没有爸妈的陪伴你会害怕吗？这次你要自己走路，自己变成自己的英雄！"瑞典的一项对449例丧子父母进行的调查显示，26%的父母在丧子后四至九年仍未度过悲伤期，而且这种悲伤不会随着时间的推移而消失，父亲更容易出现睡眠障碍，母亲更容易表现出身体状况的异常。此时，专业的哀伤辅导可以减少远期合并症的发生。

孩子去世对一个家庭的打击是毁灭性的，所有人的生活都改变了。一个失去四岁儿子的妈妈对我们说："我不敢笑，不想看那些有趣的节目，因为我的儿子已经看不见了，而且如果我还可以笑出来，那就是罪过，我无法原谅自己。"我问她："孩子爸爸在你面前哭过吗？""没有，但是我知道他会哭，只是不在我面前哭，他会夜里到孩子的房间哭，有时我回家也看到他拿着iPad看儿子的照片，眼角有泪痕。""孩子去世后，你和爸爸一起谈过孩子吗？""没有，我们俩不能说，控制不了，我会在他面前哭，我知道他不愿意在我面前哭，怕我更伤心，所以我有时会故意出门，给他留些独处的时间。我知道他会很思念孩子，会哭。""孩子的骨灰现在还放在家里吗？""是的，我把它放在衣柜里，每次打开柜门都会看到它，我不想把它放在别的地方……”

一对夫妇带着八岁的女儿来到了我们的咨询室。他们另一个两岁的女儿在一个月前刚刚去世，为了减少悲伤，女儿去世后没几天，全家去了一趟海边。没想到这段旅程不仅没有让大家散心，反而让大家更加内疚，于是一家人草草结束了旅行回到家中。可睹物思人，看着家里的每个角落，似乎都有小女儿的身影，悲伤无时无处不在。妈妈说：“我们带姐姐去吃肯德基，回来后，她会把打包回来的炸鸡放在妹妹的照片旁边，说这是妹妹最喜欢吃的。”于是，我们转向八岁的小姐姐：“你想妹妹吗？”“想……”只有八岁的小姑娘站起来，突然抬起一只手擦起了眼泪。“想妹妹时会哭吗？”“我想哭，但是怕爸爸妈妈伤心……”即使只有八岁，她的情感也不能被忽视。

另一位妈妈告诉我们：“在我儿子刚走的那几天，我不敢自己待在房间里。那天我待在卧室，突然听到客厅里有玩具小汽车跑来跑去的声音，那是我儿子最喜欢的小汽车，我赶紧跑过去看，什么都没有，但我真的听到了。”妈妈向我们描述着孩子刚离去的那段日子曾经出现的现象，她说：“我真的很想他，有时我会打开手机看看儿子的照片和录像，但是只能偷偷看，他爸爸不让我看任何与孩子有关的照片，在家里也不能谈论孩子，我有时太想孩子了，就出去自己偷偷看。”

无论贫富贵贱，无论男女老少，面对丧子的悲伤，所有人都是一样的。“节哀顺变”“我能理解你的心情”“时间会冲淡一切”，这样的话的作用可能微乎其微；真诚地陪伴，耐心地倾听，也许更有作用。死亡是“丧失”，但不是“消失”，每个孩子在父母心中都是独一无二、无法替代的。这种伤痛对于孩子父母而言也许一生都无法消散，但当他们需要我们的时候，我们都会出现在他们的身边，默默帮助他们把这份哀伤放好。

六、每个人都要以死亡为师

我们接触的每个家庭都有自己的结构、自己的家庭成员相处方式和自己的故事，我们不是亲历者，但是可以作为一个观察者陪伴他们走过最艰难的那段旅程，在这个过程中，我们自己对生命的看法也在不断改变。

春节本是中国人最重视的一个节日，家人们聚集在一起，回顾一年的风雨，畅想未来的幸福。小鱼儿此时静静地躺在我们的病房里，身边是愁容满面的母亲，在这里不会有任何与喜庆相关的表情、话语甚至空气。这已经是小鱼儿第 10 天整天坐在沙发上了，肿瘤的浸润使他无法平卧，说不清的恐惧让他拒绝在夜里睡觉。他每天 24 小时坐在沙发上，身后靠着枕头、被子和垫子，只希望能坐得舒服些。因为镇痛的缘故，他的呼吸缓慢粗大但是平稳。白天我们见到他的时候，因为极度衰弱，他几乎不吃不喝，总是闭着双眼，半梦半醒，我们只有摸着他温暖的双手才能感受到生命的存在。每天妈妈送我走的时候，总会问道："周主任，你觉得还有多长时间？你明天还会来看我们吧？""现在这种状态很不好了，要做好准备……放心，明天我肯定会过来！""好，好，明天一定来啊！"这样的对话持续了几天之后，我甚至没有勇气再推开病房的大门。每天清晨醒来的第一件事情居然是打开手机看看有没有小鱼儿去世的消息。没有，还没有……我不知道如何面对疲惫不堪的妈妈。神奇的小鱼儿到了晚上就会醒来，自己点外卖和各种功能饮料，虽然只会吃一小口、喝一小口，但是他乐此不疲，还会和妈妈聊天。妈妈晚上要把屋里所有的灯都打开，因为孩子说看见有一个穿黑衣服的人和一个穿白衣服的人在屋门口站着，只有足够的光亮才可以驱赶他们……晚上妈妈陪着儿子说话，白天儿子沉沉睡去，妈妈只能抽空打几个瞌睡，几天下来，妈妈面容憔悴，每天眼巴巴地等着我的到来，也许那时她真的会期盼一切都早些结束吧，可是她不知道我也遭受着同样的折磨呢。

这天，我又惴惴不安地推开病房门，妈妈从卧室出来，原本散乱的头发被整齐地梳理起来，几天没有更换的毛衣也被换掉了，迎接我的居然是一张虽然疲惫但是略带笑容的面庞，失神的双眼似乎也有了光芒，我惊讶到几秒钟说不出话。“昨天，我的一个大哥过来看我，他曾经有一个四岁的儿子因为肿瘤去世了，你说我们家怎么这么倒霉，几个人都遇到了这样的事情！他跟我说，现在最怕的就是一个‘等’字！”简直是一句话惊醒梦中人，我和妈妈内心的纠结不就是因为在“等”吗？“等死”像一个魔咒，让我们每天都在等着下一秒、下一分钟、下一钟头，无休止，无尽头，无希望。既然结果已经注定了，为什么不能着眼当下、过好每一分钟呢？生活不就是如此，认真过好每一天，不虚度，不后悔。第二天，我和儿子带来了一副对联，和小鱼儿的妈妈一起贴在了病房门口：花开叶落属自然，聚散离合皆是缘。希望我们的雏菊宝宝“乘愿再来”！

强强是在持续抽搐、陷入浅昏迷状态后转入我们的病房的，经过镇痛和其他症状控制，强强清醒过来，不再抽搐，也不会因为剧痛嚎叫，最让家人开心的是，孩子终于踏实地睡了一个安稳觉，十几天来第一次开始玩起了游戏。在愿望清单上，妈妈帮助强强写下了三个愿望：要一只小狗；戴上假肢像以前一样走路；看大海。妈妈的好朋友把自家的小狗带来，强强开心地叫着狗狗的名字，轻轻抚摸，直到累得举不起手。爷爷专门和假肢工厂联系假肢制作，一切都在有条不紊地进行着。一天深夜，强强突然血氧下降，陷入昏迷，假肢工厂连夜赶工，快马加鞭地把假肢做好、送到了强强的床前，家人一边为强强安装假肢，一边说："宝贝，你的左腿又回来了，你又可以像以前一样走路了，是不是很开心？"在所有人做好了准备迎接那一刻到来时，强强睁开了双眼："妈妈，我还不想走，我想再多陪你几天……"经过了几天安静而温暖的陪伴，强强在睡梦中离去，家人第二天带着他的骨灰登上了飞往三亚的飞机，完成孩子的最后心愿。孩子去世不到一周，爸爸作为劳模要参加国家重大活动，我们暗暗担忧：刚刚失去孩子的父亲还能去吗？爷爷只说了一句话："家和国同等重要！"

在我的职业生涯里，每位逝者、每个家庭的每段旅程，都是生命教育的课堂。经常有人问我做儿童舒缓治疗工作以后有什么变化，我会说，生命无常，看到了人生的悲欢离合只能让我更加珍惜生命，活在当下不容易，不负期望更不容易，只有了解了逝去的悲痛，才能懂得生命的美好！

作者简介

周翾，主任医师，副教授，硕士生导师。任职于首都医科大学附属北京儿童医院血液病中心，以第一作者及通讯作者在国内外期刊发表文章数十篇，参与编写《儿内科疾病临床诊疗思维》《儿科医师效率手册》《临床病例会诊与点评：儿科分册》等著作。2010年获北京市卫生局“十、百、千社区卫生人才”“百”人才，2012年获得北京市优秀中青年医师称号，2019年获得“敬佑生命·荣耀医者”第四届公益活动“人文情怀奖”。

目前主要研究方向为儿童舒缓治疗。2013年组建北京儿童医院舒缓治疗团队，2014年创建了“北京新阳光慈善基金会儿童舒缓治疗专项基金”，2015年创建“儿童舒缓治疗活动中心”，2017年5月牵头组建“中华医学会儿科学分会血液学组儿童舒缓治疗亚专业组”，并担任组长，2017年10月建立第一家家庭式儿童临终关怀病房“雏菊之家”。2018年完成美国圣吉德儿童研究医院主办的EPEC培训，2016年参加英国圣克里斯托弗安宁疗护医院举办的首届中英联合项目全民生命末期品质照护培训师培训（QELCA），并于2019年获得证书。

/ 第十七讲 /

哀伤褪去，唯爱永存

唐丽丽

一个人的生命在岁月的长河里只是弹指一挥间，然而，生命无常，就是在这弹指一挥间，悲欢离合、生死离别不停地发生着，我的诊室里每一天都上演着这样的真实故事。

一、死亡预期、活在当下与叙事疗法

一天，我的诊室来了一位女患者，她还没有坐稳就哭了起来，哭得十分伤心。我一边给她递去纸巾，一边安慰她，问她能不能和我谈一下现在的情况，看看我是否可以帮助她。她好不容易停止了抽泣，告诉我说："唐大夫，我知道我已经是乳腺癌晚期了，尽管我才 37 岁，但我可能真的活不了多久了。"说完又开始哭泣。我问她："我能冒昧地问一下，您这是在害怕死亡的来临吗？"她说："没那么简单，我不能简单地回答'是'，我知道死是没有办法避免了，但是……但是我的女儿才 7 岁，那么小，就快没有妈妈了……没有妈妈，你让她以后怎么活啊！我不能走呀，我死不瞑目啊！"她看上去真的非常痛苦，同样作为妈妈，我很能理解她的这种痛苦，她甚至说："我丈夫可以再婚，但我这个孩子该怎么办呀？她这么小就没有亲妈照顾了，我也不想让她面临后妈带来的一系列问题。"

说完这些，她哭得更加伤心了……

她的问题实际上源于对死亡的预期和对她女儿的将来束手无策的“不确定感”所引发的焦虑状态。我开始向她提问：“假如你的生命真的开始倒计时，只剩下非常有限的时间了，你有没有想过还能为女儿做些什么？”她一脸痛苦地告诉我，她现在只要一看见女儿就会哭，什么也做不了，无法面对女儿，觉得这个孩子太可怜了！她说每一次听到女儿叫“妈妈”，她都会瞬间泪流满面。我告诉她，我完全理解她作为一个母亲目前的处境和心情，相信每一个当母亲的人在遇到这样的境况时都会有同样的感受。“但是作为一个母亲，如果没有将母爱表达出来，让女儿知道你有多爱她，那将是多么遗憾的事情呀！”她开始乞求地望着我，于是，我根据我的临床经验，在她身上应用了“叙事疗法”。

我告诉她：“首先，今天你回家后就准备好纸巾、信纸和笔，纸巾是用来擦眼泪的，我相信你还是会哭的，没有关系，这是正常的情感表达，但无论你感到多难过，你都要开始给女儿写信，把你对女儿的爱，对她的期望，对她的记忆，以及其他想跟她说的话都写在信里，每天写一封，然后将信封好装在一个箱子里。她现在才 7 岁，还不可能完全看懂你的信，但终有一天她会长大，等她长大读懂这些信，一定会理解和感谢妈妈对她的爱和期望。无论那时你在不在这个世界，她都可以感受到她的妈妈是多么爱她，给予了她多少爱。你只管坚持每天写信，无论你多难过、多伤心都要坚持写下去，这也会让你换一种情感表达的方式，将眼泪转化为信里的每个句子。你每天也不用写很多内容，那样你会很累。你每天只写十句话都可以，写你对她的养育过程，你和她度过的欢乐时光，她喜欢吃什么、喜欢玩儿什么，你对她一年一年成长的美好记忆……内容越具体越好，融入生活中的点点滴滴，你就试着将一个妈妈对女儿的爱尽情表达吧！”

她听了我的话，开始每天给女儿写信。就这样写到一个月左右时，我已经明显看到她的改变，她可以笑着来到我的诊室，她也能够安然地面对女儿，她已经可以活在当下，不再每天预期死亡的到来。她还告诉我，她昨天陪女儿去学画画了，今天陪女儿去吃冰激凌了……她发现她还能为女儿做很多事情。她说，我告诉过她一句话：生命是一个过程，这个过程由每一个“当下”组成，要学会活在当下，因为人生的结果都是一样的。她一直在反思这句话，最终理解了生命，也发现了生命的意义，这个意义就是：她虽已漏尽钟鸣，但她还可以在有生之年多陪陪女儿，陪女儿去公园玩儿，陪女儿去学画画，陪女儿聊天、去超市买好吃的……她还可以表达爱，表达她想表达的一切。

她不再总是处在预期死亡将至的不确定感中，就没有了焦虑，“活在当下”让她忘记“死亡”过程给她带来的痛苦。她为什么有这样的转变？是叙事的力量，就这个案例而言，就是写信的力量，写信将她的心理能量释放了、宣泄了！负面情绪也是一种能量，如果没有被释放掉、宣泄掉、燃烧掉，这种能量就会变成折磨人、让人痛苦的根源。而“叙事疗法”是可以改善一些心理症状的。

“叙事疗法”是先于叙事医学（narrative medicine）产生的一种成熟的心理治疗方法，即通过写作、记日记等叙事过程达到某种治疗的目的。叙事医学[①]主要是通过文学叙事来丰富医学手段，聆听被科学话语排斥的患者的声音，使人认知生命、疾苦和死亡的意

① Narrative Medicine, *Honoring the Stories of Illness,* Oxford University Press, 2006.

义。通过自传、现象学、心理分析、创伤研究、美学等方面的训练，来“致敏化”医学生观照、倾听、诉说疾病的能力，让医师学习如何见证病患的苦难，让患者将疾病娓娓道来。早在1995年，加拿大卡尔加里大学社会学系教授亚瑟·弗兰克（Arthur W. Frank）就提出：“病人需要成为讲故事者，这样才能‘挽救’让疾病和治疗摧毁的声音。”[①] 他建立了“叙事医学”的雏形。到了2001年，美国哥伦比亚大学内外科医学院的临床医学教授丽塔·卡蓉（Rita Charon）正式提出了“叙事医学”的概念，她曾说，当病人能够将他们的疾病和患病过程以故事的形式讲出来时，他们的很多问题就得到解决、很多症状就被治愈了。[②]

二、自杀、生命价值、爱与意义中心疗法

另一个真实的故事同样令人感到悲痛。一天清晨，我刚刚走进办公室，电话铃就响了起来，一个临床科室通知我赶快去会诊：“昨天晚上我们抢救了一个自杀的病人，他吃了很多安眠药，已经给他洗胃抢救过来，现在需要你过来看看他。”于是我转身快步走向病房。这是一位76岁的老年男性病人，是一位晚期肺癌患者。我的第一反应就是要判断他是否患有抑郁症，癌症晚期容易合并抑郁，而且可能成为他自杀的原因。接下来我给这位老先生做了精神科访谈，然后发现，按照抑郁症的诊断标准，他并没有患抑郁症。那他

① A. W. Frank, *The Wounded Storyteller*, University of Chicago Press, 1995.

② R. Charon, “Narrative Medicine: A Model for Empathy, Reflection, Profession, and Trust,” *JAMA*, 2001, 286(15): 1897-1902.

为什么要自杀呢?

我说:“老先生,您为什么对自己这么残酷?”他愤怒地说:“我对自己一点儿也不残酷,我又没有割腕、上吊或跳楼!”他说话时甚至是闭着眼睛的,没有看过我一下。我说:“我认为生命是一个自然的过程,不应该被人为地终止,您不这样认为吗?”他说:“那你是太不了解我了,自杀对我来说是一种很好的解脱办法。我三线化疗都用过了,已经刀枪不入了。我特别痛苦,各种痛苦的症状、人间的所有苦我都受够了,我的老伴儿已经去世,唯一一个女儿结婚了,她有一个小孩儿,她为我付出特别多,又得上班,又得照顾孩子、照顾家,还得照顾我。她对我非常好,但我不想再拖累她了。我就想,吃点儿安眠药去找老伴儿吧。于是我就每天问护士要几片安眠药,开始攒着,攒到差不多了,就想着吃下去吧……”他在服下安眠药之前已经写好了一封遗书,声明他的死和其他人无关,遗书里还表达了他对女儿的爱和感激,希望来生还有机会做她的爸爸。之后他就吞下了所有的安眠药,半夜两三点钟,一名护工发现他口吐白沫、不省人事,马上叫来医护人员抢救,抢救成功后就有了早上我与老先生的这段对话。

这样一个病人,我们如何让他继续活下去,不再寻求结束自己的生命?除了帮助他尽可能减轻痛苦的症状外,非常重要的一点就是要帮助他找到他活着的价值和意义。于是我应用了“意义中心疗法”(Meaning-Centered Psychotherapy,MCP)。意义中心疗法的内涵是要让晚期患者体会到活着的意义和价值,并帮助他们找到爱;一个人如果完全体验不到自己存在的意义和价值,体验不到爱,活下去对他们来说就是件很艰难、很痛苦的事情,或者说几乎是不可能的事。就这位老先生目前的情况来说,只有他女儿是他活下去的希望和意义，所以我们就先跟他女儿谈好，让她和我们合作。我尽量把很沉重的话题用轻松的方式说出来，我对老人说："您看您的女儿在这个世界上就两个爸爸，一个'真爸爸'，一个'假爸爸'，'真爸爸'就是有血缘关系的爸爸，那就是您，'假爸爸'就是她丈夫的爸爸，那个是没有血缘关系的'假爸爸'。您女儿特别期望她的真爸爸，也就是您能多陪她一天是一天，女儿告诉我们，只要她能多叫您一天爸爸，她多累都感到很幸福，您不想满足她的这个心愿吗？"女儿也配合我说："爸爸，求您留下来陪我吧，我这辈子就这么一个好爸爸，您要是走了我就没有爸爸了。我照顾您一点儿都不觉得累，我只要每天有爸爸在，有爸爸叫，干什么都不累。"老人流着泪点点头，答应了女儿。这个过程很让人感动，在场的医护人员都流下了眼泪。老人意识到了他对他女儿来说不是拖累、负担，找回了一份浓浓的亲情、一份浓浓的爱，这份亲情与爱是多么重要，多么有意义和价值！他没有再去自杀。意义中心疗法让他在生命的终末期找到了意义、价值和爱。

意义中心疗法是一种有操作手册的心理干预方法，主要目的是帮助晚期患者提升或重塑他们对生活的意义感。[①] 意义中心疗法的产生是为了应对临床上遇到的挑战，比如一些晚期癌症患者感到绝望，想要尽快结束生命，但实际上，这些患者并没有可诊断的临床意义上的抑郁，他们只是在面对终末期疾病时遇到了失去意义、价值感和目的的生存危机。

尽管医学一直在努力延长人类生命的长度，但一个人的生命长

① W. Breitbart, B. Rosenfeld and H. Pessin, "Meaning-Centered Group Psychotherapy: An Effective Intervention for Improving Psychological Well-Being in Patients With Advanced Cancer," *Journal of Clinical Oncology*, 2015, 33(7): 749-754.

度往往难以确定，很多时候医学还是无能为力的。生命是有限的，甚至是不确定的，但是在有限的时间里增加生命的厚度，对生命的意义而言可能更为重要，因此也非常值得我们去思考和探索。人们常用“弹指一挥间”比喻时间流逝之快，生命就在弹指一挥间。在这短暂的生命里，每个人的结果都是一样的，用“死路一条”来形容人生结果，恐怕会吓到很多人，但无论人们怕与不怕，人始终是“向死而生”的生物。既然是这样，人生的意义到底在哪里？我同意这样的观点：人生本无意义，是我们自己赋予了人生意义，它才会变得有意义。如果你认为当一名好医生是你人生的意义，你的人生就有了意义；若你认为努力做一名好妈妈是你人生的意义，这个意义也会给你带来灿烂的人生。总之，你要赋予自己的生命“爱、意义和价值感”，这样你的人生才有前行的动力，生命才变得鲜活。

医学不是万能的，尽管世世代代的医学家们在不断努力，攻克一个又一个医学难题，但仍然有很多的问题和挑战摆在医生面前。既然医学的能力有限，生命又怎能无限？生命只是一个过程，而死亡是生命的一个组成部分，那么当生命已经像蜡烛一样快要燃尽的时候，如何能优雅地转身，温馨地告别？如何能从容而平静，将爱留下，让爱延续？要回答这些问题，恐怕需要真正建立一门新的学科——“优死学”，生与死既然是人生的两个端口，我们就有理由像重视生一样来重视死，有优生学就应该有优死学。优死学会提醒人们，明天和意外哪一个先到来是未知的，会让人们学会活在当下，今天活好才有可能成就明天；优死学也一定会教会生者如何平静而从容地面对死亡，督促人们在健康的时候就立下遗嘱——现在这件事情正在由罗点点老师带领的“北京生前预嘱推广协会”大力推广。

生命教育需要包括爱的教育与死亡教育，缺少死亡教育的生命教育怎么能生动地展示生命教育的魅力与灵魂！爱的教育可以用千手观音的主题诠释：如果心中有爱，就能伸出一千只手帮助别人；如果心中有爱，就可以得到一千只手的帮助。医学不仅仅是“装在瓶子里的药”，还是一门以心灵温暖心灵的科学。当一种疾病无法被治愈，医生一定要问自己还可以做什么。医学有时去治愈，常常去帮助，总是去安慰。医学本来是有两条腿的，一条腿是科学，也叫技术，一条腿是人文，也叫艺术。若要医学健全发展，需要两腿并进，“治疗”不仅仅是“治”，更有“疗”，因为“病痛”不仅仅是“病”，更有“痛”，当疾病无法治愈时，医生不应该说“没办法了”“治不好了”这样的话，而应该告诉病人：“我不会放弃你。”当手术、化疗、放疗都无法派上用场的时候，我们还应该想到“意义中心疗法”“叙事疗法”，想到陪伴……或许这些方法无法延长生命的长度，但是可以增加生命的宽度，有可能缓解病人心理、社会和精神的痛苦，让病人找到活着的价值和意义，能够继续活在当下，这应该是医疗的一个组成部分，而不是可有可无的。

三、死亡教育——选择与尊严

死亡教育应该从娃娃开始，我想讲另一个真实的故事。有一个6岁还在上幼儿园大班的小男孩，一天晚上，妈妈像往常一样在他睡觉前给他讲《幼儿画报》上面的故事。讲着讲着，他突然问：“妈妈，你会死吗？”妈妈说：“当然会啦，我不是告诉过你嘛，人人都会死的，妈妈也不例外！”他接着问：“那你要是死了，我想你了可怎么办呀？”妈妈说：“哎哟，我那时都已经死了，眼睛也闭上了，耳朵也关上了，看不着，听不见，你得自己想办法呀！”他很认真地想了一会儿，说：“妈妈，我有办法啦！我长大后结婚生一个你，她长得和你一模一样，然后我就把我生的你养大，我不就能每天看到你了吗？我就不用想你啦。”妈妈听了很欣慰，就赶快表扬说：“宝贝儿，真聪明！这办法太好了！”他也很为自己想出的好办法高兴，接着又说：“那我把你养大了，我就老了，也会死的，你那时也会想我吗？”妈妈不假思索地回答：“当然会想啦，妈妈最想的就是你啦！”他说：“那好办，你学我呀，你那时不是已经被我养大了嘛，你就再结婚，再生一个我，这样你不就又看到我了吗？这样你就不想我了。”还没有得到妈妈的反馈，他就立刻伸出小拇指来，说：“就这么定了啊！咱俩拉钩，不许生别人呀！”于是妈妈赶快伸出手和他拉钩，并表示绝对不会去生别人，就和他这么轮着生。这个真实的故事就是我和我儿子之间的故事。这个故事已经被一直致力于推动中国生命教育、尊严死，并创建公益网站“选择与尊严”的罗点点老师做成儿童生命教育绘本《小象布布》，用来和小朋友们谈生死。这部绘本广受欢迎，这样的死亡教育，我们何乐而不为呢？

看完以上的故事，我们再来思考生命的课题：我们会去哪里？我们将会变为什么？死是很痛苦的过程吗？还会有来世吗？真的有天堂和地狱吗？通往天堂的路在哪里？我想起智者说过的生命境界的喜与悲：当你来到这个世界时，你在哭，但别人很开心；当你离开这个世界时，别人在哭，你很喜悦。所以死亡并不可悲，生命亦不可喜。尽管人生喜忧参半，但有这样的境界已经能够让你很淡定、从容地面对生死了。

人生到底带来了什么，又带走了什么？“我们都是赤裸裸地来又赤裸裸地走了”，物质是生不带来、死不带走的，唯有爱能够永存！

作者简介

唐丽丽，主任医师，副研究员，博士生导师，北京大学肿瘤医院康复科主任。任中国抗癌协会肿瘤心理学专业委员会原主任委员、北京抗癌协会肿瘤心理专业委员会主任委员、北京医师协会安宁疗护专业专家委员会副主任委员等。

/第十八讲/

何时逝者皆能“没有遗憾，只有不舍”

王 岳

我曾经不止一次地问医学生和医生，患什么疾病的人死亡质量最高，你们自己希望如何死去。多数医学生和医生居然回答“猝死”，搞得我哭笑不得。我知道是医院ICU里太多的“不得好死”，才让他们憧憬“猝死”。我也不禁担忧，如果医学生和医生都这样看待生命、看待死亡，又如何帮助那些身患绝症的终末期病人呢？我也就理解央视著名主持人李咏的遗言为什么是“没有遗憾，只有不舍”。或许，我们的医学界不应当再将“治病救人”作为其职业的终极使命，而应将“帮助病人”作为其职业的终极使命。如果将“治病救人”作为职业的终极使命，医务人员的工作要么成功，要么失败；而如果将“帮助病人”作为职业的终极使命，我们将永远成功，没有失败。职业终极使命的改变，可以让医务人员的工作重心自然地从“病”转移到了“人”上，一方面可以让患者感觉到医务人员的共情，一方面可以让医务人员在帮助病人的“必胜”过程中找到职业成就感和幸福感，削减职业疲劳和倦怠。

所有病人最终都必然面对如何看待、接受死亡的问题，而医学除了可以减轻病人痛苦之外，还可以帮助病人与最爱的人更好地共同度过人生最后几个月的时光；还可以提醒病人在这几个月中实现自己的人生愿望；还可以让病人知道去找律师将财产逐一分配，避免病人故去后亲人反目成仇、对簿公堂；还可以帮助病人为自己的孩子录制几段视频在其高中、大学和结婚典礼上播；还可以提醒病人填写好属于自己的医学预嘱，避免给自己和家人带来痛苦与两难；还可以建议病人选好自己最喜欢听的 CD，让他们在最喜欢的音乐中迷离而去…… 其实，除了猝死等少数情况，现代医学完全可以帮助每位病人，使他们临终时可以说：“没有遗憾，只有不舍。”

医学预嘱一定可以成为提升终末期患者死亡质量的“把手”。当然会有人担心，国外通行的医学预嘱制度是否符合中国国情？是否可以在中国推行？抱着这些问题，2012 年 8 月，北京大学医学部的欧阳雨晴、王若等在北京大学第三医院、北京大学第一医院、北京大学医院等综合医院，对 298 名门诊患者进行调查。调查结果显示，96% 的患者接受“无意识状态呼吸机维持”预嘱表，支持生前预嘱，希望自己决定对生命的处置。[①]

下面我将讲几个真实的故事，让我们一起去思考和练习“死亡”，最后我会展示《医学预嘱书》和《医疗选择代理人委托授权书》示范文本专家共识[②]。

一、从克里姆特的名画《死与生》说起

法国大革命时期颁布的纲领性文件《人权宣言》第一条写道：“人生来就是而且始终是自由的，在权利方面一律平等。”人们将其

① 欧阳雨晴、王若、王岳：《超八成患者认可医学预嘱》，《中国医院院长》2013 年第 6 期。

② 王岳：《〈医学预嘱书〉和〈医疗选择代理人委托授权书〉示范文本专家共识（2019 年第一版）》，《中国医学伦理学》2019 年第 8 期。

视为“人生而平等”口号的渊源。在我看来，“人生而平等”是人类为之不懈努力的理想目标，目前人人平等，并不能完全实现，而有一件事情却是人人绝对平等的，不会因你的种族、宗教、国籍、出身、阶层或经济地位而有丝毫差别，这就是——死亡。

哲学家的使命无非是让人们生活得更美好，生活得更有意义。古希腊智者苏格拉底曾说：“哲学就是练习死亡。”可见，死亡对于哲学这门智慧之学何其重要。奥地利知名象征主义画家克里姆特的代表作《死与生》，是一幅关于人类生命进程的寓意画。画面中的幼儿、少女、健硕的男子、衰弱的老妪以及温柔的母亲偎依在一起，这只是宇宙间众生中的“一滴水”，一个个生命飘荡在宇宙之间，在生的对面是死亡的随时召唤。从生长、发育、求爱到衰老与死亡，这一切都是短暂的。整幅画的主题无疑是极度悲观的。而在绘画手法上，画家采用了单线平涂的手法，运用了许多东方的图案装饰，将人物形象置于充满象征意味的神秘氛围之中。

2017年年底，一部讨论生与死的动画片——《寻梦环游记》上映。编剧可谓用心良苦，因为这部电影完全可以帮助所有父母回答孩子可能会问的那两个哲学问题：“妈妈，我从哪里来的？”“爸爸，爷爷/奶奶为什么要死，爷爷/奶奶死了去哪里了？”我们的父母真的不该再用“你是从垃圾箱捡来的”“爷爷/奶奶去了很远的地方”来搪塞孩子了，因为这恰恰让我们错过了对孩子进行生命教育的最佳时机。我们每个人从妈妈肚子里面出来就开始一步步走向死亡。而恰恰是死亡才让我们的生命充满色彩，就如同克里姆特《死与生》右侧画面一样色彩斑斓。死亡让我们倍加懂得珍惜生命、时间、亲人、事业等。所以，我们真的应该感谢死亡，因为只有死亡才能让我们以“向死而生”的人生智慧与人生态度，积极乐观地看待生与死的命题，不纠结生命的终点，而关注生命的精彩……

在中国谈及死亡，往往周围人会表示忌讳。《论语·先进》记载：“季路问事鬼神。子曰：‘未能事人，焉能事鬼？’曰：‘敢问死。’曰：‘未知生，焉知死？’”对于这一段对话的理解有几种：一是认为孔子的着力点在于要生时闻道，并将其体现于当下的生活；二是认为孔子的学术观以死为界，只管当下的生活，不管死后的事情，而且包括儒家在内的诸子百家都缺少关于彼岸的思想。甚至还有第三种观点，就是将这句话视为国人忌讳提及死亡，或认为提及死亡不吉利的佐证。儒家绝不是忌讳谈及死亡，或恐惧死亡，否则不可能有“杀身成仁”和“舍生取义”的基本道德准则。

二、追逐日光：奥凯利的礼物

记得很多年前看了《追逐日光》这本书。书中讲述了53岁的尤金·奥凯利正处于人生和事业的巅峰，担任着毕马威会计师事务所（KPMG）的董事长和首席执行官，这家公司是全美最大的会计师事务所之一。他事业蒸蒸日上，生活美满，妻子、孩子、其他家人和好友都让他感到欢欣愉悦。他也在脑中“计划”着更美好的未来：准备下一次商务旅行，永续公司的长青基业，安排和妻子在一起的周末活动，参加女儿初二年级的开学仪式。

然而，好似晴天霹雳，在2005年5月，尤金·奥凯利被诊断为脑癌晚期，最多还能活上3到6个月。命运就是这般无常。他原本想象中的光明未来一下子就蒙上了阴影。他必须当机立断、改弦易辙，修改他原来的人生计划，拿出在高尔夫球场上为有多一点的打球时间而追逐日光的精神，好好把握住所剩无几的有生之日。奥凯利在生命最后时光的深刻感悟对所有职场人士不啻一记当头棒喝，人生不可以重来，不可以跳过，我们只能选择以一种最有意义的方式度过：活在当下，追逐日光！

在面对死亡召唤的时候，我们可以问自己下面两个问题：

第一，人生的尽头非得是最灰暗的吗？

第二，能不能给生命的最后岁月添上一些亮色，甚至让它成为人生最美妙的时光呢？

在奥凯利看来，第一个问题的答案是否定的，而第二个问题的答案是肯定的。在奥凯利走向人生尽头之时，他的神志依然清楚，身体状况还算不错，他所爱的人也都陪伴在自己身边。因此他说自己真的很幸运。如果没有被诊断为脑癌晚期的话，奥凯利可能就不会重温这么多温馨的时刻，只是偶尔会想到个别片段而已。

《追逐日光》讲述了这样一个感人和令人难以置信的真实故事。男主角在生命的最后100天里，微笑、愉悦地燃尽了自己的光和热，他追逐日光的勇气和行为，令人无比敬佩、赞叹不已。他饱含深情的文字，让我们看到一个成功的商业领袖和拥有丰富精神生活的普通人的灵魂之旅，他表现出的淡定、坚强和对人生的体悟，会给每一位读者带来鼓舞和力量。试问如果你只有100天的生命了，你最想做的事是什么？怎样做你一直想做但还没来得及做的事？怎样帮助你亲爱的人来准备接受你的离开？每个健康的人也都应该去思考这些问题，这会让我们对自己人生的目标和意义有更深刻的定位、了解与认知。

三、李咏的遗言：没有遗憾，只有不舍

哈文在微博上发布了丈夫李咏因病去世的消息：“在美国，经过17个月的抗癌治疗，2018年10月25日凌晨5点20分，永失我爱……”据悉，李咏的家人于美国当地时间28日早上10时（北京时间28日晚），在纽约麦迪逊大道1076号的弗兰克林坎贝尔殡仪馆为李咏举行了葬礼。

李咏的最后一条微博定格在2017年11月23日感恩节：“感谢家人，感谢所有人。”李咏曾说自己本打定主意不出书，但主持人罗京去世时说遗憾没写一本自己的书，此事触动了李咏，于是他决定出一本书作为送给自己40岁的生日礼物。2009年，长江文艺出版社出版了李咏的自传《咏远有李》，他在开篇这样写道：“比谁都大的就是我们家的‘老大’——我女儿，另一个‘老大’——我老婆，然后还有我的亲人，家庭是大事。”

爱情、亲情，一直被李咏视若珍宝。除了是一名优秀的节目主持人，他还是一位好丈夫和好父亲。斯人已逝，音容永在，长江文艺出版社授权《羊城晚报》刊发《咏远有李》文摘，以作纪念。

李咏在《咏远有李》中曾特别提到，他已想好了在自己的告别仪式上放的遗言：“欢迎大家光临我的告别仪式，劳累各位了，你们也都挺忙。今天来的都是我的亲朋好友，既然不是外人，我也没跟你们客气，走之前都说好了，今儿来送我，就别送花了，给我送话筒吧。我希望我身边摆满了话筒。人生几十年，一晃就过，我李咏这辈子就好说个话，所以临了临了，都走到这一程了，还在这儿说话。没吓着你们吧？”

李咏心里一直有个遗憾：结婚时因为条件有限，他和哈文只领了一张结婚证，连婚纱照都没有拍。后来，他对哈文说："第一次嫁给我时我们什么都没有，真是委屈你了，现在我要你再嫁给我一次。"他带着妻子去拍婚纱照、买戒指，忙得不亦乐乎。哈文很满足，因为结婚多年，李咏总能给她带来惊喜。她曾大方分享李咏悟出的夫妻相处之道：（1）我的就是你的，你的还是你的；（2）婚姻是需要售后服务的；（3）丈夫负责物质文明，妻子负责精神文明，两个文明都要抓，两手都要硬；（4）成熟的麦子老弯腰。[①]

李咏被查出患癌后，哈文低调地解散了节目制作公司，专心与女儿一起陪伴李咏对抗病魔。李咏真正的遗言只有八个字：没有遗憾，只有不舍。

四、反思中国死亡质量排名

2010年，《经济学人》发布了全球死亡质量指数报告，对40个国家和地区的临终关怀情况、可负担程度等进行了排名。2015年，《经济学人》再次发布全球死亡质量指数报告，涵盖国家和地区从40个增加到80个。这一排名以五大类指标为依据：安宁疗护与医疗环境、人力资源、医疗护理的可负担程度、护理质量，以及公众参与水平。[②]

① 龚卫锋：《哈文"永失我爱" 世间"咏远有李"》，《羊城晚报》，2018年10月31日，http://media.people.com.cn/n1/2018/1031/c40606-30372428.html.，访问日期：2020年12月28日。

② 何源：《〈经济学人〉公布临终关怀死亡质量指数 英国全球第一》，央广网，2015年10月8日，http://china.cnr.cn/ygxw/20151008/t20151008_520073146.shtml，访问日期：2020年12月8日。

国民收入水平与死亡质量正相关。尽管该报告显示全球死亡质量有一定改善，但仍有许多尚待解决的问题。即使是排名最靠前的国家或地区，目前也仍在努力提升每一位病患的死亡质量。调查发现，英国拥有最高的死亡质量，而且富裕国家或地区往往排名较高。与 2010 年相同，英国在 2015 年死亡质量指数排名中依然位列第一，这有赖于英国全面的国家政策，安宁疗护与英国国民医疗保健制度的广泛结合，以及英国强大的临终关怀行动。

一般来说，收入水平是一项强有力的指标，表明了安宁疗护的供应情况和质量，这也是富裕国家或地区排名位于前列的原因。澳大利亚和新西兰分别排在综合排名的第 2 位和第 3 位，亚太国家和地区排名，新加坡排在第 12 位，日本排在第 14 位，而韩国排在第 18 位。除此以外，欧洲国家占据了前 20 位其他的大部分名额，另外，美国和加拿大分别排在第 9 位和第 11 位。中国仅排名第 71 位。

受人员和基础设施所限，许多发展中国家目前仍然无法提供基本的疼痛管理，但在较低收入国家中存在少数特例。例如，巴拿马正在将安宁疗护纳入本国初级医疗服务中，蒙古国的临终关怀设施和教学项目快速发展，乌干达在阿片类药物的供给方面取得了巨大进步。许多排名靠前的国家或地区都有全面的政策框架，将安宁疗护融入本国或本地区医疗体系中，例如英国的健康保险计划，以及蒙古国和日本的癌症控制项目。

尽管有证据表明，发展安宁疗护能间接带来经济效益，但研究发现，各国进行安宁疗护的经费比例很小。2010 年，安宁疗护费用只占英国肿瘤研究经费的 0.2%，只占美国国家癌症研究所 2010 年总拨款的 1%。在某些能力不足、无法满足安宁疗护需求的国家，此需求将急速增长。中国、希腊和匈牙利等安宁疗护的供应有限，但需求快速增加，需要通过主动投资的方式来满足公众需求。

根据最近的经济发展状况，某些国家或地区本应在该指数中表现更好，但是在排名上处在非常靠后的位置。印度和中国整体上表现较差。从两国的人口规模来看，这十分令人担忧。对于中国，人口快速老龄化带来了额外挑战。安宁疗护的普及在中国一直很缓慢，治愈性治疗方法占据了医疗战略的主要地位。我们需要反思，并积极推动安宁疗护的普及。

五、因应之道:《医学预嘱书》和《医疗选择代理人委托授权书》示范文本专家共识

现代医学技术的快速发展为人类延长生命提供了可能，但同时也延长了死亡的过程。延长死亡并没有为患者的生命增添光彩，反而让他们承受了更多的痛苦。因此，人们开始重新审视应该如何面对死亡、走过生命的最后时期。

医学预嘱在短短20年间被许多医学先进国家和地区认可和推广。美国几乎每个州都已通过法律确认医学预嘱的有效性。20世纪80年代中期，针对患者无法自主做出全部医疗决定的情况，法律允许使用委托书的方式将权力委托给另一个人，授权其代替委托人做出医疗决定。[①]1991年，美国联邦政府发布的《患者自决法案》正式生效，确保患者拒绝医疗的权利。1993年，又出台了旨在统一、

① T. Judy and S. Charles, “Patient Preferences, Policy, and POLST,” *Journal of the American Society on Aging*, 2017,41(1):102-109.

简化各州的医学预嘱文书，及方便医学预嘱跨州执行的《统一健康护理决定法令》。

2010年，全国政协委员胡定旭等就相关问题向全国政协提交了提案。2012年，全国人大代表顾晋也向十一届全国人大五次会议提交了议案，建议赋予生前预嘱法律效力。如今，一些医院已经在实务操作上引进了医学预嘱，如借鉴美国相关标准，明确医院应告知病人和家属在拒绝或终止治疗方面的权利和责任，并尊重患者对终止复苏抢救和停止生命支持治疗的愿望。但更多情况是，医院和医务人员并没有为患者提供自主决定医疗选择的帮助和机会。一些医院正在使用的《患者委托授权书》也存在内容过于简单、文字表述有歧义，甚至默示同意等问题。

从《中华人民共和国民法总则》到《中华人民共和国民法典》都明确建立了意定监护人制度，这为中国开展医疗选择代理人制度建设提供了明确的法律依据。2017年2月，国家卫生和计划生育委员会（国家卫计委）出台了《关于安宁疗护中心基本标准、管理规范及安宁疗护实践指南的解读》《安宁疗护中心基本标准和管理规范（试行）》和《安宁疗护实践指南（试行）》，这标志着我国安宁疗护专业标准的建立。

2019年，中国卫生法学会、中国老年学和老年医学学会安宁疗护分会、中国医师协会—北京大学患者安全与医患关系研究中心共同发起和制定了《医学预嘱书》和《医疗选择代理人委托授权书》示范文本，旨在规范目前临床授权委托行为，推动中国安宁疗护工作开展，帮助相关方根据该示范文本保护患者权益。医学预嘱能帮助病人家属理解并遵循病人本人意愿。

（一）安宁疗护的概念与现状

1. 安宁疗护的历史渊源及概念

安宁疗护最早起源于英国西西里·桑德斯 1967 年创建的圣克里斯托弗安宁疗护医院，随后，快速辐射到世界各国，得到推广和发展。20 世纪 80 年代，安宁疗护引入我国。

我国最早引入安宁疗护概念时将其翻译为“临终关怀”。随后出现过多种译名，包括安宁疗护、宁养服务、舒缓医疗、姑息治疗等。直到 2017 年，国家卫计委提出，将临终关怀、舒缓医疗等统称为安宁疗护。根据世界卫生组织的定义，安宁疗护是指针对治愈性治疗无反应之末期患者提供积极性及全人化的照顾，控制其痛苦和不适症状，提高其生命质量，帮助患者舒适、安详、有尊严地离世。同时，处理病人及家属在心理、社会和心灵上的问题。①

2. 国内安宁疗护发展现状

我国的安宁疗护经过多年的发展，在各地取得了很多喜人的成绩。2016 年 4 月全国政协主席俞正声主持了题为“推进安宁疗护工作”的双周协商座谈会，拉开了政府推动安宁疗护发展的序幕。再如，前文提到，2017 年 2 月国家卫计委接连发布了三个文件。同年 9 月，在全国选定了五个首批安宁疗护工作试点，包括北京市海淀区、上海市普陀区、吉林省长春市、河南省洛阳市、四川省德阳市。一系列政策法规的出台极大地促进了安宁疗护在我国的发展。

（二）安宁疗护死亡观

安宁疗护尽管发展势头很足，但仍面临许多难题与挑战。难题

① 《中华全科医学》编辑部整理:《全科医生小词典——安宁疗护》,《中国全科医学》2013 年第 3 期。

之一是广大民众将安宁疗护与颇具争议的安乐死概念相混淆，将安宁疗护错误地理解为是对生命的放弃，这导致安宁疗护在我国的接受程度比较低。

1. 与安乐死的区别

在第二次世界大战时期的德国，安乐死实际上是用于达到种族清洗目的的前期手段。“二战”结束后，安乐死的概念才转为无法承受痛苦的患者解脱的手段。[①] 目前安乐死可以概括为医生用人道的方式，使患有不治之症的病人在无痛苦的状态中结束生命。[②] 看起来与安宁疗护的区别不大，都是为缓解患者的痛苦而采取措施，然而两者从本质上反映出对死亡的不同观念。

安宁疗护遵循生命的自然规律，帮助患者舒适、有尊严、无痛苦地迎接死亡的到来。既不加速死亡，也不以延缓死亡为目标；反之，虽然当前对安乐死的实施有诸多限制，不可否认的是，安乐死始终是主动追求死亡，对生命采取消极态度。这种提前终止生命的态度并不可取。

2. 医学预嘱与医疗选择代理人共同帮助患者实现尊严死

在我国传统文化背景下，患者本人很少预先明确生命末期采取何种医疗护理措施。[③] 同时，由于大众对安宁疗护的误解，极少数患者家属愿意主动选择安宁疗护。他们担心遭受不孝、不义的舆论指责以及内心的自我谴责与煎熬。而我国患者家属一般选择对患者隐瞒不良预后的信息，导致很多患者只能在生命的最后时刻承

① 罗点点:《“老了”的安乐死和新兴的缓和医疗》,《健康报》, 2018 年 6 月 8 日，第 5 版。

② 王岳:《论尊严死》,《江苏警官学院学报》2012 年第 3 期。

③ O. Aart and V. Gerard, “Do-not-resuscitate Orders in Cancer Patients: A Review of Literature,” *Support Care Cancer*, 2017, (25): 677-685.

受无尽的痛苦，毫无尊严地离去。为解决这一问题，早在 2008 年，“选择与尊严”公益网站就发布了一版医学预嘱——《我的五个愿望》[①]。医学预嘱（living will），也称预设医疗指示、生前预嘱等，是指人们在健康或意识清楚时预先签署的，说明在不可治愈的伤病末期或临终时要不要接受某种医疗护理的指示。医学预嘱不是要放弃有效治疗或实施安乐死，而是要秉承“患者利益至上”和“尊重患者选择”的原则采取医疗护理举措和方案。医疗选择代理人是指患者指定的，在其丧失意识表达能力时，代替其做出医疗选择的人。决定范围包括且不限于所采取的维持生命的手段、是否进行器官捐献等重大事项。

我们在此附上《医学预嘱书》示范文本，供各位读者参考及使用。

引言

· 完善医院现有的医学文书

如果您在未来患有不可逆转的严重疾病，可能无法意识清醒地做出医疗选择，那么，医学预嘱将作为协助您表达医疗意愿的一种方式。《中华人民共和国民法典》第三十三条规定：具有完全民事行为能力的成年人，可以与其近亲属、其他愿意担任监护人的个人或者组织事先协商，以书面形式确定自己的监护人。协商确定的监护人在该成年人丧失或者部分丧失民事行为能力时，履行监护职责。《中华人民共和国民法典》在我国建立了成年人的意定监护制度，这为中国建立和推广医疗选择代理人制度提供了充分的法律依据。

① 《生前预嘱之我的五个愿望》，《中国临床保健杂志》2017 年第 6 期。

· 选择您的医疗选择代理人

根据《中华人民共和国民法典》第三十三条的规定，凡是您信任的具有完全民事行为能力的自然人均可以成为您的医疗选择代理人。我们不提倡您的代理人是您所在或者所申请医院的医生、管理人员或其他工作人员。我们建议您的代理人与您有血缘、婚姻或者收养关系或其他亲近关系，所以您通常可以选择一名家庭成员、近亲属或信赖的其他亲友作为您的医疗选择代理人。

· 签署须知

请您仔细阅读本医学文书，这也同时是一份法律文书，您要确保所有内容符合您的真实意愿。此外，请确保您了解每个词语所包含的意思。如果您有任何疑问，可以咨询您的医务人员。

· 签署您的医学文书

《医学预嘱书》和《医疗选择代理人委托授权书》的每一页下方都需要您签名确认。如果您因自身原因无法签署该文件，可指定另一个人代替您签署。您必须直接清晰表达委托他人代为签署的意愿，并且观察以确认他/她确实正确按照您的意愿履行签署程序，该过程须有证人见证。

在您签署医学预嘱和指定医疗选择代理人之前，请仔细阅读并按照下列提示进行签名。我们提醒您，在签署医学文书之前将您的意愿与您家庭成员进行充分沟通，以避免今后在执行过程中受到阻碍和干扰。

· 公证您的医学文书

公证是公证机构根据自然人、法人或者其他组织的申请，依照法定程序对民事法律行为、有法律意义的事实和文书的真实性、合法性予以证明的活动。我们建议《医学预嘱书》和《医疗选择代理人委托授权书》要通过公证机构的公证。如果公证机构拒绝提供公证服务，或不方便由公证机构进行公证，可以由两名以上与您无明显利益关系并具有完全民事行为能力的自然人见证您签署您的医学文书。每位证人必须也在该文书上签署其姓名，并在相应的地方注明自己的地址等信息。

注意：我们强烈建议您对《医学预嘱书》和《医疗选择代理人委托授权书》进行公证，以确保紧急情况下医务人员能够接受您的《医学预嘱书》和《医疗选择代理人委托授权书》。

· 妥善保存您的医学文书

医生和其他医护人员必须了解您的医疗意愿。为了确保这一点，您最好在这些医学文书完成后，把您的医学文书提供给您就医的医院。您可以向以下人员和机构提供这些文件：

* 您的家庭医生（如果您有的话），并归档到您的病历中；

* 您就诊的医疗机构和主管医生，并归档到您的病历中；

* 任何您信任的亲人或朋友。

注意：我们建议您将这些医学文书的原始文件与您的其他贵重文件（如遗嘱、生前信托、契约或保险单）放在一起。

· 医学文书的修改或撤销

您可以随时改变意愿或者撤销您的《医学预嘱书》和《医疗选择代理人委托授权书》。最好的办法是销毁原始文件和所有副本。您可以通过口头或者书面形式予以撤销。如果您决定撤销您的《医学预嘱书》和《医疗选择代理人委托授权书》，请确保所有拥有副本的人都了解您的意愿，并将其退回加以销毁。另外，请确保您将修改或撤销事项告知了您所指定的医疗选择代理人。

医学预嘱书

本人________，心智健全，作出如下声明，以作为在我失去参与本人医疗选择能力时由亲友和医护人员遵循的合法性依据。这些指示表明我在出现以下情况时，将坚定选择放弃或减少治疗手段。

一、定义

为本医学文书目的，需明确：

“人为进食和水”，也称为营养和水分补充，是指根据患者的情况通过静脉或身体其他部位的插管注射营养物和液体的混合物。

“生命维持手段”，是指仅仅延长濒死期的医疗程序或干预措施。

“永久昏迷”，是指不可逆转的昏迷或持续的植物人状态。患者失去对自我和环境的意识，也不能对环境做出任何行为反应。

“临终状态”，是指一种渐进的不可治愈或不可逆转的生命状态。必须由两名亲自对患者进行过检查的医生（其中一人必须是主治医师）同时认定，在不采取生命维持手段时患者会在较短的时间内死亡。

二、生命结束前的选择

[请从1、2、3中选择，单选项，不要选择多项。]

1. □ 如果我处于不可治愈且不可逆转的精神或生理状态，且没有合理的可预期的治疗手段，我将指示我的主治医师和其他医务人员撤销仅仅延长死亡过程的“延长生命手段”，上述“状态”包括但不限于：

□“临终状态”；

□“永久昏迷”；

□ 永远无法最低限度地做出决定或表达我的意愿的意识状态。

2. □ 我希望延长我的生命，我想要获得并继续维持生命的治疗。

除非我的主治医师认为，参考当时的医学标准，我已处于“永久昏迷”的状态或“临终状态”。如果我处于上述状态之一，我希望不采用或停止生命维持手段。

3. □我希望在合理的医疗标准下尽可能延长生命，而不考虑我的病情、康复的机会或费用。

4. 具体允许或者不允许的临终治疗手段。

如果我满足上述“二、1.”部分所述的情况，我特别强调以下治疗事项：

□我希望得到最大限度的疼痛缓解。

□我不愿接受心脏复苏术。

□我不愿使用呼吸机。

□我不愿被给予“人为进食和水”。

□我不愿使用抗生素。

□我不愿气管切开。

□我不愿进行创伤性治疗。

我不愿接受以下治疗：

□ ______________________________

□ ______________________________

对于发烧、痉挛、疼痛、腹胀、便秘、尿潴留、呼吸困难等症状，我同意采取医疗手段予以减缓或消除。我选择的治疗手段应限于使我更加舒适或减轻疼痛（包括任何因拒绝或终止治疗而引起的疼痛）的手段。

____

____

三、附加说明

其他说明：____

____

我通过这份医学文书行使我的自主决定权。我明确希望我在这份文件中的指示能够被忠实地实施，除非我已经撤销了这份文件或者我在其他场合明确地表明我改变了主意。

医学预嘱书附件1：医学预嘱代理人委托授权书（选填）

本人____________，特此委任______________（身份证号码：______________，联系方式：______________），作为我的医学预嘱代理人来实现我的预嘱意愿。

一、生效

在我意识清醒时，本委托授权书不发生法律效力。当且仅当我处于意识谵妄、深度昏迷、意识丧失、植物人状态或临终迷离状态，本委托授权书方生效，由代理人作为我医学预嘱代理人来实现我的预嘱意愿。

二、备选代理人

如果上述代理人不能、不愿意或无法担任我的医疗选择代理人，我特此委任以下代理人作为备选医疗选择代理人（非共同代理人），其优先顺序依次为：

______（身份证号码：__________________________，联系方式：____________）；

______（身份证号码：__________________________，联系方式：____________）；

______（身份证号码：________________________，联系方式：__________）。

三、与监护人之关系（意定授权优先于法定授权原则）

□在我医学预嘱内容项目内，我委托的代理人如果与我的法定监护人意愿不一致，请以我委托的代理人意愿为准。

四、撤销与变更

□我知道，除非我撤销，这种授权将无限期地继续有效，直到下面所述的日期或条件、事件发生时：

（如果您不希望授权无限期生效，请填写以下内容）：这种授权将在以下日期或条件、事件发生时过期：________________________

____

医学预嘱书附件 2：当事人和证人身份证复印件

当事人身份证复印件：

当事人联系方式：____________________

当事人身份证复印件粘贴处

证人声明

我声明我熟知签署本文件的人或委托他人代为签署本文件的人，而且他心智健全、按照自己意愿行动、不受任何胁迫。在我的见证下，他/她签署了（或在我的见证下委托他人代为签署）本文件。我不是本文件的委托代理人，且与当事人无利益冲突或关系。我具备完全行为能力。

证人1

签名：______________

联系方式：______________

日期：______________

证人2

签名：______________

联系方式：______________

日期：______________

证人1身份证复印件粘贴处

证人2身份证复印件粘贴处

医疗选择代理人委托授权书

本人______________，特此委任______________（身份证号码：______________），作为我的医疗选择代理人来为我做出所有的医疗选择，除非我另有说明。

一、生效

在我意识清醒时，本委托授权书不发生法律效力。当且仅当我处于意识谵妄、深度昏迷、意识丧失、植物人状态或临终迷离状态，本委托授权书方生效，医疗选择代理人方具有以下代理权。

二、医疗选择代理人的权利

我指示我的代理人按照尊重我本人之原则，获知医学相关信息，并做出医疗选择，其权利包括且不限于：

□我是否接受心脏复苏术。

□我是否使用呼吸机。

□我是否被给予“人为进食和水”。

□我是否使用抗生素。

□我是否想要最大限度地缓解疼痛。

□我是否要气管切开。

□我是否要创伤性治疗。

是否接受其他治疗方式

□______________________________

□______________________________

我要求代理人遵守上述授权范围，且遵守特别限制：

□______________________________

□______________________________

三、备选代理人

如果上述代理人不能、不愿意或无法担任我的医疗选择代理人，我特此委任以下代理人作为备选医疗选择代理人（非共同代理人），其优先顺序依次为：

________（身份证号码：________________，联系方式：____________）；

________（身份证号码：________________，联系方式：____________）；

________（身份证号码：________________，联系方

式：______________）。

四、解剖

□我的代理人也有充分的权利授权尸体解剖，并指导我遗体的处置。我的代理人对处理遗体的所有决定包括火化，都具有约束力。我特此指示墓地、火葬场、殡仪馆等任何收到本文件副本的丧葬、殡仪相关机构和组织，照其行事。

五、记录公开

□我指示，我所指认的代理人在使用、获悉我的个人信息（也包括可识别个体身份的健康信息）或者其他医疗记录时能够享有与我相等的权利。

六、与监护人之关系（意定授权优先于法定授权原则）

□在上述委托授权项目范围内，我委托的医疗选择代理人的意愿如果与我的法定监护人意愿不一致，请以我委托的医疗选择代理人意愿为准。

七、撤销与变更

□我知道，除非我撤销，这种医疗选择决定权将无限期地继续有效，直到下面所述的日期或条件、事件发生时：

（如果您不希望医疗选择决定权无限期生效，请填写以下内容）：这种医疗选择决定权将在以下日期或条件、事件发生时过期：__________

____

附当事人身份证复印件：

当事人联系方式：______________________________________

当事人身份证复印件粘贴处

证人声明

我声明我熟知签署本文件的人或委托他人代为签署本文件的人，而且他心智健全、按照自己意愿行动、不受任何胁迫。在我的见证下，他/她签署了（或在我的见证下委托他人代为签署）本文件。我不是本文件的委托代理人，且与当事人无利益冲突或关系。我具备完全行为能力。

证人 1

签名：__________

联系方式：__________

日期：__________

证人 2

签名：__________

联系方式：__________

日期：__________

证人 1 身份证复印件粘贴处

证人 2 身份证复印件粘贴处

作者简介

王岳，北京大学医学人文学院副院长，教授，博士生导师。北京天霜律师事务所合伙人律师。任国家免疫规划专家咨询委员会委员、北京市人民政府法律咨询专家委员会委员、世界华人医师协会患者安全与质量管理委员会秘书长、国家卫健委公立医院院长职业化能力建设专家委员会法律专委会副主任委员、中国卫生法学会学术委员会副主任委员等。代表作为《医事法（第3版）》《疯癫与法律》《医疗纠纷法律问题新解》等。